Karl W. Steininger
Christian Steinreiber
Christoph Ritz

**Extreme Wetterereignisse und
ihre wirtschaftlichen Folgen**

Anpassung, Auswege und politische Forderungen
betroffener Wirtschaftsbranchen

Karl W. Steininger
Christian Steinreiber
Christoph Ritz
(Herausgeber)

Extreme Wetterereignisse und ihre wirtschaftlichen Folgen

Anpassung, Auswege und
politische Forderungen
betroffener Wirtschaftsbranchen

Mit 26 Abbildungen

Unterstützt durch

lebensministerium.at

Das Land Steiermark
→ Wissenschaft
→ Land- und Forstwirtschaft

umweltbundesamt

Springer

Prof. Dr. Karl W. Steininger
Universität Graz, Inst. für Volkswirtschaftslehre
Wegener Center for Climate and Global Change
Universitätsstr. 15, A-8010 Graz, Österreich
e-mail: karl.steininger@uni-graz.at

Christian Steinreiber
Universität Graz, Wegener Center for Climate and Global Change
Leechgasse 25, A-8010 Graz, Österreich
e-mail: steinrei@gmx.at

Dr. Christoph Ritz
ProClim- Forum for Climate and Global Change
Schwarztorstraße 9, CH-3007 Bern, Schweiz
e-mail: ritz@scnat.ch

Umschlagabbildungen: *(Vordergrund)* 'Waldbrand' von Marco Conedera, MeteoSchweiz; 'Erdrutsch' und 'Überschwemmung' von Vereinigung Kantonaler Feuerversicherungen, Kommission für Elementarschadenverhütung, Schweiz; 'Mure' von Hugo Raetzo, Bundesamt für Wasser und Geologie, Schweiz; 'Hochwasser' von Katharina Iseli-Reist, Biembach; *(Hintergrund)* 'Trockenheit' von Roland Hohmann, ProClim-

Bibliographische Information der Deutschen Bibliothek
Die Deutsche Bibliothek verzeichnet diese Publikation in der Deutschen Nationalbibliografie; detaillierte bibliografische Daten sind im Internet über <http://dnb.ddb.de> abrufbar.

ISBN 3-540-23477-2 Springer Berlin Heidelberg New York

Dieses Werk ist urheberrechtlich geschützt. Die dadurch begründeten Rechte, insbesondere die der Übersetzung, des Nachdrucks, des Vortrags, der Entnahme von Abbildungen und Tabellen, der Funksendung, der Mikroverfilmung oder der Vervielfältigung auf anderen Wegen und der Speicherung in Datenverarbeitungsanlagen, bleiben, auch bei nur auszugsweiser Verwertung, vorbehalten. Eine Vervielfältigung dieses Werkes oder von Teilen dieses Werkes ist auch im Einzelfall nur in den Grenzen der gesetzlichen Bestimmungen des Urheberrechtgesetzes der Bundesrepublik Deutschland vom 9. September 1965 in der jeweils geltenden Fassung zulässig. Sie ist grundsätzlich vergütungspflichtig. Zuwiderhandlungen unterliegen den Strafbestimmungen des Urheberrechtgesetzes.

Springer ist ein Unternehmen von Springer Science+Business Media
springer.de
© Springer-Verlag Berlin Heidelberg 2005
Printed in Germany

Die Wiedergabe von Gebrauchsnamen, Handelsnamen, Warenbezeichnungen usw. in diesem Werk berechtigt auch ohne besondere Kennzeichnung nicht zu der Annahme, dass solche Namen im Sinne der Warenzeichen- und Markenschutz-Gesetzgebung als frei zu betrachten wären und daher von jedermann benutzt werden dürften.

Umschlaggestaltung: Erich Kirchner
Herstellung: Luisa Tonarelli
Satz: Druckreife Vorlage der Herausgeber
Druck: Mercedes Druck, Berlin
Bindearbeiten: Stein + Lehmann, Berlin

Gedruckt auf säurefreiem Papier   30/2132/LT – 5 4 3 2 1 0

Vorwort

Extreme Wetterereignisse wie Hochwasser, Sturm, Lawinen oder Dürre erfordern für die Analyse ihrer Entstehung, Folgen, Abwehr und Anpassungsmaßnahmen die Beiträge einer Vielzahl von Disziplinen und AkteurInnen. Der Weg zu einem Gesamtbild, das die unterschiedlichen Dimensionen einbindet, muss dabei gegangen werden. Dies beginnt mit der Definition wann ein Wetterereignis „extrem" ist, wofür etwa MeteorologInnen, HydrologInnen, GeophysikerInnen, BetriebswirtInnen und VolkswirtInnen aus ihren Disziplinen heraus sehr unterschiedliche Sichtweisen haben. Dies setzt sich fort in der Beachtung und Gewichtung der unterschiedlichen Folgen von extremen Wetterereignissen, etwa in bau- und kulturtechnischer, wirtschaftlicher, gesundheitlicher oder versicherungstechnischer Dimension, oder im Hinblick auf psychologische Langzeitfolgen.

Für das vorliegende Buch waren VetreterInnen dieser Disziplinen aus Wirtschaft, Wissenschaft, öffentlicher Verwaltung und Politik bereit, ihre Erfahrungen in einen integrativen Prozess einzubringen, innerhalb wie auch zwischen den einzelnen Kapiteln dieses Buches als AutorInnen und DiskutantInnen zusammenzuarbeiten und wechselseitig voneinander zu lernen, sodass ein umfassendes Gesamtergebnis entstehen konnte. Für diesen konstruktiven und motiviert während der letzten beiden Jahre gemeinsam gegangenen Weg sagen wir ein großes Danke. Dies gilt in besonderem Maße auch für das Team der UmweltsystemwissenschafterInnen unterschiedlicher Fachrichtungen der Universität Graz, das in diesem Prozess den Brückenbau unterstützt hat. Unser Dank gilt ebenso den über den AutorInnenkreis hinausgehenden TeilnehmerInnen aus betroffenen Institutionen aus Wirtschaft, Wissenschaft, Verwaltung und Politik der Alpenanrainerstaaten an einem Workshop im September 2003, bei dem die Urfassung dieses Buches einer breiten Diskussion unterzogen wurde, für deren Beiträge und Anmerkungen sowie für die seither daraus entstandenen Arbeitskooperationen.

Wir danken für die Finanzierung dieser Forschungsarbeiten insbesondere aus Mitteln des Forschungsprogrammes StartClim und die wertvollen Anregungen, die aus der Diskussion der Zwischenergebnisse auch in diesem Forum stammen.

Herrn Witschel und dem Produktionsteam beim Springer-Verlag danken wir für die kooperative Unterstützung in der Drucklegung. Für die Unterstützung der Finanzierung der Drucklegung danken wir dem österreichischen Bundesministerium für Land- und Forstwirtschaft, Umwelt und

Wasserwirtschaft, dem österreichischen Umweltbundesamt, der Steiermärkischen Landesregierung, Abteilungen Wissenschaft sowie Agrarrecht und ländliche Entwicklung, und der Landeskammer für Land- und Forstwirtschaft Steiermark.

Durch den klimawandelbedingt wahrscheinlichen Anstieg extremer Wetterereignisse wird auch in der Zukunft eine enge Zusammenarbeit gefragt sein. Das vorliegende Buch möge auch dafür eine fundierte Basis bilden.

Graz und Bern im August 2004　　　　　　　　　　　K.S., C.S., C.R.

Inhaltsverzeichnis

Vorwort V

Tabellenverzeichnis XIII

Abbildungsverzeichnis XV

1 Einleitung 1
    Karl W. Steininger, Christian Steinreiber
    1.1   Wirtschaft und extreme Wetterereignisse 2
    1.2   Struktur des Buches und Überblick 5

Teil A: Grundlagen 9

2 Charakterisierung von extremen Wetterereignissen 11
    Constanze Binder, Christian Steinreiber
    2.1   Einleitung 11
    2.2   Extreme Wetterereignisse – ein meteorologischer Zugang .. 11
    2.3   Extreme Wetterereignisse in Europa 12
    2.4   Naturkatastrophen – ein sozioökonomischer Zugang 18
    2.5   Interdisziplinäre Betrachtung 21
    Literatur 22

3 Regionale Entwicklung und Auswirkungen extremer Wetterereignisse am Beispiel Österreich 25
    Ulrich Foelsche
    3.1   Einleitung 25
    3.2   Extreme Wetter- und Klimaereignisse 26
    3.3   Beobachtete Wetterextreme in Österreich und in der Welt . 27
    3.4   Änderung von Wetterextremen durch Klimaänderung: Theorie 28
    3.5   Beobachtete Änderung von Wetterextremen in Österreich .. 30
    3.6   Der Sommer 2003 in Europa als Beispiel für ein extremes Witterungsereignis 33
    3.7   Beobachtete Änderung von Wetterextremen weltweit 34
    3.8   Erwartete Änderung von Wetterextremen weltweit 35
    3.9   Erwartete Änderung von Wetterextremen für Österreich ... 36
    3.10   Zusammenfassung und Ausblick 38
    Literatur 38

Anhang (Martin König): Wetterextreme und die Notwendigkeit der Datenintegration 40

4 Wirtschaftliche Analyse von extremen Wetterereignissen: Struktur und Anwendung 45
Stefan P. Schleicher, Karl W. Steininger
- 4.1 Einleitung 45
- 4.2 Modellstruktur zur Analyse von Handlungsmöglichkeiten im Hinblick auf Extremereignisse 45
- 4.3 Das kollektive Entscheidungsproblem 49
- 4.4 Folgewirkungen von Schadensbeseitigung und Schadensprävention 50
- 4.5 Anwendungsaspekte am Beispiel Hochwasser 51
- 4.6 Das Maßkonzept BIP und Schäden durch extreme Wetterereignisse 53
- 4.7 Einige Schlussfolgerungen 55
- Literatur 56

5 Integriertes Risikomanagement bei Naturkatastrophen 57
Walter J. Ammann
- 5.1 Einleitung 57
- 5.2 Risiko und Sicherheit 58
- 5.3 Schutzziele und Schutzdefizite 61
- 5.4 Risikokreislauf und Integrales Risikomanagement 61
- 5.5 Integrale Maßnahmenplanung 63
- 5.6 Risikominderung als gemeinsame und solidarische Aufgabe 65
- 5.7 Ausblick 66
- Literatur 67

6 Ausgestaltung nationaler Risikotransfermechanismen: grundsätzliche Überlegungen 69
Franz Prettenthaler, Walter Hyll, Nadja Vetters
- 6.1 Einleitung 69
- 6.2 Spezifische Problemlage des Einzelindividuums 70
- 6.3 Problemlage der Einzelversicherung 76
- 6.4 Spezifische Probleme der öffentlichen Haushalte 80
- 6.5 Schlussfolgerungen 87
- Literatur 88

7 Vergleich von nationalen Risikotransfermechanismen am Beispiel Hochwasser **91**
    Franz Prettenthaler, Nadja Vetters
    7.1   Einleitung 91
    7.2   Internationaler Vergleich von Risikotransfersystemen für Überschwemmungsereignisse 92
    7.3   Übersicht und Schlussfolgerungen 111
    Literatur 112

8 Der Dialog Wirtschaft – Forschung – Politik: Erfahrungen aus der Schweiz **115**
    Christoph Ritz
    8.1   Einleitung 115
    8.2   ProClim- Vermittler zwischen Forschung und NutzerIn ... 116
    8.3   Das Beratende Organ für Fragen der Klimaänderung 118
    8.4   Schlussfolgerungen 119
    Literatur 119

Teil B: Wirtschaftssektorale Analyse **121**

9 Tourismus und Naturgefahren: Mit Risikomanagement die Krise vermeiden **123**
    Walter J. Ammann, Christian J. Nöthiger, Anja Schilling 123
    9.1   Einleitung 123
    9.2   Auswirkungen von extremen Wetterereignissen 124
    9.3   Adaptionsmaßnahmen in der Vergangenheit aufgrund von extremen Wetterereignissen 130
    9.4   Zukünftige Kernstrategien der Anpassung an extreme Wetterereignisse 132
    9.5   Handlungsmöglichkeiten der Politik 134
    Literatur 135

10 Katastrophenmanagement und Gesundheitsversorgung vor neuen Herausforderungen – Eine Perspektive des Österreichischen Roten Kreuzes **137**
    Peter Kaiser, Constanze Binder
    10.1   Einleitung 137
    10.2   Auswirkungen von extremen Wetterereignissen 138
    10.3   Adaptionsmaßnahmen in der Vergangenheit aufgrund von extremen Wetterereignissen 142

10.4 Zukünftige Kernstrategien der Anpassung an extreme Wetterereignisse 146
10.5 Handlungsmöglichkeiten der Politik 148
Literatur 150

11 Land- und Forstwirtschaft: Bedrohung oder Umstellung 151
Arno Mayer, Josef Stroblmair, Eva Tusini
11.1 Einleitung 151
11.2 Auswirkungen von extremen Wetterereignissen 151
11.3 Adaptionsmaßnahmen in der Vergangenheit aufgrund von extremen Wetterereignissen 158
11.4 Zukünftige Kernstrategien der Anpassung an extreme Wetterereignisse 163
11.5 Handlungsmöglichkeiten der Politik 163
Literatur 164
Anhang: Ernteversicherungssysteme in anderen Ländern 166

12 Versicherungen: Erweiterung der Aufgabenbereiche in verbessertem Gesamtrahmen 167
Thomas Hlatky, Josef Stroblmair, Eva Tusini
12.1 Einleitung 167
12.2 Auswirkungen von extremen Wetterereignissen 167
12.3 Adaptionsmaßnahmen in der Vergangenheit aufgrund von extremen Wetterereignissen 170
12.4 Zukünftige Kernstrategien der Anpassung an extreme Wetterereignisse 172
12.5 Handlungsmöglichkeiten der Politik 173
Literatur 175

13 Energie und Wasser: Sicherung der Versorgung 177
Otto Pirker, Evelyne E. Wiesinger
13.1 Einleitung 177
13.2 Auswirkungen von extremen Wetterereignissen 178
13.3 Adaptionsmaßnahmen in der Vergangenheit aufgrund von extremen Wetterereignissen 183
13.4 Zukünftige Kernstrategien der Anpassung an extreme Wetterereignisse 185
13.5 Handlungsmöglichkeiten der Politik 186
Literatur 187

Teil C: Schlussfolgerungen **189**

14 Zusammenfassung der wirtschaftssektoralen Analysen: Gefährdungen, Anpassungen und politische Forderungen **191**
Christian Steinreiber, Erik Schaffer
    14.1   Gefährdungspotenzial für einzelne Wirtschaftsbranchen .. 191
    14.2   Anpassung an extreme Wetterereignisse in der Vergangenheit 193
    14.3   Zukünftige Kernstrategien der Anpassung an extreme Wetterereignisse 196
    14.4   Handlungsmöglichkeiten der Politik 201
    14.5   Schlussfolgerung und Überleitung 204

15 Forschungsbedarf und Ausblick **205**
Erik Schaffer, Christoph Ritz
    15.1   Einleitung 205
    15.2   Unsicherheiten 205
    15.3   Datenmangel 216
    15.4   Resümee zum Forschungsbedarf 217
    15.5   Handlungsbedarf 218
    15.6   Resümee 219
    Literatur 220

Autorinnen und Autoren **223**

Sachverzeichnis **229**

Tabellenverzeichnis

Tabelle 2.1.	Auszug aus der europäischen Lawinengefahrenskala	16
Tabelle 2.2.	Windskala nach Beaufort und Auswirkungen	18
Tabelle 7.1.	Ländervergleich der Risikotransfersysteme	111
Tabelle 9.1.	Mindereinnahmen für die Tourismusbranche im Kanton Wallis aufgrund der Hochwasser in 2000	126
Tabelle 9.2.	Mindereinnahmen für die Tourismusbranche in den Schweizer Bergkurorten im Lawinenwinter 1999	127
Tabelle 9.3.	Mindereinnahmen für die Tourismusbranche in den Schweizer Bergkurorten durch den Orkan Lothar	129
Tabelle 10.1.	Personenschäden durch Hochwasser und Muren in Österreich	139
Tabelle 10.2.	Personenschäden durch Lawinen in Österreich	140
Tabelle 11.1.	Hochwasserschäden in der Landwirtschaft	152
Tabelle 11.2.	Hochwasserschäden am Wald	154
Tabelle 11.3.	Waldschäden durch Sturm	155
Tabelle 11.4.	Vergleich der Ernteergebnisse im Normaljahr 1999 und den Trockenperioden 2000-2002 in Österreich	157
Tabelle 12.1.	Schäden Augusthochwasser 2002	168
Tabelle 12.2.	Tagesmaxima der Windgeschwindigkeit in 10 m Höhe für verschiedene Wiederkehrperioden in m/s	171
Tabelle 13.1.	Wirkungen von Hochwasser auf die Energie- und Wasserinfrastruktur in Österreich	178
Tabelle 13.2.	Statistik der Betriebsunterbrechungen des Energieunternehmens AEW Energie	181
Tabelle 14.1.	Sensibilität der Wirtschaftssektoren gegenüber extremen Wetterereignissen und Datenverfügbarkeit	192

Abbildungsverzeichnis

Abb. 1.1.	Entwicklung der CO_2-Konzentration in der Atmosphäre	2
Abb. 1.2.	Schäden aus wetter- und klimabedingten Katastrophen	3
Abb. 2.1.	Hagelgefahr in Österreich	17
Abb. 2.2.	Weltweite Naturkatastrophen 2003	20
Abb. 2.3.	Charakterisierung eines katastrophalen extremen Wetterereignisses	22
Abb. 3.1.	Änderung von Extremwerten einer Verteilung	29
Abb. 3.2	Zahl der Tropentage pro Jahr an der Klimastation Graz	31
Abb. 3.3.	Modell-Orographie in T42-Auflösung und dargestelltes Gebiet	37
Abb. 3.4.	Informationsklassifizierungen eines Extremereignisses	40
Abb. 4.1.	Vergleich der österreichischen Hochwasserschäden 2002 mit der Wirtschaftsleistung 2002	55
Abb. 5.1.	Schlüsselfragen in der Risikoanalyse und -bewertung sowie in der integralen Maßnahmenplanung	60
Abb. 5.2.	Der Risikokreislauf	61
Abb. 6.1.	Nutzenfunktion eines risikoaversen Individuums	70
Abb. 6.2.	Nutzenfunktion, Erwartungswert und -nutzen	71
Abb. 6.3.	Zweizustandsdiagramm	72
Abb. 6.4.	Anreiz zu Moral Hazard	73
Abb. 6.5.	Antiselektion /1	76
Abb. 6.6.	Antiselektion /2	77
Abb. 6.7.	Übersicht über die Aggregationsprobleme	82
Abb. 8.1.	Wissen allein führt nicht zum Handeln und Handeln wird nicht allein vom Wissen gesteuert	116
Abb. 8.2.	Zielgruppen und Aktivitäten von ProClim-	117
Abb. 15.1.	Hochwasserschäden und ökonomische Indikatoren in den USA	208
Abb. 15.2.	Auswirkungen der Verschiebung der Häufigkeitsverteilung von Niederschlägen	210
Abb. 15.3.	Wirkungskette bei Hochwasserschäden	211
Abb. 15.4.	Von den Emissionen zur Naturkatastrophe: Wissensstand	212
Abb. 15.5.	Wissensstand hinsichtlich der Wärmebilanz der Erde	213

1 Einleitung

Karl W. Steininger, Christian Steinreiber

Human Dimensions Programme of Global Environmental Change Austria und Wegener Center for Climate and Global Change, Universität Graz

Extreme Wetterereignisse und deren Folgen rücken zunehmend in das Bewusstsein der breiten Öffentlichkeit: der Dürresommer 2003, die Hochwasserkatastrophe im August 2002 (insbesondere in den Ländern Deutschland, Tschechien und Österreich), der Lawinenwinter 1998/1999 oder der Wintersturm Lothar 1999 in Frankreich, der Schweiz und Süddeutschland sind zentrale mitteleuropäische Beispiele allein aus den letzten fünf Jahren. Rückversicherungsgesellschaften melden einen markanten Anstieg von wetter- und klimabedingten volkswirtschaftlichen und versicherten Schäden über die letzten fünf Dekaden, in Europa wie weltweit.

Sind die zuvor genannten Beispiele wirklich noch „Jahrhundert"-Ereignisse – gemäß der Bezeichnung unter der sie firmieren – oder müssen wir uns im Zuge des Klimawandels auf ein viel häufigeres Auftreten derselben einstellen? Welche Auswirkungen haben solche extremen Wetterereignisse bereits mit sich gebracht bzw. werden sie in Zukunft haben? Auf welche Wirtschaftsbranchen wirken sie besonders stark und in welcher Weise? Wie können wir in diesen Wirtschaftsbranchen den Schäden vorbeugen? Wie können wir auf gesamtwirtschaftlicher Ebene den potenziellen Beeinträchtigungen vorbeugen und diese möglichst gering halten? Wo wissen wir noch zuwenig, und welche Handlungsempfehlungen können wir bereits heute gesichert geben?

Das vorliegende Buch widmet sich diesen Kernfragen und gibt Antworten – auf Basis der diesbezüglich jüngsten Forschungsergebnisse der Klima- und Wirtschaftsforschung sowie Erfahrungen aus der Praxis. Im regionalen Bezug werden die Aussagen in einen weltweiten Kontext gestellt, die Quantifizierungen der Schäden und die Handlungsempfehlungen aber für den europäischen, und hier insbesondere mitteleuropäischen Kontext vorgenommen (d.h. primär für Deutschland, Österreich und die Schweiz).

Den Analysen dieses Buches wird in der Einleitung eine allgemeine Betrachtung des Bezugs zwischen Wirtschaftssystem und extremen Wetterereignissen vorangestellt, wie auch ein detaillierter Überblick über Inhalt und Struktur des Buches gegeben.

1.1 Wirtschaft und extreme Wetterereignisse

Der innersten Funktion nach kann „Wirtschaft" als Überlebens-Sicherungssystem gesehen werden. Dies war sie in allen geschichtlichen Epochen, etwa zu Zeiten der JägerInnen und SammlerInnen, oder in Zeiten der Kriegswirtschaft quer über alle Epochen, und dies ist sie nun in der post-dot-com-Zeit. Ihre Aufgabe ist die bessere Abdeckung bzw. überhaupt erst die Ermöglichung der Befriedigung von Grundbedürfnissen, wie jenen nach Nahrung, Behausung, oder Zugang zu Gütern und Personen (je nach Raumstruktur mit unterschiedlichem Umfang an physischer Mobilität verknüpft). Eine wesentliche Komponente darin ist auch die Anpassung der Strukturen an bestimmte klimatische Schwankungen und damit Abfederung von deren Folgen, vor allem aber auch die Bereitstellung von Schutz gegen extreme Wetterereignisse selbst bzw. deren Folgen für die Abdeckung dieser (Grund-)Bedürfnisse.

1.1.1 Anpassung der Wirtschaft

Die Wirtschaft war zu Zeiten der vorindustriellen CO_2-Konzentration von 270 ppm ein solches Überlebens-Sicherungssystem, sie ist es heute bei 380 ppm, und sie wird es in Zukunft sein. Allerdings wird sie es in jeweils anderer Form sein. Es wird eine jeweils andere Wirtschaft sein, je nachdem wie viel Klimaschutz wir betreiben, und bei welcher CO_2-Konzentration die Erdatmosphäre sich daher stabilisiert (s. Abb. 1.1).

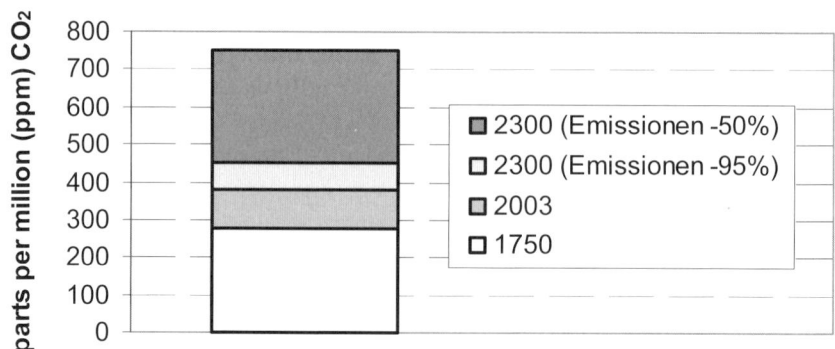

Abb. 1.1. Entwicklung der CO_2-Konzentration in der Atmosphäre, für 2300 unter Annahme einer Reduktion der Emissionen um 95% resp. 50% gegenüber heute, IPCC Intergovernmental Panel on Climate Change (2001) Climate change 2001: The scientific basis. Cambridge Univ Press, Cambridge New York, eigene Darstellung

Dieses Stabilisierungsniveau wird bei dem nunmehr als geringstmöglich langfristig erreichbaren Niveau von 450 ppm liegen, das wir erzielen, wenn uns eine Emissionsreduktion gegenüber derzeitigen Niveaus bis zum Jahr 2300 um 95% gelingt. Wenn wir die Emissionen bis dahin nur um 50% reduzieren können wird es jedoch ein deutlich höheres Niveau von 750 ppm aufweisen. Im Zuge des Kyoto-Protokolls bewegen wir uns übrigens global in Größenordnungen jedenfalls unter 5% Emissionsreduktion im Zeitraum 1990 bis 2008 bzw. 2012.

Die Wirtschaft wird deshalb eine andere sein, weil jeweils ein unterschiedliches Ausmaß an Leistungen zur Überlebenssicherung und Anpassung an klimabedingte Veränderungen oder zur Vermeidung von Naturkatastrophen aufgewendet werden muss, aber auch weil die Wirtschaftsstruktur anders aussehen wird.

Die Versicherungsindustrie zeigt uns deutlich auf, wie über die letzten fünf Dekaden die Anzahl der wetter- und klimabedingten Naturkatastrophen zugenommen hat, aber auch die volkswirtschaftlichen Schäden, und die dadurch bedingten Auszahlungen der Versicherungsindustrie (Abb. 1.2). Freilich ist aufgrund der Parallelität der Entwicklung von immer mehr Werten in immer gefährdeteren Gebieten der Klimawandel als Ursache derzeit nicht statistisch isolierbar, aber die Entwicklung passt ins Bild dessen, was wir durch den Klimawandel erwarten.

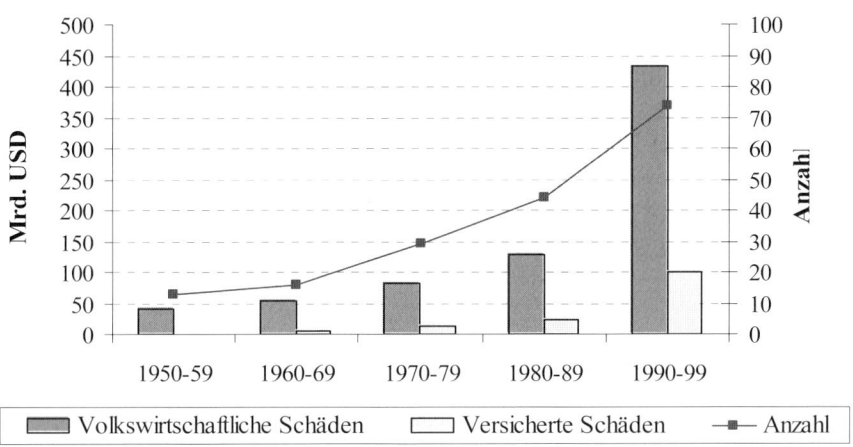

Abb. 1.2. Schäden aus wetter- und klimabedingten Katastrophen (Preise 2002), Daten der Münchener Rück

Am Beispiel der Hochwasserkatastrophe im August 2002 können wir beispielhaft für Österreich eine wirtschaftliche Quantifizierung vornehmen. Die Wirtschaftsleistung des gesamten Landes wies im Jahr 2002 ein Wachstum von 2.250 Mio. EURO auf. Ohne die Hochwasserkatastrophe (und die dadurch bedingten Produktionsausfälle) wäre die Wirtschaft ein klein wenig mehr gewachsen, nämlich um 150 Mio. EURO mehr. Stellen wir diesem Wachstum des ganzen Jahres im gesamten Bundesgebiet jedoch die Vermögensschäden und Folgekosten des Hochwassers nur in den betroffenen Gebieten gegenüber, so sehen wir, dass letztere das Wirtschaftswachstum deutlich übertreffen. Durch diese eine Katastrophe wurde mehr als das Wachstum des gesamten Jahres zerstört (vgl. dazu im Detail Kap. 4).

Dieses eine Beispiel zeigt die wirtschaftliche Bedeutung, die extreme Wetterereignisse auch in unseren gemäßigten Breiten erlangen können.

1.1.2 Schwierigkeiten in der Anpassung

Tritt die von der weit überwiegenden Mehrheit der KlimaforscherInnen erwartete verstärkte weitere klimatische Änderung mit ihren Begleiterscheinungen ein (laut dem Bericht von IPCC (2001) in Mitteleuropa u.a. immer häufiger auftretende heiße Tage und Hitzewellen, intensive Niederschlagsereignisse und zunehmende Sommertrockenheit), so passt sich das Wirtschaftssystem mit Zeitverzögerung daran an. Die möglichen Schwierigkeiten bei einer solchen Anpassung lassen sich folgendermaßen einordnen:

(1) Übergangseffekte (Nach-Hink-Effekte)
Da die klimatischen Einwirkungen vielfach eine – über die „gewöhnliche Erfahrung" hinausgehende – neue Art und Stärke aufweisen (z.B. Hochwasser an bisher nicht gefährdeten Stellen), entstehen unerwartbare wirtschaftliche Schäden.

- Erwartete Renditen auf Investitionsprojekte sind nicht mehr erreichbar; Investitionen müssen als „stranded investments" abgeschrieben werden

- Produktionsausfälle durch extreme Wetterereignisse (direkt durch Hochwasser/Vermurung/etc. oder indirekt über ausgefallene Vorleistungen wie Stromausfälle; vgl. Hochwasser 2002)

Kurzfristig werden zur Schadensabdeckung z.B. Katastrophenfonds herangezogen, das einzelne Wirtschaftsunternehmen und der einzelne Haushalt können sich an die veränderte klimatische Bedingung grundsätzlich aber über die Zeit besser anpassen (z.B. Umsiedlung, neu angebotene Versicherungsleistungen).

(2) Dauer-Sicherungseffekte
Ist ein Land von häufigeren bzw. stärkeren Wetterextremen betroffen, sind jedoch auch die dauerhaften Aufwendungen zur Abwehr schädlicher Wirkungen dieser Ereignisse höher.

Überspitzt gesagt: In der Entwicklung von einer agrarischen Gesellschaft hin zur Industriegesellschaft haben wir immer weniger Arbeitsaufwand für die Nahrungsproduktion verwendet. In veränderten klimatischen Fenstern wird in Hinkunft wieder mehr unserer gesellschaftlichen Gesamtarbeitsleistung in die Sicherung der Grundbedürfnisse Nahrung, Wohnen, Mobilität fließen; und damit weniger für anderes zur Verfügung stehen.

Messbar wird dies z.B. an den Aufwendungen für Schutzbauten, Umsiedlungen oder wetter- und naturereignis-bedingten Versicherungsprämien.

(3) Geschwindigkeit der klimatischen Änderung
Die hohe Geschwindigkeit der klimatischen Änderungen, die sich bei Beibehaltung der derzeitigen Treibhausgasemissionsraten abzeichnet, verstärkt wesentlich das Ausmaß der Folgen der Übergangseffekte (mehr Konkurse, es fehlt die finanzielle Decke dies abzufangen (z.B. in Teilen der Tourismuswirtschaft)), aber auch die Schwierigkeiten in der Erreichung der Dauer-Sicherungseffekte.

1.2 Struktur des Buches und Überblick

Grundlagen

Der Teil A dieses Buches (Kap. 2 bis 8) gibt einen detaillierten Einblick in die Grundlagen zur Analyse extremer Wetterereignisse.

Schon das Kap. 2 zeigt die Schwierigkeiten dieses interdisziplinären Gebietes in der „Sprachproblematik" zwischen den verschiedenen natur-, sozial- und wirtschaftswissenschaftlichen Disziplinen auf. Die meteorologisch relevanten Extremereignisse sind oft nicht sozioökonomisch relevant und umgekehrt. Als besonders relevante Extremereignisse für das vorliegende Buch werden jene definiert, die sowohl meteorologisch selten als auch mit signifikanten wirtschaftlichen Schäden verbunden sind.

Die Datenanalysen aus der Meteorologie und Klimaforschung stellen die Ausgangsbasis und die Rahmenbedingungen für die weiteren Forschungen zu Extremereignissen dar. Mit diesen Daten beschäftigt sich Kap. 3. Der aktuelle Stand zum theoretischen Zusammenhang zwischen Klimawandel und Änderung von Wetterextremen wird in einer Analyse der beobachteten sowie erwarteten Änderungen weltweit und anhand des Beispiels Österreich aufgezeigt. Der Anhang zu diesem Kapitel zeigt die Notwendigkeit moderner Dateninformationssysteme für diesbezügliche Auswertungen auf.

Kap. 4 schließt den Drei-Schritt der Grundlagenanalyse ab, indem es auf die wirtschaftliche Dimension der extremen Wetterereignisse eingeht. Die ökonomische Analyse extremer Wetterereignisse und die diesbezüglichen Handlungsmöglichkeiten werden in einem allgemeinen Modellrahmen dargestellt. Das kollektive Entscheidungsproblem wie auch dessen Dezentralisierungsmöglichkeiten in heutigen Gesellschaften werden dabei sichtbar gemacht. Abschließend wir die Auswirkung von extremen Wetterereignissen auf das BIP, die wohl populärste wirtschaftliche Messgröße beleuchtet und die Wichtigkeit weiterer Indikatoren, und zwar für Bestandsgrößen, wie Produktionskapital oder natürliches Kapital (z.B. Retentionsflächen bei Flüssen), deutlich.

Die neuen Erkenntnisse aus der Klima- und der Klimafolgenforschung erfordern ein gesellschaftliches Umdenken im Umgang mit Risiko, mit dem sich Kap. 5 ausführlich beschäftigt. Gefahren aufgrund extremer Wetterereignisse dürfen nicht allein, sondern müssen im Kontext mit anderen Risiken gesehen werden. Die vollkommene Risikoausschaltung bleibt eine Illusion, wodurch ein abgestimmter Einsatz von Maßnahmen der Vorbeugung, Krisenbewältigung und Wiederinstandstellung primäres Ziel sein muss.

Im Rahmen dieses propagierten Integrierten Risikomanagement spielen Risikotransfermechanismen wie Versicherungen oder Katastrophenfonds, die in Kap. 6 und 7 diskutiert werden, eine wesentliche Rolle. In Kap. 6 werden die Sichtweisen der zentralen AkteurInnen (Individuum, Versicherung und öffentliche Hand) zuerst in der Theorie beleuchtet, dann anhand der konkreten rechtlichen Implementierung. Dabei stellen die von der Politik gut gemeinten Katastrophenfonds zur Abfederung des Schadensausmaßes ein besonderes Problem dar. Im anschließenden Kap. 7 werden die Risikotransfersysteme von sieben ausgewählten Ländern analysiert und Unterschiede u.a. beim staatlichen Organisationsgrad oder der sozialen Verträglichkeit hervorgehoben. Für jedes dieser real implementierten Risikotransfersysteme für naturbedingte Extremereignisse werden nachahmenswerte Elemente sowie Verbesserungsoptionen herausgearbeitet.

Das achte Kapitel bildet den Abschluss des Grundlagenteils und beschäftigt sich mit der Umsetzung der Erkenntnisse zu extremen Wetterereignissen, also dem oft schwierigen Dialog zwischen Forschung, Politik und Wirtschaft. Anhand der Schweiz wird aufgezeigt, welche viel versprechenden Initiativen hierfür durch das Klimaforum ProClim- und weiteren Institutionen gesetzt wurden.

Analyse von betroffenen Wirtschaftssektoren

Teil B dieses Buches lässt VertreterInnen aus von extremen Wetterereignissen besonders betroffenen Wirtschaftssektoren zu Wort kommen. Dabei wird die qualitativ wie auch quantitativ sehr unterschiedliche Betroffenheit der Sektoren wie auch deren differierendes Risikobewusstsein deutlich. Einen Schwerpunkt aller im Teil B enthaltenen Kapitel stellt die Darstellung bereits getroffener wie auch zukünftig zu erwartender Anpassungsstrategien an Extremereignisse dar. Wirtschaftssektorale Anforderung an die Politik runden diese Kapitel jeweils ab. Diese Kapitel stellen somit die praxisorientierten Aspekte – den Grundlagenteil ergänzend – dar.

Das Kap. 9 zeigt die Relevanz von extremen Wetterereignissen für den Tourismussektor. Dieser Sektor ist zusätzlich zu den direkt entstehenden Sachschäden bei Extremereignissen auch besonders sensibel gegenüber indirekte Mindereinnahmen (z.B. Fernbleiben der Gäste). Der Umgang mit dem Lawinenrisiko mit einem Bündel an Maßnahmen der Vorbeugung wie auch der Katastrophenbewältigung dient als Vorbild für die anderen Naturgefahren. Kernbereich eines guten Naturkatastrophenmanagements muss eine gute Kommunikationsstrategie in Krisen- wie auch in normalen Zeiten sein.

Die Tätigkeiten des Roten Kreuz sind exemplarisch im Kap. 10 für jene Dienstleistungsunternehmen dargestellt, die wichtige Teile der regulären Gesundheitsversorgung als auch des akuten Katastrophenmanagements übernehmen. Naturkatastrophen in den letzten Jahren haben schon in der Vergangenheit zahlreiche Änderungen des Katastrophenmanagements (z.B. bessere Koordination) bewirkt. Hinsichtlich der politischen Rahmenbedingungen, eigens geschulten KatastrophenmanagerInnen und auch der Vermeidung von psychologischen Langzeitfolgen besteht jedoch noch dringender Handlungsbedarf.

Das Kap. 11 ist der Land- und Forstwirtschaft gewidmet, die aufgrund ihrer Wetterabhängigkeit zu den von Extremereignissen am stärksten betroffenen Sektoren gehört. Auch hier bietet sich mit versicherungs-, agrartechnischen und weiteren Maßnahmen ein großes Instrumentarium der Anpassung.

Versicherungen, analysiert im Kap. 12, sind schon von der Natur ihrer Dienstleistung her das Management von Risiken gewöhnt. Ein solches Management stellt für sie eine überlebensnotwendige Voraussetzung dar. Hier besteht ein dringender Bedarf nach einer besseren Datenlage zur Einschätzung der Naturgefahren, die über flächendeckende Gefahrenzonierungspläne zu einer verbesserten Versicherungsangebotspalette führen muss.

Auch für die Infrastruktur, für die im Kap. 13 exemplarisch die Energie- und Wasserversorgung ausgewählt ist, wird anhand jüngerer Naturkatastrophen die Betroffenheit und das mögliche Schadensausmaß aufgezeigt. Durch die langfristig angelegten Infrastrukturinvestitionen müssen diese auch auf seltene Ereignisse wie Wetterextreme ausgelegt sein. Daraus ergibt sich ein großes Interesse an neuen Forschungsergebnissen bezüglich Änderung der Häufigkeitswahrscheinlichkeit von Naturkatastrophen.

Schlussfolgerungen und Ausblick

Der abschließende Teil C führt zentrale Schlussfolgerungen aus den unterschiedlichen Herangehensweisen und Problembearbeitungen der einzelnen Kapitel zusammen. Kap. 14 vergleicht die Sensibilität der betrachteten Wirtschaftssektoren, die qualitativ und quantitativ sehr unterschiedlich gestaltet ist. Dies wirkt sich auch auf das Repertoire an schon getroffenen wie auch zukünftig erwarteten Anpassungsmaßnahmen aus, das in Summe dem im Kap. 5 geforderten Integrierten Risikomanagement sehr nahe kommt. Die Politik ist jedoch gefragt, dafür die notwendigen Rahmenbedingungen bereitzustellen.

Das abschließende Kap. 15 wiederum knüpft – angereichert um die Erfahrungen aus der Wirtschaftspraxis – an den Grundlagenteil (Kap. 2 bis 8) dieses Buches an. Es zeigt den aktuellen Wissensstand sowie offene Probleme betreffend Mangel und Inkompatibilität von Daten sowie Bewertungsfragen. Daraus abgeleitet wird ein konkreter Forschungs- und Handlungsbedarf, der die Abhängigkeit der Forschung von der Praxis und umgekehrt darstellt. Ohne abgeleitete Umsetzung bleiben Forschungsergebnisse leer, ohne diese Ergebnisse kann die Gesellschaft, in diesem Buch anhand ausgewählter Wirtschaftssektoren dargestellt, jedoch auch keine bestmöglich zielführenden Aktivitäten setzen.

Teil A
Grundlagen

2 Charakterisierung von extremen Wetterereignissen

Constanze Binder, Christian Steinreiber

Human Dimensions Programme Austria, Universität Graz

2.1 Einleitung

Wetterereignisse wie Extremtemperaturen im Sommer 2003 in weiten Teilen Europas, das Jahrhunderthochwasser 2002 in Deutschland, Tschechien und Österreich, der Lawinenwinter 1998/99 mit der Katastrophe von Galtür (Österreich) sowie der Wintersturm Lothar 1999 in Frankreich, der Schweiz und Süddeutschland waren in den letzten Jahren in den Medien omnipräsent. Es wird in der Öffentlichkeit meist synonym von Naturkatastrophen, extremen Wetter- oder Klimaereignissen oder sog. Jahrhundertereignissen gesprochen. Doch was verbirgt sich hinter diesen Begriffen? Wie sind diese charakterisiert und was unterscheidet sie? Wann ist ein Wetterereignis extrem bzw. gar katastrophal?

Um im weiteren Verlauf des Buches die vielfältigen Auswirkungen und möglichen Anpassungsstrategien an extreme Wetterereignisse näher zu beleuchten, ist es unerlässlich, zunächst eine Begriffsklärung vorzunehmen.

2.2 Extreme Wetterereignisse – ein meteorologischer Zugang

MeteorologInnen beobachten und analysieren Wetterereignisse anhand zahlreicher Parameter wie beispielsweise Tageshöchst- und Tagestiefsttemperaturen, tägliche Niederschlagsmengen oder Windgeschwindigkeiten. Das Klima an einem bestimmten Ort wird durch die statistische Verteilung (Mittelwert, Varianz) derartiger Klimaelemente anhand der empirischen Analyse von Messreihen bestimmt.

Einzelne Ereignisse können als extrem eingestuft werden, wenn sie im Vergleich zu ihrer normalen Ausprägung am Untersuchungsort selten auftreten. Je stärker die Werte des betrachteten Ereignisses vom ortsspezifischen Mittelwert abweichen, desto weniger wahrscheinlich, sprich seltener ist es. Üblicherweise wird ein Wetterereignis als extrem bewertet, wenn die Werte des betreffenden Klimaelementes zumindest so groß wie das 90-Perzentil bzw. zumindest so klein wie das 10-Perzentil sind.[1]

Zusammenfassend lässt sich daher sagen, dass die Klassifizierung eines Ereignisses als extrem eines räumlichen und eines zeitlichen Bezugspunktes bedarf, sprich die Seltenheit eines bestimmten Ereignisses im Verhältnis zu einem gewissen Vergleichszeitraum an einem bestimmten Ort. So kann beispielsweise Schneefall an jedem Ort in Österreich (noch) als alljährliches Ereignis eingestuft werden, in der Karibik würde dies jedoch ohne Zweifel ein extremes Ereignis darstellen. Gleichzeitig kann ein – lokal gesehenes – extremes Ereignis überregional gesehen in den statistischen Normalbereich fallen.

In der öffentlichen Diskussion wird die Seltenheit bestimmter Ereignisse häufig durch sog. Wiederkehrperioden (z.B. Jahrhunderthochwasser) zum Ausdruck gebracht. Als extrem werden gewöhnlich jene bezeichnet, deren Wiederkehrperiode meist deutlich länger als zehn Jahre sind (OcCC 2003, S. 15).

Zu unterscheiden sind extreme Wetterereignisse von extremen Witterungs- und Klimaereignissen, die einen Durchschnitt einer Anzahl von Wetterereignissen über eine bestimmte Zeitspanne darstellen, wobei dieser Durchschnitt für sich selbst extrem ist (z.B. die saisonale Regenmenge). Weiters sind Wetterereignisse von wetterunabhängigen Elementarereignissen (z.B. Erdbeben, Vulkanausbrüche) abzugrenzen.

2.3 Extreme Wetterereignisse in Europa

Weltweit gesehen gibt es eine Vielzahl an unterschiedlichen großräumigen Wetterereignissen wie tropische Wirbelstürme in Zentralamerika oder den Monsunregen in Südostasien, die jedoch für das in diesem Buch betrachtete Kontinentaleuropa keine Bedeutung haben.

In den Beiträgen dieses Buches werden die für Europa, und hier speziell für Gebirgsregionen (z.B. Alpen) relevanten Extremereignisse behandelt. Wie aus zahlreichen Studien hervorgeht, zählen aufgrund geo- und topographischer Faktoren in erster Linie folgende Extremereignisse dazu (Formayer et al. 2001, S. 10, OcCC 2003, S. 7, Münchener Rück 2004, S. 8ff):

---

[1] Bei Betrachtung z.B. der Jahresniederschlagsmenge sind nach dieser Definition die zehn regenreichsten und -ärmsten Jahre eines Jahrhunderts als extrem einzustufen, s. hierzu Kap. 3. Ebendort erfolgt auch eine Diskussion hinsichtlich der Problematik, welche sich aus der häufig lückenhaften Erfassung der Daten und unzureichend lang zurückreichenden Messreihen ergibt.

- Starkniederschläge
- Hochwasser
- Muren
- Lawinen
- Hagel
- Stürme
- Trockenheit

Diese Wetterereignisse lassen sich meteorologisch beschreiben, wie im Folgenden dargestellt.

2.3.1 Starkniederschläge

Starkniederschläge können in Zentraleuropa vor allem in zwei Kategorien eingeteilt werden. Konvektive Niederschläge – sog. Wärmegewitter – treten in der Regel kleinräumig mit hoher Intensität und kurzer Dauer (einige Stunden) im Sommerhalbjahr auf. Zyklonale Niederschläge, Folgen von Tiefdruckgebieten, können weit großräumiger mehrere Tage andauern und sind in erster Linie auf das Winterhalbjahr beschränkt (OcCC 1998, S. 12f). Starkniederschläge können Folgeereignisse wie Hochwässer, Lawinen und Muren (mit)auslösen, die in den folgenden Abschnitten behandelt werden.

2.3.2 Hochwasser

Überschwemmungen lassen sich anhand des Kriteriums ihrer Verursachung unterscheiden, ob von oberirdischen Gewässern verursacht bzw. davon unabhängige lokal auftretend.

Unter ersterem versteht man die zeitweilige Wasserbedeckung von Landflächen aufgrund der Ausuferung von oberirdischen (stehenden oder fließenden) Gewässern als Folge von Starkniederschlägen. Man unterscheidet zwischen:

– Überschwemmungen, die von Wasserflächen ausgehen
Flussüberschwemmungen, verursacht durch lang anhaltende Niederschläge über Tage und Wochen, führen zu großräumigen Überflutungen in den großen Flussebenen. Auswirkungen können verstärkt werden durch gleichzeitig auftretende Schneeschmelze. Diese Faktoren führten beispielsweise im Jahr 1999 zu schweren Überschwemmungen im Einzugsgebiet von Donau und Bodensee (Bissolli et al. 2001, S. 30).

- Damm- und Deichbruch als Folge von extremen Niederschlägen, Erdrutschen in Speicherseen, Konstruktionsfehlern oder Grundeinbrüchen
- Abflussblockade
Sich stauende Eisschollen oder Baumstämme an Hindernissen führen zu Wasseraufstauungen, sog. Verklausungen. Bricht die Barriere, kann es auch flussabwärts zu extremen Wasserständen kommen.

Unter lokalen Überschwemmungen, die von großen Wasserkörpern und Fließgewässern unabhängig sind, versteht man:

- Sturzflut
Kleinräumige Starkniederschläge lassen die Wasserführung kleiner Gewässer stark ansteigen, aufgrund hoher Fließgeschwindigkeiten kommt es häufig zu erheblichen Feststofftransporten. Sturzfluten sind auch in Trockengebieten ein verbreitetes Phänomen, da ausgetrocknete Böden (ebenso wie stark wassergesättigte) in der Regel ein geringes Versickerungsvermögen haben. In den gemäßigten Breiten sind Sturzfluten die mit Abstand häufigste Überschwemmungsart. So geschehen im Jahre 1998 nach Rekordniederschlägen in Baden Baden (Bissolli et al. 2001, S. 30).

- Rückstau
In Siedlungsgebieten treten häufig Rückstauschäden als Folge der Überlastung von Kanalisationsanlagen auf (Münchener Rück 1997, S. 37).

Weiters wird die Ausprägung von Hochwasser durch die Niederschlagsmenge und -form sowie die Größe des Einzugsgebietes bestimmt. So fielen die Niederschläge im Vorfeld des Hochwassers 2002 teilweise in Schauerform (Zellen mit besonders hoher Intensität) und verteilten sich zudem über ein relativ großes Einzugsgebiet.

Das Ausmaß eines Hochwassers wird zusätzlich durch die Art der Bodenbedeckung (Fels, Gletscher, Vegetation, Siedlungsfläche), den Vegetationstyp (Weide, Wald, Kulturland), die Bodenbeschaffenheit (z.B. Struktur, Verdichtung, Wassersättigung) und bauliche Maßnahmen (Kanalisierungen, Drainage, Überschwemmungsflächen, Bodenversiegelung) bestimmt. Beim Hochwasser 2002 gab es z.B. zwei Phasen mit intensiven Niederschlägen, wobei die zweite in den meisten Regionen schwächer war. Aufgrund der Wassersättigung des Bodens waren aber die resultierenden Abflüsse vielfach stärker als in der ersten Phase.

2.3.3 Muren

Murgänge entstehen, wenn Material aus steilen, lockeren Geröllflächen durch ergiebige oder sehr heftige Niederschläge mit Wasser gesättigt und so instabil wird, dass Wasser es mitreißt (ProClim 2003). Die Bewegungsmechanismen in Muren sind noch nicht vollständig geklärt. Obwohl sie einen von Wasser ausgelösten Abflussvorgang darstellen, sind ihre Fronten oft völlig trocken. Wegen des hohen Feststoffanteils haben Muren eine gewaltige Zerstörungskraft.

Schlammlawinen und Erdrutsche müssen im Zusammenhang mit Überschwemmungen gesehen und genannt werden. Die Massenbewegung, die plötzlich (wie etwa 1987 in Veltlin, Italien) oder auch sehr langsam (Göteborg 1977) ablaufen kann, wird durch die enorme Gewichtszunahme des wassergesättigten Substrats und seine erhöhte Gleitfähigkeit ausgelöst. Erdrutsche sind fast immer natürlichen Ursprungs, werden aber nicht selten durch menschliche Eingriffe beeinflusst oder ausgelöst[2] (Münchener Rück 1997, S. 34).

2.3.4 Lawinen

Lawinen können die Folge einer Kombination mehrerer extremer Wetterereignisse sein. So war der Lawinenwinter 1999 mit dem Unglück in Galtür (Österreich) charakterisiert durch massive Niederschläge und stürmische Winde mit bis zu 140 km/h, die zu außergewöhnlichen Schneemengen und -verfrachtungen führten und eine hohe Lawinenaktivität zur Folge hatten (s. Kap. 10). Die Lawinenaktivität kann jedoch durch zahlreiche andere Faktoren, wie beispielsweise eine plötzlich eintretende Erwärmung oder Regenfälle bis in große Höhen des Gebirges beeinflusst werden. Die Lawinengefahr ist zwar meist unmittelbar nach intensiven Niederschlagsereignissen am größten, Lawinen können aber auch noch Tage nach den letzten Niederschlägen abgehen. Das gilt insbesondere für Nassschneelawinen im Frühling. Die fünfteilige europäische Lawinengefahrenskala (ein Auszug findet sich in Tabelle 2.1) gibt das Gefahrenpotenzial aufgrund der Schneedeckenstabilität und somit Lawinen-Auslösewahrscheinlichkeit an. Schadlawinen, die zu einer Gefährdung o-

---

[2] Veränderung der Hangstruktur, Materialentnahme oder -aufschüttung (z. B. durch Straßenbau), Änderung der Hangneigung oder Eingriffe in die Wassereinzugsgebiete haben schon viele Erdrutsche verursacht. Auch Veränderungen der natürlichen Vegetation, die normalerweise durch ihr Wurzelwerk den Hang stabilisiert, erhöhen das Erdrutschrisiko.

der gar Zerstörung von Gebäuden und Verkehrswegen führen können, treten fast ausschließlich bei den Gefahrenstufen 4 und 5 auf.

Tabelle 2.1. Auszug aus der europäischen Lawinengefahrenskala, ZAMG (oJ)

Gefahrenstufe	Charakteristik
3 / erheblich	• Die Schneedecke ist an vielen Steilhängen nur mäßig bis schwach verfestigt. • Auslösung ist bereits bei geringer Zusatzbelastung vor allem an den angegebenen Steilhängen möglich. Fallweise sind spontan einige mittlere, vereinzelt aber auch große Lawinen möglich.
4 / groß	• Die Schneedecke ist an den meisten Steilhängen schwach verfestigt. • Auslösung ist bereits bei geringer Zusatzbelastung an zahlreichen Steilhängen wahrscheinlich. Fallweise sind spontan viele mittlere, mehrfach auch große Lawinen zu erwarten.
5 / sehr groß	• Die Schneedecke ist allgemein schwach verfestigt und weitgehend instabil. • Spontan sind zahlreiche große Lawinen, auch in mäßig steilem Gelände zu erwarten.

2.3.5 Hagel

Unter Hagel versteht man gefrorene Eisklumpen von etwa fünf bis 50 mm Durchmesser, in seltenen Fällen auch bis über 10 cm. Hagel entsteht in Gewitterwolken, in denen besonders starke Aufwinde schwere Niederschlagspartikel immer wieder erfassen und in große Höhen transportieren, wo sie unterkühltes Wasser einfangen, gefrieren und beim Fallen wieder teilweise schmelzen. Das wiederholte Steigen und Fallen der Körner führt zum Anwachsen durch schichtweises Anlagern von Eis (Formayer et al. 2001, S. 14).

Hagelunwetter können einerseits als Folge von Wärmegewittern – in der Regel sehr lokal – auftreten. Im Zusammenhang mit Kaltfrontgewittern verursachen sie andererseits jedoch weiträumige Hagelzüge, die bis zu zehn Kilometer breit sind und sich über Hunderte von Kilometern erstrecken können. So forderte ein großräumiges Hagelunwetter in Süddeutschland im Jahre 1984 400 Verletzte und verursachte rund 3 Mrd. DM Schäden (ca. 1,5 Mrd. EURO, Bissolli et al. 2001, S. 28). Österreich z.B. befindet sich europaweit in einem Hagelzentrum (Münchener Rück 2000, S. 28). Abb. 2.1 zeigt, dass nahezu alle Regionen Österreichs zwischen

1975 und 2003 von Hagelunwettern betroffen waren, viele davon jährlich und öfter.

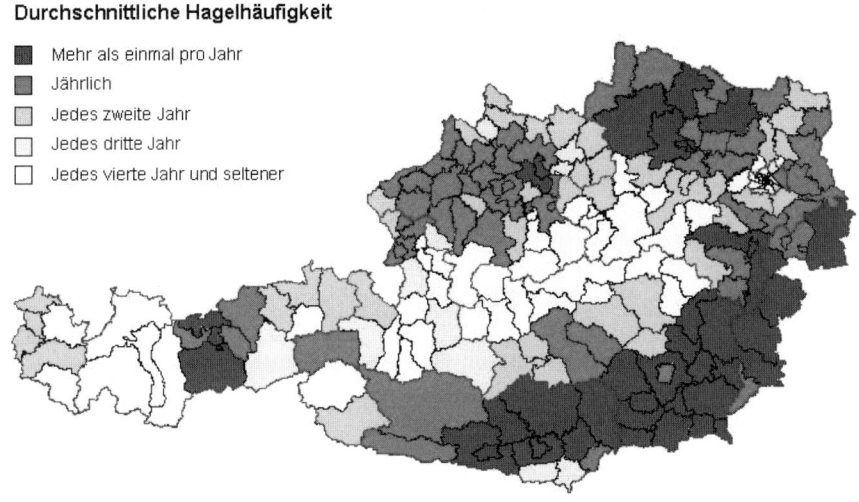

Abb. 2.1. Hagelgefahr in Österreich, 1975-2003, Österreichische Hagelversicherung (2003)

2.3.6 Stürme

Der Begriff Sturm wird in der Meteorologie sowohl auf Ereignisse starker Winde angewendet als auch auf ganze Tiefdruckgebiete, die mit hohen Windgeschwindigkeiten und häufig auch intensiven Niederschlägen verbunden sind (Formayer et al. 2001, S. 11). Die Versicherungen definieren Sturm als eine wetterbedingte Luftbewegung, deren Geschwindigkeit am Versicherungsort mindestens 60 km/h beträgt (s. Kap. 12). Der Böenspitzenrekord in Österreich liegt bei 243 km/h und wurde am Sonnblick gemessen. Die Maßeinheit für die Windstärke insgesamt lautet Beaufort. Charakteristika und Auswirkungen der unterschiedlichen Windstärkeeinheiten (ab Stärke 7) werden in Tabelle 2.2 kurz umrissen.

2.3.7 Trockenheit

Trockenheit ist ein Sammelbegriff für Perioden mit geringem Niederschlag (Formayer et al. 2001, S. 13f). Neben den Niederschlagssummen innerhalb gewisser Zeiträume sind für das Schadensausmaß z.B. in der Landwirtschaft Angaben zur akkumulierten nettopotenziellen Verdunstung[3] aussagekräftig (Rudel 2003, S. 11). In diesem Sinne ist zwischen Sommer- und Wintertrockenheit zu unterscheiden.

Sommertrockenheit wird oft durch extrem hohe Temperaturen verschärft. So lagen im Extremsommer 2003 die Temperaturen in ganz Deutschland im Mittel 3,4°C über den Durchschnittswerten des Zeitraumes 1961-1990 (Münchener Rück 2004, S. 22). In Österreich ist in erster Linie der Osten und Südosten von Trockenperioden betroffen. Lang anhaltende Trockenheit im Sommer kann – ausgelöst durch Blitzschlag oder menschliches Einwirken – zu einer Erhöhung des Waldbrandrisikos führen. Starke Winde können dieses noch verschärfen.

Tabelle 2.2. Windskala nach Beaufort und Auswirkungen, DWD (2004)

Bezeichnung	Windstärke [Beaufort]	Geschwindigkeit [km/h]	Windwirkung im Binnenland
steifer Wind	7	50 – 62	fühlbare Hemmungen beim Gehen gegen den Wind, ganze Bäume schwanken
stürmischer Wind	8	63 – 73	Zweige brechen von Bäumen, erschwert erheblich das Gehen im Freien
Sturm	9	74 – 87	Äste brechen von Bäumen, kleinere Schäden an Häusern
schwerer Sturm	10	88 – 102	Wind bricht Bäume, größere Schäden an Häusern
orkanartiger Sturm	11	103 – 117	Wind entwurzelt Bäume, verbreitet Sturmschäden
Orkan	12	ab 118	schwere Verwüstungen

2.4 Naturkatastrophen – ein sozioökonomischer Zugang

Nach der meteorologischen Definition ist jedes seltene Wetterereignis als extrem einzustufen. Dies führt dazu, dass in der Karibik eine einzige Schneeflocke ausreichen würde, um als extrem zu gelten. Über mögliche zukünftige Entwicklungen dieser ausgewählten Extremereignisse in Zent-

---

[3] Angaben zu den Wassermengen, welche die Pflanzen aufgrund der Verdunstung (temperaturabhängig) potenziell verloren haben können, vgl. Formayer et al. (2001), S. 14.

raleuropa lassen sich angesichts der mangelnden Verfügbarkeit regionaler Klimamodelle nur sehr begrenzt Aussagen treffen[4].

Da in diesem Buch Auswirkungen und mögliche Anpassungsstrategien aus einer interdisziplinären Perspektive beleuchtet werden, sind gerade die gesellschaftlichen Auswirkungen von Interesse. Somit kommen die Art und das Ausmaß der Auswirkungen als wichtige Charakteristika für extreme Ereignisse hinzu. Ein extremes Ereignis muss demnach in seinem Ausmaß die Umwelt beeinflussen und verändern können. Für die Entwicklung von Adaptionsstrategien sind in diesem Zusammenhang vor allem die sozioökonomischen Auswirkungen der ausgewählten extremen Wetterereignissen von Interesse.

Abhängig von der Eintrittswahrscheinlichkeit von Wetterereignissen sind Menschen und Umwelt an einem Ort in allen Lebensbereichen (Lebensstil, Infrastruktur, Bewirtschaftungsformen in der Landwirtschaft etc.) mehr oder weniger gut an deren mögliche Auswirkungen angepasst. So sind Häuser traditionell im Alpenraum grundsätzlich mit einer guten Heizung ausgestattet, jedoch oft relativ schlecht auf Hitzeperioden vorbereitet. Änderungen der Häufigkeit z.B. von Hochwasser oder Dürre lassen die Menschen auch Anpassungen vornehmen.

Solche Änderungen gab es schon immer und waren meist sehr langsam. Dadurch konnten sich Mensch und Umwelt daran anpassen. Aufgrund des anthropogenen Klimawandels werden jedoch sehr schnelle Änderungen prognostiziert, wobei dann eine ausreichende Anpassungsfähigkeit der Menschen fraglich ist.

Bei einem extremen Wetterereignis müssen somit auch die daraus resultierenden sozioökonomischen Auswirkungen betrachtet werden. In der öffentlichen Diskussion ist genau dieser als Schadensdimension bezeichnete Aspekt das entscheidende Beurteilungskriterium, um ein Ereignis als relevant und extrem einzustufen. So werden Hochwasser oder Lawinen in unbesiedelten Gebieten – obwohl vielleicht statistisch in der Region sehr selten und von hoher Intensität – von der Gesellschaft kaum wahrgenommen. Sobald jedoch ein Extremereignis ein hohes Schadensausmaß für Menschen bzw. deren Eigentum nach sich zieht, werden derartige Ereignisse als Naturkatastrophen bezeichnet (ProClim 2003). Bei einer Katastrophe können im Unterschied zu normalen Schadensereignissen die Betroffenen die Folgen des Naturereignisses ohne fremde Hilfe nicht bewältigen (OcCC 2003, S. 15).

Die Münchener Rück, einer der größten Rückversicherungen weltweit, publiziert jährliche Analysen von Naturkatastrophen. Abb. 2.2 stellt für

---

[4] Näheres zu Problemen in der Erstellung regionaler Klimamodelle und der mangelnden Genauigkeit globaler Modelle s. Kap. 3.

das Jahr 2003 die Zahl der verschiedenen Ereignisarten sozioökonomischen Parameter wie Todesopfer bzw. versicherte und volkswirtschaftliche Schäden gegenüber.

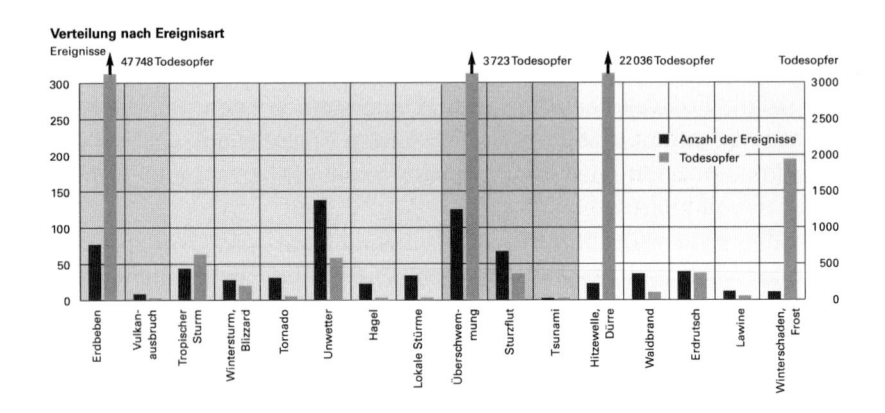

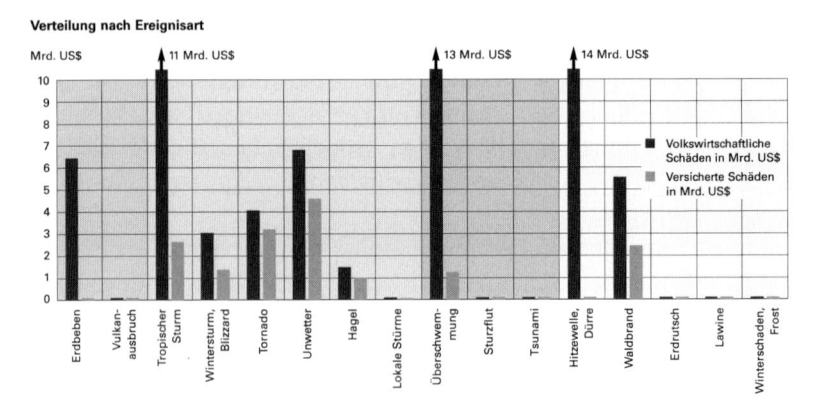

Abb. 2.2. Weltweite Naturkatastrophen 2003: Ereignisarten, Anzahl, Todesopfer, volkwirtschaftliche und versicherte Schäden, Münchener Rück (2004), S. 8f

Es fällt auf, dass zwar 2003 die meisten Menschen durch Erdbeben zu Tode kamen, der überwiegende Teil der volkswirtschaftlichen Schäden war aber auf wetterbedingte Ereignisse zurückzuführen. In dieser Kategorie sind Dürren und Hitzewellen führend, was vor allem auf den Hitzesommer in Europa zurückzuführen war. Die Schäden durch Überschwemmungen und tropische Stürme folgen knapp dahinter. Lawinen und Hagel spielen weltweit gesehen nur eine untergeordnete Rolle, für den Alpenraum sind sie jedoch sehr relevant.

In manchen Fällen können Katastrophen mit extremem Schadensausmaß jedoch auch auf normale, meteorologisch nicht extreme Wetterereignisse zurückgeführt werden. Dies kann z.B. durch Ereignisse mit großer räumlicher Ausdehnung oder durch das zufällige Zusammenfallen der Schneeschmelze mit starken Niederschlägen verursacht werden, wobei die jeweils auslösenden Faktoren für sich allein statistisch gesehen keine Extremwerte darstellen (OcCC 2003, S. 15).

Weiters wird das Schadensausmaß oft stark durch sozioökonomische Prozesse bestimmt, z.B. durch Wertzuwachs aufgrund des Wohlstandwachstums oder durch die Besiedelung in Risikogebieten aufgrund einer unkoordinierten Raumplanung.[5] Gleichzeitig kann durch gezielte Präventionsmaßnahmen und durch ein gutes Risikomanagement das Schadenspotenzial reduziert werden. So verhinderte z.B. der Wiener Donaukanal im Zuge des Hochwassers 2002 Überflutungen im Wiener Stadtgebiet.

2.5 Interdisziplinäre Betrachtung

Die beiden vorangegangenen Abschnitte haben gezeigt, dass extreme Wetterereignisse und Naturkatastrophen oft auf dasselbe Wetterereignis Bezug nehmen, jedoch von unterschiedlichen Betrachtungsweisen ausgehen und unterschiedliche – vorwiegend meteorologische oder sozioökonomische – Kriterien anlegen. Im Rahmen dieses Buches werden nur jene Ereignisse betrachtet, welche extreme Wetterereignisse darstellen und die gleichzeitig mit einer erheblichen Schadensdimension verbunden sind. In der Abb. 2.3 wird dies graphisch illustriert. So soll nun eine eigene Definition im Unterschied zur rein meteorologischen Definition für ein Ereignis erstellt werden, das wir als katastrophales extremes Wetterereignis bezeichnen wollen:

Ein extremes Wetterereignis spielt sich in der Atmosphäre ab, weicht stark von entsprechenden Durchschnittswerten des betrachteten geographischen Gebietes ab und hat eine statistische Wiederkehrperiode von deutlich über zehn Jahren. Dieses Wetterereignis ist zusätzlich katastrophal, wenn es in seiner sozioökonomischen Dimension außerordentlich ist (angelehnt an die Definition von OcCC 2003, S. 15).

---

[5] Bezüglich des Zusammenhangs zwischen extremen Wetterereignissen und der tatsächlichen Schadensdimension s. Kap. 15.

```
Schadensausmaß
  hoch   |           | katastrophales
         |           | extremes
         |           | Wetterereignis
  niedrig|           |
         | < 10 Jahre| > 10 Jahre
```
Stat. Wiederkehrperiode des Ereignisses

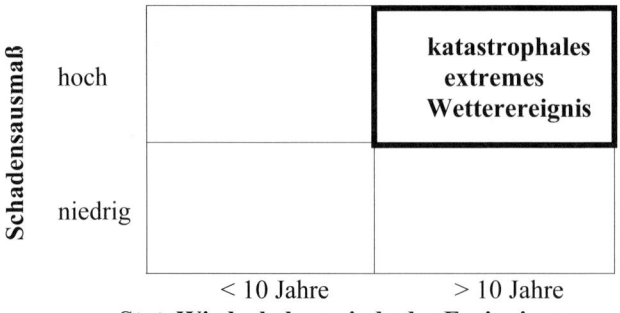

Abb. 2.3. Charakterisierung eines katastrophalen extremen Wetterereignisses

Während die zeitliche Dimension durch die Spezifizierung der Wiederkehrperiode geschätzt angegeben werden kann (unter bzw. über 10 Jahre), kann hinsichtlich des Schadenspotenzials bestimmter Ereignisse keine solche Abgrenzung gemacht werden, da diese Dimension auch nicht oder schwer monetarisierbare Bereiche enthält (z.B. niedrigere Lebensqualität, zerstörter Lebensraum für Flora und Fauna). Weiters sind diese Schadensbereiche für verschiedene gesellschaftliche Gruppen und Wirtschaftsbranchen meist von sehr unterschiedlicher Relevanz. Aus diesem Grunde konzentriert sich diese Publikation im Teil B („Wirtschaftssektorale Analyse") auf die Betroffenheit ausgewählter Wirtschaftsbranchen, welche als besonders gefährdet eingestuft werden können. In den Kap. 9 bis 13 wird in diesem Sinne von den einzelnen BranchenvertreterInnen sektorspezifisch festgelegt, ab welchem Ausmaß Ereignisse als bedrohlich betrachtet werden und somit in unserem Sinne als extrem eingestuft werden können.

Literatur

Bissolli P, Göring L, Lefebvre C (2001) Extreme Wetter- und Witterungsereignisse im 20. Jahrhundert: Klimastatusbericht des Deutschen Wetterdienstes. http://www.dwd.de/de/FundE/Klima/KLIS/prod/KSB/ksb01/, Stand: Juli 2004

DWD Deutscher Wetterdienst (2004) Windstärken in Beaufort. http://www.dwd.de/de/wir/Geschaeftsfelder/KlimaUmwelt/Leistungen/Schadensfall/Beaufortskala.htm, Stand: Juli 2004

Formayer H, Eitzinger S, Nefzger H, Simic S, Kromp-Kolb H (2001) Auswirkungen einer Klimaveränderung in Österreich: Was aus bisherigen Untersuchungen ableitbar ist. http://www.accc.gv.at/pdf/global2000.pdf, Stand: Juli 2004

Münchener Rück (1997) Überschwemmung und Versicherung. München

Münchener Rück (2000) Welt der Naturgefahren. CD-ROM der Forschungsgruppe Geowissenschaften, München

Münchener Rück (2004) Topics geo: Jahresrückblick Naturkatastrophen 2003. München

OcCC Beratendes Organ für Fragen der Klimaänderung (1998) Auswirkungen von Extremen Niederschlagsereignissen – Wissenstandsbericht. Bern

OcCC Beratendes Organ für Fragen der Klimaänderung (2003) Extremereignisse und Klimaänderung. Bern

Österreichische Hagelversicherung (2003) Hagelgefahr in Österreich, 1975-2003. Wien

ProClim (2003) Climate facts. http://www.proclim.ch/ClimateFacts.html, Stand: Juli 2004

Rudel E (2003) Klimaveränderung – welches Gefährdungspotenzial ergibt sich für Österreich? Beitrag zur Konferenz „Katastrophenschäden und deren Auswirkungen auf die Versicherungswirtschaft", Zentralanstalt für Meteorologie und Geodynamik, 12.3.2003, Wien

ZAMG Zentrale Anstalt für Meteorologie und Geodynamik (oJ) Die europäische Lawinengefahrenskala. http://www.zamg.ac.at/markt/graz/lawinen/skala.html, Stand: Juli 2004

3 Regionale Entwicklung und Auswirkungen extremer Wetterereignisse am Beispiel Österreich

Ulrich Foelsche

Institut für Geophysik, Astrophysik und Meteorologie, Universität Graz

3.1 Einleitung

Eine möglichst breite Definition des Begriffes „Extremereignis" könnte folgendermaßen aussehen: Extremereignisse sind Ereignisse, die stark vom Durchschnitt abweichen und dadurch außergewöhnlich sind. Es hängt nun von der konkreten Anwendung ab, wie stark diese Abweichung tatsächlich sein muss, um ein Ereignis als extrem einzustufen.

Extreme Wetterereignisse sind von besonderer Bedeutung, da sie große Schäden verursachen können. Theoretische Überlegungen und Ergebnisse von Simulationen mit Klimamodellen lassen befürchten, dass es im Zuge des aktuellen Klimawandels zu einer deutlichen Zunahme von Extremereignissen kommen könnte. Es gibt auch erste Anzeichen dafür, dass es in den letzten Jahrzehnten schon dazu gekommen ist.

Extremereignisse sind aber andererseits ein ungeeigneter Indikator für den Klimawandel. Aufgrund ihres unregelmäßigen Auftretens kann ein Trend erst dann statistisch signifikant nachgewiesen werden, wenn das für die Mittelwerte schon längst der Fall war. Eine zufällige Häufung von Extremereignissen am Beginn oder am Ende der Messreihe kann darüber hinaus einen Trend vortäuschen, den es gar nicht gibt (OcCC 2003).

Dieses Kapitel beschäftigt sich zuerst – ergänzend zum Kap. 2 – mit einer detaillierteren meteorologischen Definition von Extremereignissen. Im Mittelpunkt des Kapitels stehen theoretische Überlegungen und eine Bestandsaufnahme bezüglich beobachteter und erwarteter Änderungen von Extremereignissen weltweit bzw. für Österreich.

Der Anhang zeigt – anhand des derzeitigen Aufbaus des Dateninformationssystems MEDEA in Österreich – die Möglichkeit und Notwendigkeit für die Extremwetterforschung, neue Datensicherungs- und Auswertungsmöglichkeiten zu schaffen.

3.2 Extreme Wetter- und Klimaereignisse

Das „Klima" an einem bestimmten Ort soll, per Definition, den durchschnittlichen Zustand der Atmosphäre und die von diesem zu erwartenden Abweichungen beschreiben. Zur Klima-Klassifikation werden daher in erster Linie statistische Mittelwerte von „Klimaelementen" wie Temperatur, Luftfeuchtigkeit, oder Niederschlag über einen langen Zeitraum (meist 30 Jahre) herangezogen („effektive Klima-Klassifikation"). Dabei wird davon ausgegangen, dass diese arithmetischen Mittelwerte den typischen Zustand möglichst gut repräsentieren. Bei Niederschlägen, die oft räumlich sehr unregelmäßig verteilt sind, reichen allerdings nicht einmal 30 Jahre Beobachtung aus, um ein vollständig repräsentatives Bild der typischen Verhältnisse zu erlangen.

Neben dem Mittelwert ist auch die natürliche Schwankung der Klimaelemente (ausgedrückt durch die Varianz bzw. die Standardabweichung) eine wichtige Kenngröße, da sie Rückschlüsse darüber erlaubt, wie weit beobachtete Werte unter "normalen" Bedingungen von diesen Mittelwerten abweichen „dürfen". Als Bezugspunkt dienen hier meist die 30-jährigen sogenannten „Normalperioden", aktuellere Arbeiten beziehen sich fast immer auf die Normalperiode 1961-1990.

Der Begriff „Klima" ist dadurch mit einer Wahrscheinlichkeitsverteilung möglicher Wetterereignisse verknüpft. Je mehr die Werte der betreffenden Klimaelemente während eines Wetterereignisses vom Mittelwert abweichen, desto weniger wahrscheinlich ist das Ereignis (s. dazu auch Kap. 2). Die außergewöhnlichsten, d.h. im statistischen Sinne am wenigsten wahrscheinlichen Wetterereignisse bezeichnet man als Wetterextreme. Analoges gilt für Witterungs- und Klimaextreme, die sich auf Ereignisse von zunehmender Dauer beziehen. Häufig wird ein Wetterereignis als extrem bewertet, wenn die Werte des betreffenden Klimaelementes jeweils zumindest so groß wie das 90. Perzentil bzw. zumindest so klein wie das 10. Perzentil sind (z.B. im Glossar des IPCC 2001). Nach dieser eher „schwachen" Definition wären z.B. bei Betrachtung der Jahresmitteltemperatur die zehn wärmsten und die zehn kältesten Jahre eines Jahrhunderts extreme Ereignisse. In vielen Fällen werden aber auch erst wesentlich seltenere Ereignisse als „extrem" eingestuft (z.B. 1. bzw. 99. Perzentil).

Verfügt man über längere Zeitreihen von Klimaelementen, so kann damit also die Seltenheit eines Ereignisses quantifiziert werden. Eine häufig verwendete alternative Darstellungsweise ist die „Jährlichkeit" von Ereignissen. Ein Ereignis, das statistisch betrachtet im Mittel alle 10 Jahre zu erwarten ist, hat eine Jährlichkeit von 10 Jahren. Ein „Jahrtausendereignis" ist statistisch betrachtet alle 1000 Jahre zu erwarten.

Es ist zu beachten, dass die Charakterisierung als Extremwert immer nur für eine bestimmte Region gilt. Ein Wetterereignis, das in einer Region als extrem eingestuft wird, kann in einer anderen Region ganz normal sein. Der mittlere Jahresniederschlag am Mt. Waialeale auf der Insel Kauai (Hawaii) von über 11 m wäre z.B. an fast allen anderen Stationen der Welt (zumindest) ein Jahrtausendereignis.

3.3 Beobachtete Wetterextreme in Österreich und in der Welt

Österreich liegt in einer Region mit gemäßigtem Klima. Daher sind auch die Wetterextreme, die in Österreich beobachtet werden, selten rekordverdächtig, wenn man sie mit weltweiten Extremen vergleicht. Da sich aber Natur und Gesellschaft jeweils an die regional herrschenden Verhältnisse angepasst haben, sind große Abweichungen von den Mittelwerten oft mit negativen Auswirkungen für Natur und Mensch verknüpft, auch wenn diese Wetterextreme woanders vielleicht gar keine wären.

Für alle, die im (extremen) Sommer 2003 unter den hohen Temperaturen gelitten haben (z.B. in Graz im Mittel 22,2°C), wird es daher nur ein schwacher Trost sein, dass in Dallol (Äthiopien) von 1960 bis 1966 eine Durchschnittstemperatur von 34,6°C gemessen wurde. Wenn auch im Sommer 2003 in Österreich viele Temperaturrekorde gefallen sind, fällt aber andererseits auf, dass einige absolute Maxima schon länger zurückliegen. In Dellach im Drautal wurde beispielsweise am 27. Juli 1983 mit 39,7 °C die bisher höchste Temperatur in Österreich gemessen. In Klagenfurt und Graz stammen die absoluten Temperaturrekorde sogar noch aus dem Jahr 1950.

Auch Dürreperioden in Österreich würden in anderen Weltregionen kaum als solche bezeichnet werde. In Iquique (Chile) fielen z.B. von November 1945 bis Mai 1957 genau 0,0 mm Niederschlag. Aber auch dieser Vergleich hilft betroffenen österreichischen Landwirten natürlich nicht, da die Landwirtschaft in weiten Teilen Österreichs (noch) nicht auf längerfristige zusätzliche Bewässerung eingestellt ist.

Beim maximalen 24h Schneefall kommt Österreich mit 170 cm (in Sillian, am 31. Jänner 1986) sogar nahe an das globale Maximum von 193 cm (in Silverlake, Colorado am 14. April 1921) heran. Auch hier gilt allerdings, wie bei vielen anderen Wetterextremen, dass nicht überall Klimastationen stehen, wo Rekordwerte zu erwarten sind. Als Beispiel hierfür können die Tiefsttemperaturen in Österreich dienen. In Zwettl fielen sie am 11. Februar 1929 auf -36,6°C, am Gipfel des Sonnblick waren es einmal

-37,2°C (am 1. Jänner 1905). In einer Doline auf der Gstettner Alm bei Lunz (wo es keine permanente Station gibt) wurden dagegen im Spätwinter 1932 sogar -52,6°C gemessen.

3.4 Änderung von Wetterextremen durch Klimaänderung: Theorie

Eine relativ kleine Änderung des Mittelwertes kann zu einer starken Zunahme von Extremen führen. Dies soll – schematisch – anhand von Abb. 3.1 am Beispiel der Temperatur dargestellt werden. Hier sei der Einfachheit halber unterstellt, dass die Verteilung der Temperaturen einer Normalverteilung gehorcht.

Wenn wir davon ausgehen, dass das Klima durch die Verteilung der Temperaturwerte bestimmt wird, dann gibt es drei mögliche Wege der Klimaänderung:

(1) Verschiebung des Mittelwertes bei gleichbleibender Varianz
(2) Veränderung der Varianz bei gleichbleibendem Mittelwert
(3) Verschiebung des Mittelwertes und Veränderung der Varianz

Abb. 3.1a zeigt den Effekt der Zunahme des Mittelwertes bei gleichbleibender Varianz (Breite der Glockenkurve). Im alten Klimazustand gab es eine gewisse Zahl von extrem kalten Tagen (hellgraue Fläche unter dem linken Teil der strichlierten Kurve) und eine (in diesem Fall gleich große) Zahl von extrem heißen Tagen (hellgraue Fläche unter dem rechten Teil der strichlierten Kurve).

Eine Zunahme des Mittelwertes (Verschiebung der Kurve nach rechts) führt dazu, dass die extrem kalten Temperaturen sehr selten werden, während sich die extrem hohen Temperaturen häufen (dunkel- und hellgraue Fläche unter dem rechten Teil der durchgezogenen Linie). Ein Zunahme der Varianz bei gleichbleibendem Mittelwert führt dazu, dass extrem kalte und extrem warme Tage häufiger werden (Abb. 3.1b). Bei einer Zunahme von Mittelwert und Varianz (Abb. 3.1c) ändert sich bei den extrem niedrigen Temperaturen relativ wenig, die extrem hohen Temperaturen werden aber noch häufiger als in den beiden anderen Fällen.

Als Beispiel dazu möchte ich die sog. „Tropentage" anführen. In mittleren Breiten, wie z.B. in Mitteleuropa, sind sie ein guter Indikator für extrem hohe Temperaturen. Dabei handelt es sich um Tage, an denen ein Temperaturmaximum von mindestens 30°C erreicht wird. In Graz wurden beispielsweise in der Normalperiode 1961-1990 im Mittel 3,7 solche Tropentage pro Jahr beobachtet.

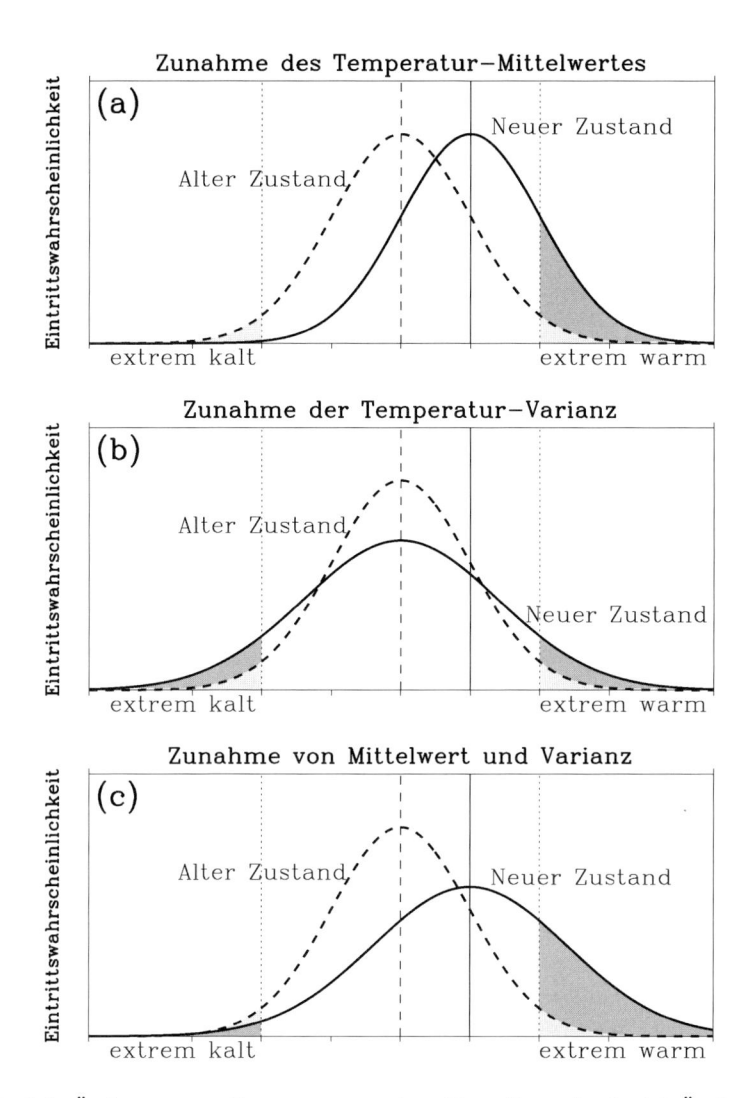

Abb. 3.1. Änderung von Extremwerten einer Verteilung durch: (a) Änderung des Mittelwertes, (b) der Varianz, (c) von Mittelwert und Varianz

Man kann in diesem Fall also von (relativ) seltenen Ereignissen sprechen. Im Jahr 2003 waren es dagegen 41 Tropentage, 38 davon im meteorologischen Sommer (Juni bis August) und drei schon Anfang Mai. Durch die Verschiebung der Verteilung zu höheren Temperaturen hat sich die Anzahl der extrem heißen Tage verzehnfacht.

Aus theoretischen Überlegungen muss in einem heißeren Klima auch (wenigstens prinzipiell) mit heftigeren Niederschlagsereignissen gerechnet werden, da aufgrund der exponentiellen Zunahme des Sättigungsdampfdrucks mit zunehmender Temperatur mehr Wasserdampf in der Atmosphäre vorhanden ist, der für Niederschläge zur Verfügung stehen kann. Auch im heutigen Klima ist es so, dass in Regionen mit höheren Temperaturen tendenziell mehr Niederschlag in intensiven und extremen Niederschlagsereignissen fällt (Karl u. Trenberth 2003). In Modellrechnungen tritt dieser Sachverhalt auch für das zukünftige Klima bei steigenden Temperaturen deutlich auf (z.B. Semenov u. Bengtsson 2002).

3.5 Beobachtete Änderung von Wetterextremen in Österreich

Die mittleren Temperaturen in Österreich sind seit 1900 um etwa 1,3°C gestiegen (Böhm et al. 2001). Dieser Wert. der auch für den gesamten Alpenraum repräsentativ ist, ist doppelt so groß wie der für den Anstieg der globalen Mitteltemperatur im gleichen Zeitraum (IPCC 2001). Dieser wesentlich höhere Wert ist z.T. darauf zurückzuführen, dass die Temperaturen über den Kontinenten generell stärker gestiegen sind als über den Ozeanen. Darüber hinaus scheinen Bergregionen generell empfindlicher auf Klimaänderungen zu reagieren. Man muss wohl davon ausgehen, dass sich auch prognostizierte Erhöhungen der Weltmitteltemperatur in Österreich entsprechend stärker bemerkbar machen werden.

Im gleichen Zeitraum ist im Süden und Osten Österreichs eine signifikante Abnahme der Jahresniederschläge festzustellen, während im Westen und Norden keine eindeutigen Änderungen nachweisbar sind (Auer et al. 2001).

Bei der Frage nach einer Änderung von Wetterextremen im gleichen Zeitraum stehen wir allerdings vor einem Problem: Das Archiv mit den Tagesdaten fast aller österreichischer Stationen wurde im 2. Weltkrieg zerstört, sodass die täglichen Aufzeichnungen i.A. erst nach 1948 beginnen. Für die Analyse stehen daher nur etwa 50 Jahre zur Verfügung.

Zur Illustration des Problems können die Niederschläge in Graz im August 2003 dienen. In Graz fallen im August im langjährigen Mittel 112 mm Niederschlag. 2003 waren es bis zum 28. August gerade einmal 13 mm. An den letzten drei Augusttagen fielen dann aber genau 100 mm. In Summe also ein ganz normaler August, und genau das würde man ohne Analyse der Tagesdaten sehen. Tatsächlich gab es aber eine längere Trockenperiode und dann heftige Niederschläge innerhalb kurzer Zeit, also Verhältnisse, die z.B. für die Landwirtschaft ausgesprochen ungünstig sind.

In Graz ist der Standort der Klimastation seit 1891 praktisch unverändert. Mit der Ausnahme einiger Wochen im Jahr 1945 gibt es auch für den gesamten Zeitraum tägliche Aufzeichnungen. Anhand des Beispiels der Tropentage (Abb. 3.2) sieht man deutlich, dass es sogar für vergleichsweise häufige Extremereignisse nicht ausreicht, eine Periode von wenigen Jahrzehnten zu untersuchen. Betrachtet man hier die Entwicklung der letzten 50 Jahre, so scheint die Schlussfolgerung eindeutig: Die Zahl der heißen Tage steigt unaufhaltsam. Eine Analyse der (gezielt ausgewählten) Periode 1947 bis 1978 würde ein genau entgegengesetztes Bild liefern. Im Jahr 1950 wurde übrigens mit 37,1°C die bisher höchste Temperatur in Graz gemessen. Hier ist außerdem zu beachten, dass zu dieser Zeit der „städtische Wärmeinseleffekt" noch schwächer ausgeprägt war als heute.

Auch beim Betrachten der Zeitreihe ab 1891 könnte sich, aufgrund der niedrigen Werte am Beginn, die falsche Vermutung aufdrängen, dass die Temperaturmaxima in der Zeit davor wohl noch niedriger waren. Nur zwei Klimastationen in Österreich (Kremsmünster und Wien) verfügen über verlässliche Zeitreihen, die bis zum Sommer des Jahres 1811 zurückreichen, der bis 2003 der heißeste „seit Beginn der Messungen" war.

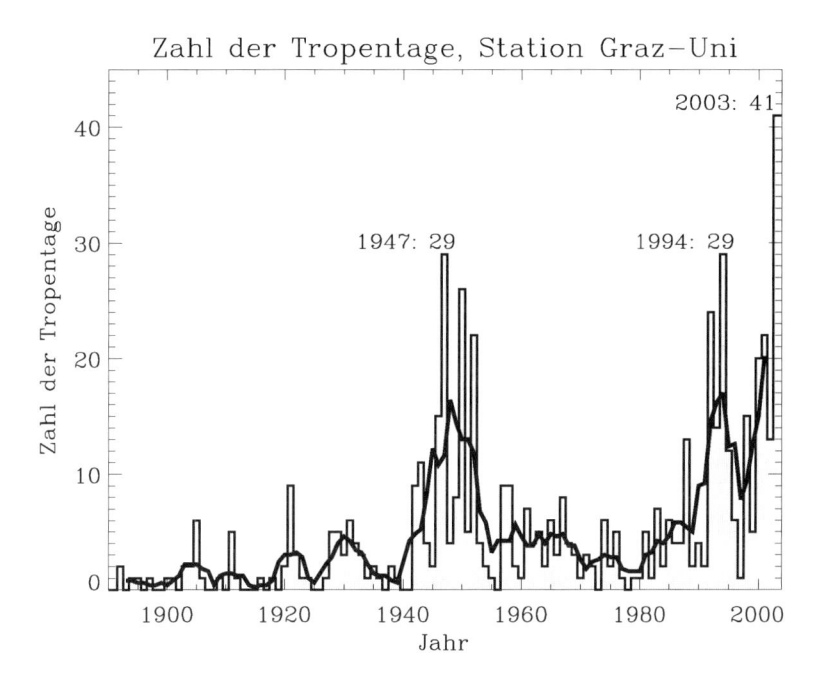

Abb. 3.2. Zahl der Tropentage pro Jahr ($T_{max} \geq 30°C$) an der Klimastation Graz-Universität. Graue Balken: Werte für das jeweilige Jahr, dicke Linie: 5-jähriges gleitendes Mittel

Noch wesentlich schwieriger ist die Situation bei extremen Starkniederschlägen, die in Österreich häufig auf Sommergewitter zurückzuführen sind. Diese Ereignisse sind oft lokal so begrenzt, dass sie auch in einem dichten Messnetz häufig nicht ausreichend erfasst werden.

Als (lokales) Beispiel sei hier der Wolkenbruch vom 16. Juli 1913 im Stiftingtal bei Graz erwähnt. Dieser Gewitterregen verursachte innerhalb von etwa drei Stunden starke Schäden, die mit den an der nur wenige Kilometer entfernten Station Graz-Uni gemessenen 78 mm nicht zu erklären waren. Anhand von Fässern und anderen Gefäßen die zufällig im Freien standen, wurde für das Gewitterzentrum eine Niederschlagsmenge von bis zu 670 mm rekonstruiert (Forchheimer 1913). Auch ein ähnlich hoher rekonstruierter Wert vom 10. August 1915 aus Schaueregg am Wechsel (Wakonigg 1978, S. 255f) übersteigt bei weitem die größte 24h Niederschlagsmenge, die je in Österreich an einer Klimastation gemessen wurde: 336 mm, am 31. August 1910 in Dornbirn. Wir können also davon ausgehen, dass die wirklich extremen Niederschlagsereignisse nur mit geringer Wahrscheinlichkeit überhaupt von einer Messstation erfasst werden.

Gerade bei Niederschlägen richtet sich das Augenmerk der Öffentlichkeit oft auf sogenannte „Jahrhundertereignisse". Von einem „Jahrhundertereignis" darf man erwarten, dass es – bei unverändertem Klima – im Mittel über viele Jahrhunderte einmal pro Jahrhundert eintritt. Wie nun tatsächlich ein „Jahrhundertereignis" aussieht, kann aufgrund der vergleichsweise kurzen Datenreihen nicht aus den Daten selbst ermittelt werden. Es kann nur basierend auf der Verteilung der weniger seltenen Ereignisse mittels Annahmen über die Form des Schweifs der Verteilung abgeschätzt werden. Es ist daher auch praktisch aussichtslos anhand von „Jahrhundertereignissen" Klimawandel nachzuweisen (wenn man nicht viele Jahrhunderte beobachtet hat).

Wenn man ausschließlich die ganz seltenen Ereignisse betrachtet, könnte man sogar trotz „Jahrhunderthochwasser" im Sommer 2002 zu dem Schluss kommen, dass die extremen Niederschlagsereignisse in Österreich seltener geworden sind. Bei der Frage nach einer Zu- oder Abnahme von extremen Niederschlagsereignissen muss man sich daher auf weniger extreme Ereignisse (z.B. mit einer Jährlichkeit von 10 Jahren) konzentrieren, auch wenn diese weniger medienwirksam sind.

Weitere detaillierte Informationen über ausgewählte extreme Wetterereignisse in Österreich findet man auf der Homepage der Zentralanstalt für Meteorologie und Geodynamik in Wien (http://www.zamg.ac.at/).

3.6 Der Sommer 2003 in Europa als Beispiel für ein extremes Witterungsereignis

In Österreich, und in weiten Teilen Europas, war der Sommer des Jahres 2003 der heißeste seit Beginn der Messungen, die z.B. in Österreich bis ins Jahr 1768 zurückreichen. In Europa, und hier besonders in Frankreich, forderte die Hitzewelle über 20.000 Todesopfer (WMO 2004).

In Graz lagen die mittlere Sommertemperaturen mit 22,2°C um 3,6°C über dem langjährigen Durchschnitt von 1961-1990 (18,6°C). Es war also im Schnitt jeder einzelne Tag des Sommers um 3,6°C zu warm. Da die natürliche Schwankung der Sommertemperaturen relativ klein ist, entspricht diese Temperaturanomalie einer Abweichung von 4,1 Standardabweichungen gegenüber dem langjährigen Mittel. Unter der Annahme einer Normalverteilung würde das bedeuten, dass ein solcher Sommer in Graz eine Jährlichkeit von über 45.000 Jahren hat. Bezieht man die Temperaturanomalie allerdings auf die Sommer Mitteltemperatur von 1991-2000, die mit 20,0°C schon deutlich höher war, so verringert sich die Jährlichkeit drastisch auf 450 Jahre. Diese Zahlen müssen allerdings mit Vorsicht betrachtet werden, da die Annahme der Normalverteilung, die für Sommertemperaturen in der Nähe des Mittelwertes oft noch erstaunlich gut erfüllt ist (Schär et al. 2004), für extreme Ereignisse nur bedingte Gültigkeit hat. An diesem Beispiel sieht man aber wieder exemplarisch den Sachverhalt, der im Abschn. 3.4 dargestellt wurde: eine Zunahme der Sommer-Mitteltemperatur um 1,4°C erhöht die Eintrittswahrscheinlichkeit eines extremen Sommers um den Faktor ~ 100.

Obwohl der Sommer 2003 vielfach der heißeste seit Beginn der Messungen war bedeutet das nicht, dass es auch der heißeste Sommer „seit Menschengedenken" war. Regional hat es in den Jahrhunderten vor Beginn der Thermometermessungen immer wieder extrem heiße Sommer gegeben. In Mitteleuropa war der Sommer des Jahres 1540, das auch häufig als „Sonnenjahr" bezeichnet wird, mit großer Wahrscheinlichkeit noch heißer und trockener als der Sommer 2003. Aus dieser Zeit gibt es natürlich keine Temperaturmessungen, das Ereignis ist aber das historisch am besten belegte des 16. Jahrhunderts (Pfister 1999). Ein „Klimazeuge" dieses außergewöhnlichen Sommers ist der „Jahrtausendwein" des Jahres 1540, für den eigene Prunkfässer gebaut wurden, und von dem heute noch einzelne Flaschen bestens gehütet werden (Glaser 2001, S. 108f). Sobald man aber ganz Europa betrachtet (Luterbacher et al. 2004), so ist der Sommer 2003 mit sehr großer Wahrscheinlichkeit der heißeste des gesamten Untersuchungszeitraumes, der in diesem Fall bis ins Jahr 1500 zurück reicht.

3.7 Beobachtete Änderung von Wetterextremen weltweit

Hier stütze ich mich auf die Synthese der Ergebnisse des Intergovernmental Panel on Climate Change (IPCC 2001) sowie auf die Arbeit von Easterling et al. (2000). Dabei ist zu beachten, dass sich viele Analysen nur auf die zweite Hälfte des 20. Jahrhunderts beziehen, da für die Zeit davor einfach zu wenig Daten für globale Analysen zur Verfügung stehen. Außerdem ist hervorzuheben, dass drei der vier weltweit wärmsten Jahre seit Beginn globaler Messungen in die Zeit nach Veröffentlichung des letzten IPCC-Berichtes fallen. Die wärmsten Jahre waren (in absteigender Reihenfolge): 1998, 2002, 2003 und 2001 (WMO 2004).

In weiten Teilen der Welt ist eine signifikante Abnahme extrem niedriger Temperaturen festzustellen. Dadurch sind die frostfreie Zeit und auch die Vegetationsperiode in zahlreichen Regionen mittlerer und hoher Breiten länger geworden. Auf der anderen Seite ist es auch zu einer Zunahme in der Häufigkeit von extrem hohen Temperaturen gekommen, interessanterweise aber in einem deutlich geringeren Ausmaß. Einer Zunahme in der Häufigkeit von Hitzewellen in vielen Teilen der Welt steht eine (signifikante) Abnahme in anderen Regionen gegenüber. Im Osten der USA sind auch die extrem heißen Perioden der 30er Jahre noch immer unübertroffen.

Unterschiede sieht man auch bei den Veränderungen der mittleren Minima und Maxima. Die täglichen Minimalwerte der Lufttemperatur sind über der Landoberfläche von 1950 bis 1993 im Mittel um rund 0,2°C pro Jahrzehnt angestiegen. Dieser Anstieg ist rund doppelt so groß wie der Anstieg der täglichen Maximalwerte der Lufttemperatur (0,1°C pro Jahrzehnt). In dem schematischen Bild aus dem Abschn. 3.4 kann man dieses Verhalten durch eine Zunahme des Mittelwertes bei gleichzeitiger Abnahme der Varianz verstehen.

Die Häufigkeit von schweren Niederschlagsereignissen hat in der zweiten Hälfte des 20. Jahrhunderts in den mittleren und höheren Breiten der Nordhemisphäre wahrscheinlich um 2 bis 4% zugenommen.

Es gibt Hinweise darauf, dass es auf der Nordhalbkugel zu einer Zunahme, auf der Südhalbkugel jedoch zu einer Abnahme der Aktivität extratropischer Zyklone im Verlauf der zweiten Hälfte des 20. Jahrhunderts gekommen ist. Derzeit ist noch unklar, ob die beobachteten Trends langperiodische Fluktuationen oder doch Teil einer Langzeitentwicklung sind.

Der Teil der globalen Landoberfläche, der schwerer Trockenheit oder schweren Überflutungen ausgesetzt war, hat im 20. Jahrhundert (1900-1995) nur in relativ geringem Ausmaß zugenommen.

Interessant sind dabei natürlich auch die Parameter, die sich nicht nachweislich geändert haben. Damit ist aber nicht völlig ausgeschlossen, dass es bei diesen Ereignissen tatsächlich Veränderungen gegeben hat. In vielen Fällen ist einfach die Datengrundlage zu bescheiden, um eindeutige Aussagen treffen zu können.

In den wenigen Gebieten, von denen Untersuchungen vorliegen, konnten keine systematischen Änderungen der Häufigkeit von tropischen Wirbelstürmen, Tornados, Gewittertagen oder Hagelereignissen festgestellt werden (Die – zugegebenermaßen seltenen – Tornados in Österreich scheinen übrigens sogar eher seltener zu werden). Eine interessante Einzelbeobachtung in diesem Zusammenhang ist aber andererseits das erste nachgewiesene Auftreten eine Hurrikans im Südatlantik, im März 2004 (Met Office 2004).

Auch wenn es also in vielen Fällen nicht einmal auf globaler Ebene möglich ist, eine Zunahme der Zahl von Extremereignissen statistisch eindeutig nachzuweisen, so steht außer Frage, dass die Schäden, die weltweit durch Extremereignisse verursacht werden, deutlich zugenommen haben. Informationen dazu findet man z.B. auf der Homepage der Münchener Rückversicherung (http://www.munichre.com).

3.8 Erwartete Änderung von Wetterextremen weltweit

Hier ist man auf die Simulationen künftiger Klimaverhältnisse mittels Klimamodellen angewiesen. Die Ergebnisse hängen im Detail von zukünftigen Treibhausgasemissionen ab, die natürlich nur abgeschätzt werden können. Einige Gemeinsamkeiten kann man aber bei allen Emissionsszenarien feststellen, bei gemäßigteren Szenarien treten sie erst später (signifikant) auf. Mit den im Folgenden genannten Änderungen und deren Folgen wird man mit hoher Wahrscheinlichkeit bis zum Ende des 21. Jahrhunderts (und auch schon davor) rechnen müssen (IPCC 2001):

- Höhere Maximaltemperaturen, mehr heiße Tage und Hitzewellen über fast allen Landmassen. Dadurch bedingt:
  - Verstärktes Auftreten von Sterbefällen und ernsthafter Erkrankungen bei älteren Altersgruppen und städtischen Armen
  - Verstärkter Hitzestress bei Vieh und Wildtieren
  - Verschiebung von Tourismuszielen
  - Zunehmendes Schadensrisiko für eine Anzahl von Nutzpflanzen

- Höhere Minimaltemperaturen, weniger kalte Tage, Frosttage und Kältewellen über fast allen Landmassen. Dadurch bedingt:
  - Sinkende kältebedingte Krankheits- und Sterberaten

- Sinkendes Risiko von Schäden für eine Anzahl von Nutzpflanzen und steigendes für andere
- Ausgedehntere Verbreitung und Aktivität von einigen Schädlingen und Krankheitsüberträgern
- Reduzierter Heizenergiebedarf

– Intensivere Niederschlagsereignisse über vielen Gebieten. Dabei ist zu erwarten, dass die prozentuelle Zunahme in der Wahrscheinlichkeit intensiver Niederschlagsereignisse größer ist als die prozentuelle Zunahme im mittleren totalen Niederschlag. Dadurch bedingt:

- Zunehmende Überschwemmungs-, Erdrutsch-, Lawinen- und Murgangschäden
- Zunehmende Bodenerosion
- Zunehmender Druck auf staatliche und private Versicherungssysteme und Katastrophenhilfen

– Zunehmende Sommertrockenheit über den meisten innerkontinentalen Flächen in den mittleren Breiten, verbunden mit dem Risiko von Dürren. Dadurch bedingt:

- Sinkende Ernteerträge
- Sinkende Qualität und Quantität von Wasserressourcen
- Steigendes Waldbrandrisiko

Es fällt auf, dass einige der angeführten Konsequenzen denen ähneln, die im Sommer 2003 in weiten Teilen Europas zu beobachten waren. Obwohl es verführerisch ist, kann man daraus aber nicht schließen, dass dieser einzelne Sommer schon auf den menschgemachten Klimawandel zurückzuführen ist. Man darf aber erwarten, dass ähnliche Sommer in Zukunft häufiger werden (auch wenn vielleicht schon der nächste kühl und verregnet sein sollte).

3.9 Erwartete Änderung von Wetterextremen für Österreich

Während globale Klimamodelle für groß-skalige Phänomene oft übereinstimmende Ergebnisse liefern, so sind die Unterschiede bei einer regionalen Betrachtung oft beträchtlich. Für langfristige Simulationen können globale Modelle derzeit außerdem nur mit geringer räumlicher Auflösung betrieben werden, typischerweise in „T42", das entspricht einem Gitterpunktsabstand von etwa 300 km am Äquator.

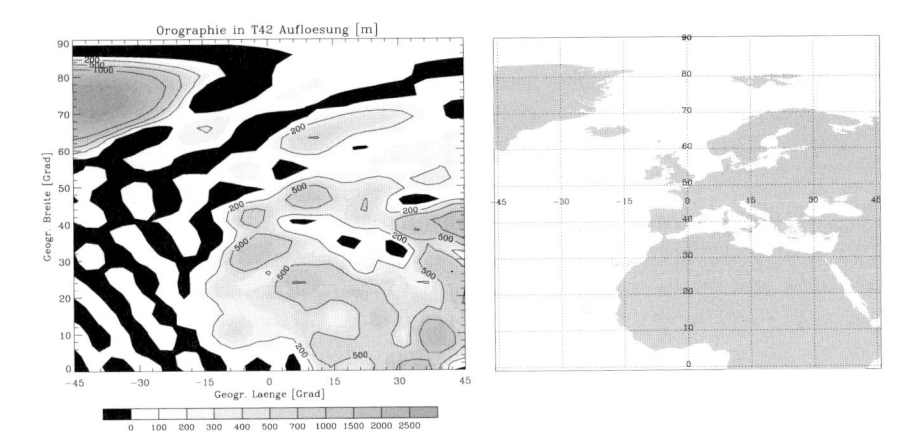

Abb. 3.3. Links: Modell-Orographie in T42-Auflösung (global 128 x 64 Gitterpunkte). Rechts: dargestelltes Gebiet

Abb. 3.3 zeigt die Modell-Oberflächenhöhen (linkes Bild) eines Ausschnittes der Nordhalbkugel (rechtes Bild) in T42-Auflösung. Hier ist zu beachten, dass die Alpen in dieser Auflösung nicht einmal eine Höhe von 1000 m erreichen. Es ist offensichtlich, dass wesentliche Aspekte des Klimas in alpinen Regionen in dieser Auflösung gar nicht erfasst werden können. Auch die meteorologische Situation, die zum Auftreten des Hochwassers im Sommer 2002 führte, kann z.B. von einem solchen Modell prinzipiell nicht wiedergegeben werden. Die „Wellen" im Atlantik (Höhen unter 0 m schwarz dargestellt) resultieren aus der Darstellung der Welt in Kugelflächenfunktionen.

Mit zunehmender Rechnerkapazität wird die räumliche Auflösung globaler Modelle zwar immer feiner, aber auch in den nächsten Jahren werden damit Aussagen für kleinräumige Gebiete noch nicht mit erwünschter Genauigkeit möglich sein.

Einige der im Abschn. 3.8 angeführten wahrscheinlichen Konsequenzen in mittleren Breiten werden aber wohl auch in Österreich spürbar sein. Für genauere Abschätzungen ist es aber unumgänglich, regionale Klimamodelle mit weit höherer räumlicher Auflösung zu betreiben, die ihre Randbedingungen aus den globalen Modellen beziehen. Etwas detailliertere Informationen für noch kleinräumigere Gebiete können dann mittels „Downscaling" gewonnen werden.

Ein Beispiel für eine derartige regionale Modellierung ist die Arbeit von Christensen und Christensen (2003). Hier wurde für Europa ein regionales Modell mit einer horizontalen Auflösung von 50 km verwendet, die Randbedingungen stammen dabei aus einem globalen Modell mit einer horizontalen Auflösung wie in Abb. 3.3. Den Simulationen liegt das Emissionsszenario „A2" zugrunde (IPCC 2001), das bei den projizierten Änderungen der globalen Mitteltemperatur für 2100 mit + 3.8°C (gegenüber 1990) im Mittelfeld liegt. Für das letzte Drittel des 21. Jahrhunderts ergibt sich (in der Modellwelt) folgendes Bild: Obwohl die mittleren Sommerniederschläge fast überall in Europa signifikant abnehmen, gibt es in einigen Regionen eine deutliche Zunahme von intensiven Niederschlagsereignissen. Für Österreich ergibt sich in dieser Simulation eine deutliche Zunahme der Sommertrockenheit, Änderungen bei intensiven Niederschlagsereignissen liegen unter der Signifikanzgrenze.

Dieses Beispiel soll auch zeigen, in welche Richtung die Forschung in Österreich (mit noch höher aufgelösten Modellen) gehen sollte. Innerhalb des StartClim-Projektes, das nicht zuletzt als Reaktion auf die Überschwemmungen des Sommers 2002 ins Leben gerufen wurde, wurde auch schon mit Forschung in dieser Richtung begonnen (StartClim 2003).

Ergebnisse derartiger regionaler Modellierung für die Schweiz (Schär et al. 2004) zeigen, dass gegen Ende des 21. Jahrhunderts etwa jeder zweite Sommer so heiß sein könnte wie der des Jahres 2003, obwohl dieser Sommer in der Schweiz mit einer Abweichung von 5,4 Standardabweichungen vom Mittelwert sogar noch ungewöhnlicher war als in Österreich (vgl. Abschn. 3.6).

3.10 Zusammenfassung und Ausblick

Analysen extremer Wetterereignisse der Vergangenheit zeigen bis jetzt nur in einzelnen Fällen eine statistisch signifikante Zunahme in der Zahl dieser Ereignisse. In unserer Gesellschaft, die für extreme Wetterereignisse zunehmend verwundbar ist, steigen aber schon jetzt die volkswirtschaftlichen Schäden, die von solchen Ereignissen Jahr für Jahr verursacht werden.

Theoretische Überlegungen und Ergebnisse von Klimamodellen lassen zudem befürchten, dass wir uns auf ein zukünftiges Klima mit häufigeren Extremereignissen einstellen müssen, und das umso früher, je weniger es uns gelingen wird, die globalen Treibhausgasemissionen zu reduzieren.

Literatur

Auer I, Böhm R, Schöner W (2001) Austrian long-term climate 1767 – 2000. Österr. Beiträge zu Meteorologie und Geophysik 25

Böhm R, Auer I, Schöner W, Brunetti M, Maugeri M, Nanni T, Huhle C (2001) Die Langzeit-Variabilität von Temperatur und Niederschlag im Alpenraum. Proc. DACH, 2001
Christensen JH, Christensen OB (2003) Severe summertime flooding in Europe. Nature 421: 805-806
Easterling DR, Meehl GA, Parmesan C, Changnon SA, Karl TR, Mearns LO (2000) Climate extremes: observations, modeling, and impacts. Science 289: 2068-2074
Forchheimer P (1913) Der Wolkenbruch im Grazer Hügelland vom 16. Juli 1913. Sitzungsbericht d. Akad. D. Wiss. Math. – Naturw. Kl. CXXII, Abt. IIa, S. 2099-2109
Glaser R (2001) Klimageschichte Mitteleuropas. Wissenschaftliche Buchgesellschaft, Darmstadt
IPCC Intergovernmental Panel on Climate Change (2001) Climate change 2001: The scientific basis. Third Assessment Report, Cambridge Univ Press, Cambridge New York
Luterbach J, Dietrich D, Xoplaki E, Grosjean M, Wanner H (2004) European seasonal and annual temperature variability, trends, and extremes since 1500. Science 303: 1499-1503
Karl TR, Trenberth KE (2003) Modern global climate change. Science 302: 1719-1723
Met Office (2004) Catarina hits Brazil: South Atlantic Hurricane breaks all the rules. http://www.met-office.gov.uk/sec2/sec2cyclone/catarina.html, Stand: Juli 2004
OcCC Beratendes Organ für Fragen der Klimaänderung (2003) Extremereignisse und Klimaänderung. Bern
Pfister C (1999) Wetternachhersage – 500 Jahre Klimavariationen und Naturkatastrophen. Verlag Paul Haupt, Bern
Schär C, Vidale PL, Lüthi D, Frei C, Häberli C, Liniger MA, Appenzeller C (2004) The role of increasing temperature variability in European summer heatwaves. Nature 427: 332-336
Semenov V, Bengtsson L (2002) Secular trends in daily precipitation characteristics: Greenhouse gas simulation with a coupled AOGCM. Climate Dynamics 19: 123-140
StartClim (2003) Startprojekt Klimaschutz: Erste Analysen extremer Wetterereignisse und ihrer Auswirkungen auf Österreich. Endbericht, Wien
Wakonigg H (1978) Witterung und Klima in der Steiermark. Verlag für die Techn. Universität Graz
WMO World Meteorological Organization (2004) WMO Statement on the status of the global climate in 2003. Genf

Anhang: Wetterextreme und die Notwendigkeit der Datenintegration

Martin König

Österreichisches Büro für Klimawandel, Umweltbundesamt

Interdisziplinäre Relevanz von extremen Wetterereignissen

Die Bandbreite der Beiträge in diesem Buch zeigt deutlich: extreme Wetterereignisse sind aus wissenschaftlicher Sicht das Arbeitsfeld verschiedenster Fachdisziplinen aus dem natur-, wirtschafts- und sozialwissenschaftlichen Bereich. Während sich MeteorologInnen den Eigenschaften von Wetterextremen (z.B. Ursachen, Prognosen) widmen, sind VertreterInnen insbesondere aus Ökologie, Ökonomie, Raumplanung und Soziologie darauf aufbauend an deren Folgen interessiert (s. Abb. 3.4).

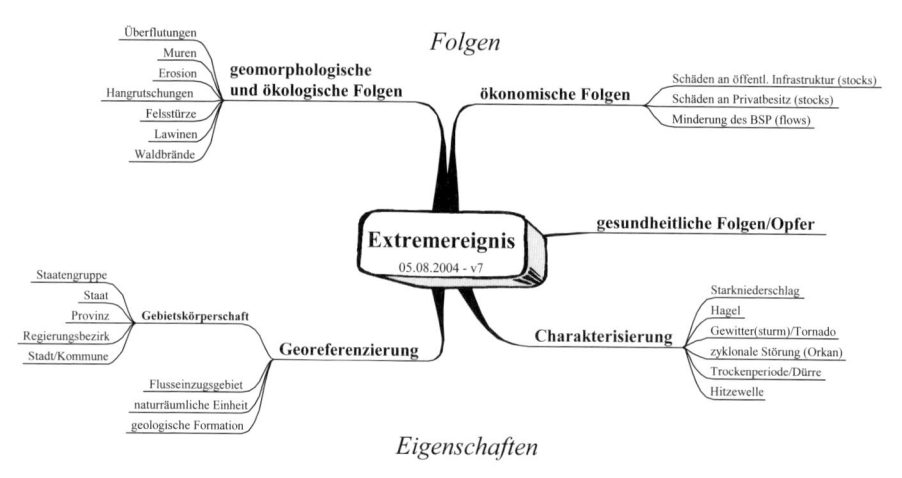

Abb. 3.4. Informationsklassifizierungen eines Extremereignisses

Alle Beteiligten sind wesentlich auf verschiedenste Arten von Daten zu bereits stattgefundenen Extremereignissen angewiesen, um sowohl für ihre tägliche Arbeit als auch für verschiedene Forschungsprojekte möglichst rasch an Informationen zu kommen. Gerade weil Wetterextreme derart vielgestaltige Eigenschaften und Folgen haben, werden die diesbezüglichen Daten in verschiedener Weise von ganz unterschiedlichen Institutionen erfasst, verwaltet und ggf. ausgewertet. Meist sind diese Daten nicht direkt mit einander verknüpfbar.[1]

Im Sinne aller im Bereich Extremereignisse/Klimawandel tätiger WissenschaftlerInnen und PraktikerInnen wäre es wünschenswert, ein zentrales Dateninformationssystem für Wetterextreme einzuführen. Für Österreich baut das Umweltbundesamt derzeit in Zusammenarbeit mit dem International Institute for Applied Systems Analysis (IIASA) die Wetterereignisdatenbank MEDEA (Meterological Extreme event Data information system for the Eastern Alpine region) auf, die zahlreiche Leistungen erfüllen soll.

Leistungen moderner Dateninformationssysteme

Die Erfassung von Daten in einem modernen (zumeist objekt-relational arbeitendem) Dateninformationssystem bietet vielerlei Vorteile:

- langfristige Datensicherung.
- dynamische Anpassung: Etwa können im System problemlos Justierungen vorgenommen werden für die Frage, was ein extremes Wetterereignis ist. Im Zuge des Klimawandels werden sich hier die unter Abschn. 3.2 angesprochenen Jährlichkeiten ggf. massiv verschieben.
- logische Verknüpfungen ermöglichen direkte Aussagen über Zusammenhänge die sonst nur unter großen Mühen zusammenzubringen wären.
- Polyhierarchie ermöglicht Zusammenstellungen unter unterschiedlichen Klassifizierungskriterien (z.B. Georeferenzierung, Unsicherheit, Schadensausmaß), d.h. ein Extremereignis kann unter verschiedenen Suchkriterien gefunden werden.

Voraussetzungen für die Umsetzung der Datenbank MEDEA

Vorausgeschickt sei hier noch einmal die Bemerkung, dass die Forschung an meteorologischen Extremereignissen im Kontext einer wahrscheinlich zunehmenden Bedrohung im Zuge der globalen Klimaveränderungen (s. Abschn. 3.4-3.9) eine Frage von nationalem Interesse sein muss. In einigen

---

[1] Z.B. in Österreich die Wildbachereignisdatenbank des Bundesamt und Forschungszentrum für Wald (BFW), die zentrale meteorologische Datenbanken der Zentralanstalt für Meteorologie und Geophysik (ZAMG) oder die Hochwasserschadensdatenbank des Zentrums für Naturgefahren und Risikomanagement (ZENAR).

Staaten hat man bereits darauf reagiert und alle Daten im Zusammenhang mit Klima und Klimawandel für öffentliches Gut erklärt und allgemein zugänglich gemacht. Die entsprechenden Institutionen (wie etwa die nationalen Wetterdienste) werden in diesem Zusammenhang für die Erhebungen entsprechend finanziert (Beispiel Kanada). Diesem Beispiel sollten auch Österreich, die Schweiz und Deutschland folgen.

Technische Voraussetzungen

Der Aufbau eines Dateninformationssystems, welches in der Lage ist, mit unterschiedlichsten Datenqualitäten zu arbeiten – wie dies für Wetterextreme benötigt – ist eine große Herausforderung für die EDV.

Am Umweltbundesamt existiert hierzu bereits Know-how aus dem Bereich der ökologischen Langzeitforschung, welches man sich für den Aufbau von MEDEA zunutze machen konnte. Das schon vorhandene Dateninformationssystem MORIS wurde entsprechend umgebaut und mit meteorologischen Daten bestückt. Die Integration dieser Testdaten, z.B. der ZAMG konnte erfolgreich durchgeführt werden.

Aufbauend darauf müssen nun EDV-technische Lösungen für eine möglichst benutzerfreundliche Bedienung des Dateninformationssystems MEDEA gefunden werden.

Kooperation mit Daten-Providern

Derzeit müssen für den erfolgreichen Aufbau von MEDEA in Österreich Kooperationsabkommen mit den verschiedenen Daten-Providern abgeschlossen werden (z.B. ZAMG, BFW, Statistik Austria), um ein für die NutzerInnen Mehrwert bringendes Dateninformationssystem bieten zu können.

Voraussetzung dafür ist eine breite Akzeptanz aller Beteiligten, dass ein gemeinsam nutzbares Dateninformationssystem gewollt wird und Unterstützung von allen Seiten findet.

Formale Voraussetzungen – Einigung auf Definitionen

Wie in Abschn. 3.2 dargestellt, ist die meteorologische Definition eines Extremereignisses zunächst abhängig von der jeweiligen Klimazone sowie ggf. auch von weiteren Raumausstattungsmerkmalen wie Besiedelung oder Infrastruktur. Ein Tornado in einem menschenleeren Gebiet wird eher weniger als Naturgefahr Eingang in Datenbanken finden als ein Hagelschlag in einem urbanen Raum mit vielen zerstörten Autos und Dächern.

Wir müssen uns für Österreich einigen, was wir unter Extremereignis oder „starkem Ereignis" verstehen und entsprechende Schwellenwerte festlegen. Nur so können wir eine Extremereignisdatenbank dann auch mit den entsprechenden Daten befüllen.

Dies muss sowohl für extreme/starke Wetterereignisse (z.B. Niederschlag/Std. > 30mm) als auch für extreme/außergewöhnliche Witterungsperioden durchgeführt werden (z.B. Anzahl aufeinander folgender Tropentage, s. Abb. 3.2).

Trendanalysen und das „Statistik-Problem"

In den Abschn. 3.2 und 3.4 wurde bereits verdeutlicht, wie Extremereignisse allgemein definiert werden können und wie in diesem Bereich mit Wahrscheinlichkeiten gearbeitet wird.

Für Trendanalysen zu meteorologischen Extremereignissen ist es jedoch nötig, nicht nur die jeweils stärksten (und damit seltenen) Extremereignisse in ein Dateninformationssystem zu integrieren, sondern auch Starkereignisse mit höherer Wiederholungshäufigkeit. Erst dann wird die Zahl der Ereignisse so groß, dass sie sinnvolle Korrelations- und Regressionsanalysen zulässt. Dies haben entsprechende Untersuchungen in der Schweiz nochmals deutlich belegt (vgl. OcCC 2003).

Langfristige Ziele

Da Gebirgsregionen eine besondere Empfindlichkeit (Vulnerability) gegenüber Klimaänderungen zeigen und zudem durch die geomorphologische Dynamik vielfältige Massenbewegungen (Muren, Lawinen, Hangrutschungen, Bergstürze) durch Wetterextreme ausgelöst werden können, wäre es ein lohnendes langfristiges Ziel, ein einheitliches Dateninformationssystem für meteorologische Extremereignisse etwa für alle AlpenanrainerInnen aufzubauen.

Eine Verbundforschung etwa gemeinsam durch KollegInnen aus Österreich, der Schweiz, Deutschland, Italien und Frankreich könnte die Arbeit ein gutes Stück voran bringen auf dem Weg zu einem besseren Verständnis der Klimafolgen von Wetterextremen im Alpenraum und der besonderen Verwundbarkeit von Gebirgsregionen im Zuge des globalen Klimawandels.

Eine gemeinsame Datenbasis wäre die Voraussetzung hierfür.

Literatur

König M, Schentz H, Weigl J, Ermolieva T, Jonas M (2003): Ereignisdatenbank für meteorologische Extremereignisse. In: StartClim (2003) Startprojekt Klimaschutz: Erste Analysen extremer Wetterereignisse und ihrer Auswirkungen auf Österreich. Endbericht, Wien

OcCC Beratendes Organ für Fragen der Klimaänderung (2003) Extremereignisse und Klimaänderung. Bern

4 Wirtschaftliche Analyse von extremen Wetterereignissen: Struktur und Anwendung

Stefan P. Schleicher, Karl W. Steininger

Institut für Volkswirtschaftslehre und Wegener Center for Climate and Global Change, Universität Graz

4.1 Einleitung

Im Kap. 2 des vorliegenden Bandes wurden extreme Wetterereignisse charakterisiert, im Kap. 3 deren regionale geophysikalische Entwicklung und Auswirkungen anhand des Beispiels Österreich analysiert. Das vorliegende Kapitel schließt den Drei-Schritt der Grundlagenanalyse ab, indem es auf die wirtschaftliche Dimension der extremen Wetterereignisse eingeht.

Motiviert ist dieses Kapitel durch die zunehmende Evidenz eines Zusammenhanges zwischen Klimawandel und extremen Wetterereignissen (Beniston 2004, Milly et al. 2002 u. IPCC 2001). Die Hochwasserereignisse in Zentraleuropa im Jahr 2002 machten viele Unzulänglichkeiten in der damit zusammenhängenden ökonomischen Analyse sichtbar (Linnerooth-Bayer u. Amendola 2003 u. ZENAR 2003).

Zunächst wird die Grundstruktur der wirtschaftlichen Analyse extremer Wetterereignisse und der diesbezüglichen Handlungsmöglichkeiten in einem allgemeinen Modellrahmen dargestellt. Mittels dieses Rahmens wird sodann das kollektive Entscheidungsproblem sichtbar, wie auch die Dezentralisierungsmöglichkeiten dieser Entscheidung. Eine Konkretisierung wird anhand des Beispielereignisses „Hochwasser" vorgenommen. Abschließend wird die wohl populärste wirtschaftliche Messgröße, das Bruttoinlandsprodukt (BIP), im Hinblick darauf analysiert, über welche Kanäle es auf extreme Wetterereignisse reagiert, und inwieweit dies mit monetären Schadensquantifizierungen in Bezug steht.

4.2 Modellstruktur zur Analyse von Handlungsmöglichkeiten im Hinblick auf Extremereignisse

Mittels eines formalen Modells sollen die wirtschaftlichen Aspekte bei der Behandlung von Extremereignissen sichtbar gemacht werden. Die dafür entwickelte Modellstruktur orientiert sich an der Erfahrung eines Hochwassers: Extreme Niederschläge lösen ein Hochwasser aus, das ein Siedlungsgebiet überschwemmt; die dort verursachten Schäden hängen ab von der Höhe des Hochwassers, dieses ist wiederum abhängig von der Intensität der Niederschläge. Zur Schadensminderung stehen grundsätzlich vier Gruppen von Instrumenten zur Verfügung:

1. defensive Maßnahmen, wie Schutzdämme, die direkt auf das Hochwasser einwirken;
2. offensive Maßnahmen, wie Flussmanagement mittels Rückhaltebecken und Retentionsflächen;
3. Einflussnahme über den vermuteten Zusammenhang zwischen den Klimawandel auslösenden Faktoren und dem Auftreten von extremen Wetterereignissen durch Verminderung der Emission von Treibhausgasen;
4. Reduktion der wertmäßigen Schäden durch schadensresistentere Strukturen, beispielsweise bei den Bauten.

Die Grundstruktur dieses Modells ist grundsätzlich auf andere extreme Wetterereignisse, wie Stürme, Dürre, Lawinenabgänge und Vermurungen übertragbar.

Der Schaden des Extremereignisses wird einerseits durch einen physischen Schadensindikator (damage) $d \in D$ und andererseits durch einen wertmäßigen Schadensindikator (costs) c erfasst.

Der physische Schadensindikator ist beispielsweise beschrieben durch die überschwemmten Flächen. Er sei definiert als die Wahrscheinlichkeit, mit der in einer Rechnungsperiode (beispielsweise einem Jahr) ein physischer Schaden von der Höhe d (beispielsweise überschwemmte Hektar Land) auftritt und charakterisiert durch das physische Schadensprofil:

$$p(d), d \in D \qquad (4.1)$$

Mit D wird beispielsweise die Gesamtfläche der Region oder des Landes bezeichnet, für den der physische Schadensindikator erhoben wird.

Die Wahrscheinlichkeiten für diese physischen Schadensindikatoren liefern Hydrologie, Meteorologie und Geophysik. So gibt es für Flussbette in der Regel detaillierte Informationen, mit welcher Wahrscheinlichkeit innerhalb eines Jahres eine bestimmte Fläche überschwemmt wird. Niedere Überschwemmungen sind dabei meist wahrscheinlicher als höhere.

Dem physischen Schadensindikator zugeordnet ist ein wertmäßiger Schadensindikator. In Abhängigkeit vom physischen Schaden d wird folgendes wertmäßige Schadensprofil c registriert:

$$c = c(d), d \in D \quad (4.2)$$

Dieser wertmäßige Schaden kann monetäre Wiederherstellungskosten aber auch individuelle oder kollektive Bewertungen reflektieren. Beispielsweise kann ein wertvolles Kulturgut, das unbedingt geschützt werden soll, durch einen fiktiv hohen wertmäßigen Schadensindikator markiert werden. Bei Hochwässern könnte dieser wertmäßige Schadensindikator u.a. die Bebauungsdichte auf den überschwemmten Flächen reflektieren. Falls das Hochwasser sich in immer dichter bebaute Flächen ausbreitet, dann würde der marginale wertmäßige Schaden bei steigendem physischen Schadensindikator zunehmen.

Das gesamte Schadensprofil eines extremen Ereignisses ist somit beschrieben durch eine wertmäßige und eine physische Komponente:

$$\{c(d), p(d), d \in D\} \quad (4.3)$$

Aus (4.3) ist ersichtlich, dass grundsätzlich durch zwei Arten von Aktivitäten auf das Schadensprofil Einfluss genommen werden kann, nämlich durch die Verminderung der Eintrittswahrscheinlichkeiten des physischen Schadensprofils und die Verminderung der Schäden des wertmäßigen Schadensprofils durch schadensresistentere (Infra-)Strukturen.

Die erste Gruppe von Aktivitäten betrifft die physischen Schadensindikatoren, wie Ausmaß der überschwemmten Flächen. Wodurch wird die Eintrittswahrscheinlichkeit dieser physischen Schadensindikatoren beeinflusst?

Erstens durch unmittelbare Maßnahmen zur Schadensabwehr m^d (wie Dammbauten am Rand einer von Überschwemmung bedrohten Fläche):

$$p(d \mid m^d), d \in D \quad (4.4)$$

Zweitens durch das den Schaden auslösende Extremereignis (event) $e \in E$ (z.B. Abflussmenge eines Flusses aufgrund von Niederschlägen) mit der entsprechenden Wahrscheinlichkeitsdichtefunktion, die wiederum zumindest teilweise durch Maßnahmen m^e (z.B. Flussbauten, Retentionsflächen im Oberlauf) beeinflusst werden kann:

$$p(e \mid m^e), e \in E \quad (4.5)$$

Für das Auftreten des Extremereignisses kann ferner der Zustand der natürlichen Ressourcen $n \in N$ verantwortlich sein (z.B. Zusammensetzung der Atmosphäre) mit langfristig möglichen Maßnahmen m^n:

$$p(n \mid m^n), n \in N \qquad (4.6)$$

Somit wird sichtbar, dass das Profil der Eintrittswahrscheinlichkeit des physischen Schadensindikators d von drei Möglichkeiten von Maßnahmen beeinflussbar ist: solchen, die unmittelbar die Schadensabwehr betreffen (m^d); solchen, die auf das den Schaden auslösende Extremereignis einwirken (m^e); schließlich ist zumindest im Bereich Klima langfristig ein Einfluss auf die natürlichen Ressourcen möglich (m^n):

$$p(d \mid m^d, m^e, m^n), d \in D \qquad (4.7)$$

Die zweite Aktivität betrifft die Verminderung des wertmäßigen Schadens bei einer bestimmten physischen Schadensintensität. Im Fall des Hochwassers bedeutet dies, dass bei einem vorhandenen Ausmaß an flächenmäßigen Überflutungen die baulichen Schäden durch hochwasserbewusstes Bauen (Kellerabdichtung, Aufständerung) reduziert werden. Auch Absiedelungen aus besonders gefährdeten Gebieten sind in Betracht zu ziehen. Somit sind die bei einem bestimmten physischen Schadensindikator d anfallenden wertmäßigen Schadenskosten c abhängig von den getroffenen Strukturmaßnahmen zur Erhöhung der Schadensresistenz m^c:

$$c(d \mid m^c) \qquad (4.8)$$

Für die Schadensbewertung ist schließlich noch das Element der Risikoaversion zu beachten. Es ist beispielsweise denkbar, dass gegenüber Extremereignissen eine besonders hohe Risikoaversion besteht.

$$r(d), d \in D \qquad (4.9)$$

Damit ergibt sich folgender Erwartungswert für das risikobewertete Schadensprofil, das als individueller oder kollektiver Verlust (loss) L aufgrund eines Schadensauftritts d interpretiert werden kann:

$$L = r(d) \cdot p(d \mid m^d, m^e, m^n) \cdot c(d \mid m^c), \quad d \in D \qquad (4.10)$$

Somit wird sichtbar, dass die Bewertung des Verlustes durch ein extremes Ereignis die Komponenten Risikopräferenz, Eintrittswahrscheinlichkeit eines physischen Schadensindikators sowie die daraus resultierenden Schadenskosten reflektiert. Mit Maßnahmen, die auf die Eintrittswahrscheinlichkeit und die Schadenskosten einwirken, kann die Höhe des Verlustes zumindest teilweise kontrolliert werden.

4.3 Das kollektive Entscheidungsproblem

Aus der vorgestellten Modellstruktur für Extremereignisse wird zudem sichtbar, dass das resultierende, meist kollektiv zu lösende Entscheidungsproblem in zwei Entscheidungsschritte zerlegt werden kann, nämlich in die Festlegung der akzeptierbaren Schadenshöhe und die Verteilung dieser angefallenen Schäden.

4.3.1 Festlegung des akzeptablen Schadensprofils

Der erste Entscheidungsschritt besteht darin, die das akzeptable Schadensprofil durch entsprechende Aktivitäten in den Kategorien m^d, m^e, m^n und m^c festzulegen. Diese Aufgabe ist aus mehreren Gründen nicht einfach zu lösen.

Erstens treten Bewertungsprobleme auf. Bei einer monetären Bewertung der Schäden können die Preise wiederum von den Eintrittswahrscheinlichkeiten der Schäden abhängen. Vergleichen wir zum Beispiel das Angebot einer identen Dienstleistung (ein Kinderspielplatz) auf zwei im Hinblick auf Hochwassergefährdung unterschiedlich charakterisierten Flächen. Wenn höhere Schadenswahrscheinlichkeiten den Preis einer Nutzfläche reduzieren, ist das Dienstleistungsangebot auf der höher gefährdeten Fläche billiger bereitstellbar, der Preis dafür also geringer. Für nicht marktmäßig angebotene Güter, wie kulturelle Werte von Baudenkmälern, liegen möglicherweise kontroverse individuelle Bewertungen vor. Kontrovers dürfte bei kollektiven Entscheidungen auch die Festlegung bezüglich einer Risikopräferenz sein.

Zweitens ist in (4.10) wohl sichtbar, dass durch die vier Kategorien von Maßnahmen die Schadenshöhe gestaltbar ist, aber die Verfügbarkeit und zeitliche Verzögerung der Wirkung dieser Instrumente schaffen weitere Entscheidungsprobleme. Die knappen Mittel für die möglichen Maßnahmen zur Schadensreduktion von Extremereignissen stehen im Wettbewerb für andere Verwendungen. Auch sind in der Regel für die einzelnen Maßnahmentypen unterschiedliche Institutionen und Personen zuständig. Insbesondere für Maßnahmen zur Reduktion des Klimawandels ist zu berücksichtigen, dass diese und die daraus resultierenden Einflüsse auf extreme Wetterereignisse erst nach Jahrzehnten wirksam werden.

4.3.2 Verteilung des akzeptablen Schadens

Der zweite Entscheidungsschritt hat die Aufteilung des im ersten Schritt gefundenen akzeptablen Schadens im Sinne eines Risk Sharing vorzunehmen, d.h. das inhärente Verteilungsproblem ist zu regeln. Die dabei involvierten AkteurInnen sind die von einem Schaden direkt Betroffenen, die potentiell Betroffenen, die Institutionen der Versicherungswirtschaft und der Staat.

Folgende Optionen bezüglich der Verteilung der Risken sind dabei mischbar:

- teilweise Risikoübernahme durch den Staat
- teilweise Risikoübernahme durch die Individuen
- teilweise Risikoübernahme durch Risk Sharing in Versicherungen.

Diese Mechanismen bergen in sich die Gefahr des Moral Hazard (Änderung des Verhaltens in Richtung höheren Risikos nach eingegangener Risikoversicherung) und der nicht adäquaten individuellen Zahlungsbereitschaft, so dass beispielsweise eine Versicherungspflicht angebracht sein kann.

Das Kap. 6 des vorliegenden Buches analysiert die Möglichkeiten dieser Entscheidungsdezentralisierung im Detail, und Kap. 7 geht insbesondere auch auf die Erfahrungen und Verbesserungsmöglichkeiten bei den in unterschiedlichen Ländern aktuell implementierten Systemen ein.

4.4 Folgewirkungen von Schadensbeseitigung und Schadensprävention

Von den grundsätzlichen Entscheidungen bezüglich des akzeptablen Schadensprofils, der daraus resultierenden Höhe des akzeptablen Schadens und der dann durchgeführten Risikoverteilung sind jene Aktivitäten zu unterscheiden, die sich aus der Beseitigung und der Prävention von Schäden ergeben. Beide Aktivitäten sind anhand der Effekte bei Flow-Größen (wie Nachfrage, Produktion und Einkommen) und bei Stock-Größen (wie Kapitalbestände bei Haushalten, Unternehmen, Infrastruktur aber auch natürlichem Kapital, wie das Retentionspotenzial von Flüssen und Überflutungsflächen) zu beschreiben (s. Tol 2000 u. Hallegatte 2004). Extreme Ereignisse, wie ein Hochwasser, generieren zunächst zusätzliche Nachfrage und danach Produktionsbedarf, um die Schäden zu beseitigen. Durch die Produktion entstehen wiederum Einkommen. Diesen positiven Flow-Effekten stehen negative Wirkungen aufgrund von Produktionsausfällen in der Sachgüterproduktion, der Land- und Forstwirtschaft und möglicherweise auch bei Dienstleistungen im Tourismus gegenüber. Insgesamt sind aber die direkten Auswirkungen von Schadensereignissen auf das BIP eher gering (s. den nachfolgenden Abschn. 4.6). Dieses Ergebnis ist tendenziell irreführend, vor allem wenn das BIP als Wohlstandsindikator interpretiert wird. Anhand des Anlassfalls Hochwasser wird somit sichtbar, wie wichtig die Einbeziehung von Stock-Größen, wie der Kapitalstöcke, ist, um eben den erlittenen Vermögensverlust auszuweisen, der durch aufwendige Reparaturmaßnahmen zu kompensieren ist. Denn die Mittel für diese Reparaturmaßnahmen fehlen dann in anderen wohlstandsschaffenden Aktivitäten, wie Konsum und Investitionen.

Wann immer ein extremes Ereignis wirtschaftlich zu bewerten ist, wäre die daraus resultierende Dynamik aus Flows und Stocks für die Anpassung der Kapitalstöcke sorgfältig darzustellen. Auch die dabei ablaufenden Veränderungen in der regionalen Verteilung von wirtschaftlicher Aktivität und in den daraus resultierenden personellen Einkommens- und Wohlstandsumverteilungen wären sichtbar zu machen.

4.5 Anwendungsaspekte am Beispiel Hochwasser

4.5.1 Schadensreduktion

Operationalisierung

Das Ziel der Schadensreduzierung impliziert letztlich eine Gewichtung aus Erwartungswert und Varianz. Der Barwert des Nutzens (Reduktion von Opportunitätskosten) ist nur eine von vielen Bewertungsmöglichkeiten. Sinnvoll wäre in den meisten Fällen eine Gewichtung aus erstem und zweitem zentralen Moment der Dichtefunktion für die Schadensverteilung. Denn auch die Varianz-Reduktion ist ein Ziel, nicht nur die Reduktion des ersten Momentes. Auch die Reduktion des mittleren quadratischen Schadens wäre aus diesem Grund zu erwägen.

Risikoaversion

Sofern die Sorgfalt um das kulturelle Erbe in hochwassergefährdeten Regionen das Risiko gegenüber Extremereignissen besonders gewichtet, erhöht sich tendenziell der Aufwand bei den Schutzbauten. Eine weitere Implikation wäre, dass an unterschiedlichen geografischen Positionen die Schutzhöhe durchaus unterschiedlich sein kann (historische Bauten versus Lagerhalle).

Integriertes Hochwassermanagement

Eine integrierte Perspektive berücksichtigt auch die Maßnahmen m^e beim Flussmanagement (dadurch kann der Aufwand für Schutzbauten vermutlich sinken) sowie die Maßnahmen m^c in der Raum- und Bauordnung. Langfristig wären natürlich auch die natürlichen Ressourcen betreffende Maßnahmen m^n einzubeziehen (wie Reduktion der Treibhausgase).

Schutzbauten als öffentliches Gut

Die mit Schutzbauten verbundenen Probleme entstehen erst durch getrennte Eigentumsrechte. Deshalb ist nach Mechanismen für die Schadensreduktion durch Schutzbauten zu suchen, die Free Rider- und Moral Hazard-Effekte entmutigen. Reine Marktlösungen dürften aufgrund der vielfältigen Externalitäten nicht wirksam sein. Deshalb ist die Versicherungspflicht mit Selbstbehalt plus Mitwirkung des öffentlichen Sektors in Kap. 7 des vorliegenden Buches ein zentraler Untersuchungsgegenstand.

4.5.2 Wertverlust von privaten Kapitalgütern

Die Höhe dieses Wertverlustes wird maßgeblich von der Art der Schadenskompensation abhängen, d.h. von der Trägerschaft des Risikos. Übernimmt der öffentliche Sektor (Katastrophenfonds) weitgehend das Risiko, dann dürfte der Wertverlust gering sein, ist das Risiko individualisiert, so bestimmt das Design der Versicherung den Wertverlust.

In vielen Analysen zur Schadensbewertung werden nur die Opportunitätskosten für die genutzten Flächen berücksichtigt, nicht jedoch die Kapitalgüter, die auf diesen Flächen platziert sind (Bauten und Maschinen). Dadurch entsteht ein Bias in Richtung zu niedriger Aufwendungen für Schutzbauten. Als vereinfachte Methode könnten in solchen Fällen ergänzend fiktive Mietkosten für Gebäude auf die Flächen umgelegt werden, um auszuloten, wie sensitiv dieser Einfluss ist.

4.6 Das Maßkonzept BIP und Schäden durch extreme Wetterereignisse

Die durch extreme Wetterereignisse ausgelösten und monetär quantifizierten Schäden werden vielfach zum Bruttoinlandsprodukt einer Region oder eines Landes in Beziehung gesetzt. Gehen wir daher der Frage nach, wie das Konzept des Bruttoinlandsprodukts konstruiert ist, wie es sich durch extreme Wetterereignisse verändert, und welche Dimension relativ zu dieser Messgröße Schäden durch extreme Wetterereignisse in der Vergangenheit eingenommen haben.

4.6.1 Das Konzept des Bruttoinlandsprodukts

Das vom Statistical Office der UNO entworfene System of National Accounts (Volkswirtschaftliche Gesamtrechnung), dessen zentrale Kenngröße das Bruttoinlandsprodukt darstellt, beruht im Kern auf der wirtschaftlichen Theorieentwicklung der Zwischenkriegszeit des 20. Jahrhunderts, konkret der Keynesianischen Theorie.

Die Fragestellung für John Maynard Keynes war in der Weltwirtschaftskrise ein Engpass an Sachkapitalinvestitionen. Seine Aggregation der Vielzahl an wirtschaftlichen Aktivitäten eines Landes zu überschaubaren Konten („Polen") orientiert sich daher an der Identifikation dieses Engpasses. Der Fokus liegt auf einer Analyse der jährlichen (Geld-)Ströme (Flows), wobei auf Seiten der Haushalte Konsum und Sparen unterschieden wird, und die Finanzmittel aus letzterem für die Finanzierung der Investitionstätigkeit in Sachkapital der Unternehmen zur Verfügung steht. Unberücksichtigt bleiben im ursprünglichen Konzept vor allem Veränderungen im Naturkapital und nicht-marktliche Produktionswerte (wie z.B. die Eigenleistungen im privaten Haushalt).

Die Volkswirtschaftliche Gesamtrechnung spezifiziert im Detail die Verbuchung von Bestandsveränderungen für die Kategorie „Produktions-Sachkapital". Zur Aufrechterhaltung des Bestands an Produktions-Sachkapital (z.B. Maschinen, Gebäude) sind Abschreibungen zur Finanzierung von Reinvestitionen vorzusehen.

Das Bruttoinlandsprodukt eines Landes bezeichnet die Summe aller Güter und Dienstleistungen, die während des Zeitraumes eines Jahres innerhalb der Grenzen dieses Landes hergestellt werden. Wird diese Größe bereinigt um den Anteil der Produktion, der wieder reinvestiert werden muss, um den Sachkapitalbestand zur Produktion aufrecht zu erhalten, so ergibt sich das Nettoinlandsprodukt (NIP). Als Ausgangspunkt für eine Wohlstandsbeurteilung ist das Nettoinlandsprodukt damit die relevantere

Größe, steht es ja für den Konsum, oder für einen echten Zuwachs an Produktionsmitteln (Netto-Investition) zur Verfügung. Freilich wäre es für den Zweck einer umfassenden Wohlfahrtsbeurteilung noch um wichtige Komponenten zu ergänzen: etwa Dienstleistungen aus Natur- und Umweltkapital, oder nicht über Märkte gehandelte Güter und Dienstleistungen (wie die zuvor genannten Arbeiten im eigenen Haushalt).

Wenn wir bei der Größe Bruttoinlandsprodukt verbleiben, und uns seiner Aussagekraft nur als Maßgröße für über Märkte gehandelte Güter bewusst sind, so stellt sich dennoch die Frage, auf welchen Kanälen das BIP durch extreme Wetterereignisse beeinflusst wird.

4.6.2 Der Einfluss extremer Wetterereignisse auf das Bruttoinlandsprodukt

Wenn extreme Wetterereignisse zu Produktionsausfällen oder -rückgängen führen, die nicht in anderen Perioden desselben Jahres kompensiert werden, so spiegelt sich dies in der Maßzahl Bruttoinlandsprodukt direkt als Reduktion im Ausmaß der Verringerung der auf dem Markt verfügbaren Güter und Dienstleistungen wider.

Die quantitativ bedeutendere Wirkung von extremen Wetterereignissen besteht jedoch meist in der Zerstörung von Kapitalbeständen (Gebäuden, Maschinen, etc.). Da das BIP nur Flows misst, führt eine Zerstörung von Beständen („stocks") zu keiner Verringerung des BIP. Vielmehr ist die Reaktion des BIP hier in der Folge umgekehrt. Werden die durch extreme Wetterereignisse zerstörten Sachkapitalbestände, wie Gebäude, wieder hergestellt, so führt diese Aktivität als Investition zu einer Erhöhung des BIP, und zwar zum Zeitpunkt der Wiederherstellung, sei es im Jahr des Extremereignisses oder in einem der Folgejahre.

Zur Veranschaulichung der Größenordnung dieser unterschiedlichen Effekte sind in Abb. 4.1 die Auswirkungen des Hochwassers im August 2002 auf das österreichische BIP gegenübergestellt den monetären Schadensquantifizierungen dieses Ereignisses. Es zeigt sich, dass ohne das August-Hochwasser der Zuwachs des österreichischen BIP im Jahr 2002 geringfügig höher gewesen wäre, dass aber die Vermögensschäden, die durch dieses eine Ereignis in den flussnahen Gebieten insbesondere der Ostregion ausgelöst wurden, den in ganz Österreich während des gesamten Jahres erwirtschafteten Zuwachs des BIP übertroffen haben. Hinzu kommen an Schäden noch die Folgekosten, die in Abb. 4.1 separat ausgewiesen sind.

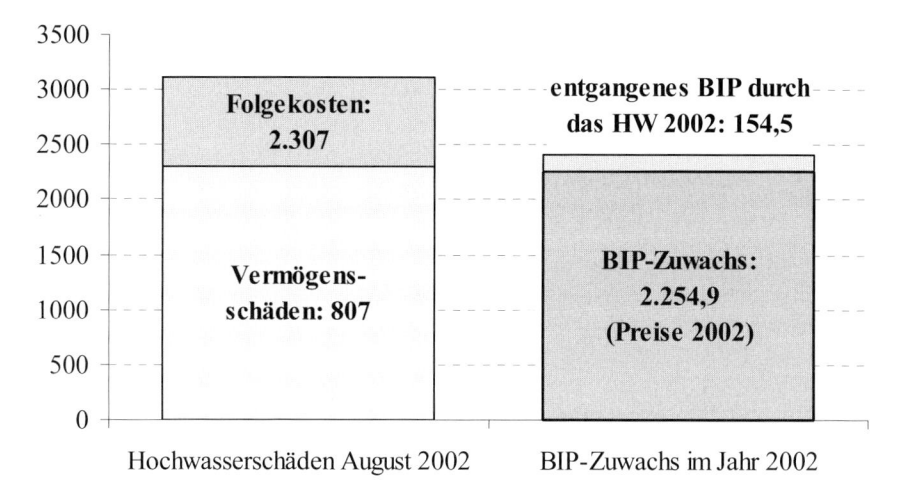

Abb. 4.1. Vergleich der österreichischen Hochwasserschäden 2002 (Vermögen, Produktionsausfall) mit der Wirtschaftsleistung 2002 (in Mio. EURO), ZENAR (2003) u. Wirtschaftsdaten des Österreichischen Instituts für Wirtschaftsforschung WIFO, eigene Berechnungen

4.7 Einige Schlussfolgerungen

Die vorgestellten Konzepte zu einer verbesserten ökonomischen Analyse von witterungsbedingten Extremereignissen reflektieren nicht zuletzt Erfahrungen, die im Zusammenhang mit wirtschaftlichen Aussagen zu den Hochwässern des Jahres 2002 in Zentraleuropa gemacht wurden.

Vor allem stellte sich heraus, dass eine rein auf Flow-Größen, wie den BIP-Effekten, getroffene Bewertung völlig ungenügend ist. Die gesamtwirtschaftliche Datenerhebung ist leider extrem mangelhaft hinsichtlich der Vermögensbestände, die durch ein breites Spektrum an Kapitalgütern beschrieben werden. Erst mit einer detaillierten Bestandsaufnahme der Schadenskategorien in den Bereichen Haushalte, Unternehmen und öffentliche Infrastruktur kann der durch ein Schadensereignis ausgelöste Reparaturprozess mit seinen Folgewirkungen bei den Flow-Größen Nachfrage, Produktion und Einkommen analysiert werden.

Weiters wurde durch die extremen Wetterereignisse und die dadurch ausgelösten Hochwasserschäden des Jahres 2002 die Notwendigkeit für ein Integriertes Risikomanagement sichtbar. Die dafür notwendige ökonomische Bewertung wird sehr aufwendig, wenn wirklich alle Optionen der Schadensprävention, die vom Management der Flüsse über die Schutzbauten bis zur Raumplanung reichen, integriert werden. Ein noch wenig akzeptiertes Ergebnis einer solchen Bewertung sollte aber die Bereitschaft sein, unterschiedliche Gefährdungspotenziale bewusst festzulegen und auch in entsprechender Form öffentlich auszuweisen.

Literatur

Beniston M (2004) Climatic change and its impacts – An overview focusing on Switzerland. Kluwer Academic Publishers, Dordrecht Boston

IPCC Intergovernmental Panel on Climate Change (2001) The science of climate change. Third Assessment Report, Cambridge University Press, Cambridge New York

Hallegatte S (2004) Accounting for extreme events in the assessment of climate change economic damages. Centre Cired, Paris

Linnerooth-Bayer J, Amendola A (2003) Special issue on flood risks in Europe. Risk Analysis 23/3: 537-639

Milly PCD, Wetherald RT, Dunne KA, Delworth TL (2002) Increasing risk of great floods in a changing climate. Nature 415: 514-517

Tol R (ed) (2000) Weather impacts on natural, social and economic systems in The Netherlands. Institute for Environmental Studies, Amsterdam

ZENAR Zentrum für Naturgefahren und Risikomanagement (2003) Ereignisdokumentation Hochwasser August 2002. Universität für Bodenkultur, Wien

5 Integriertes Risikomanagement bei Naturkatastrophen

Walter J. Ammann

Eidgenössisches Institut für Schnee- und Lawinenforschung SLF, Davos

5.1 Einleitung

Jährlich gibt es weltweit zwischen 500 und 700 katastrophale Schadensereignisse mit insgesamt bis zu 80.000 Toten und Schäden von rund 100 Mrd. EURO. Davon sind jährlich bis zu 200 Mio. Menschen betroffen (vgl. u.a. Münchener Rück 2003). Weltweit ist die Zahl der Toten in der letzten Dekade rückläufig, die Schadensumme hingegen stark steigend (ISDR 2003). Diese Entwicklung gilt auch für Europa, insbesondere auch für den Alpenraum mit seiner vielfältigen Nutzung als Lebens-, Wirtschafts- und Erholungsraum. Die zahlreichen Bedürfnisse der Gesellschaft in Beruf und Freizeit führen zu einem immer größeren Risikopotenzial in Bezug auf Naturgefahren und zu immer größeren Folgeschäden bei einem Katastrophenereignis. Gründe im Einzelnen sind: eine immer dichtere Besiedlung, insbesondere auch durch den Zweitwohnungsbau und die stetige Wertsteigerung von Gebäuden, Sachwerten und Infrastrukturanlagen. Hier kann für die Schweiz auf die Daten des Verbandes der kantonalen Feuerversicherungen (VKF) und des Versicherungsverbandes zurückgegriffen werden. Eine Auswertung dieser Zahlen zeigt eine markant steigende Versicherungssumme von Gebäuden und beweglichen Gütern seit den siebziger Jahren (SLF 2000). Weitere Gründe für steigende Folgeschäden sind der zunehmende Verkehr, die steigenden Ansprüche der Gesellschaft an die Mobilität, Versorgung und Kommunikation, oder die Globalisierung mit ihrer immer stärkeren Vernetzung im Wirtschaftsleben ganz allgemein. Gleichzeitig steigen auch die Gefahr schwer einschätzbarer Risikoanhäufungen und die Unsicherheit im Umgang mit möglichen Auswirkungen der Klimaveränderung. Diese Risiken auf ein erträgliches Maß zu vermindern, stellt eine anspruchsvolle Aufgabe für unsere Gesellschaft dar.

Naturgefahren schränken die Nutzung des Lebensraumes ein. Dies führt zu volkswirtschaftlichen Einbußen. Solche Einschränkungen sind vor allem im Gebirge bedeutsam, wo der Raum für Siedlungen und Verkehr sowie für gewerbliche und touristische Nutzungen ohnehin schon begrenzt ist. Wo sich aber Siedlungen und andere Nutzungsgebiete mit Gefahrenzonen überschneiden, können Naturereignisse zu bedeutenden Schäden führen. Dies haben die großen Schadensereignisse in den letzten Jahren in der Schweiz eindrücklich gezeigt.[1] Diese Ereignisse haben zudem vor Augen geführt, dass dem Schutz von Sachwerten klare Grenzen gesetzt sind. Zukünftig muss es deshalb bei entsprechenden Anstrengungen primär um den Schutz von Leib und Leben gehen.

Beim Umgang mit Risiken, die von Naturgefahren ausgehen, sind zudem vielfältige und zum Teil gegensätzliche Ansprüche zu berücksichtigen. Neben den Risiken aus Naturgefahren existiert aber auch eine Reihe von technischen, ökologischen, wirtschaftlichen und gesellschaftlichen Risiken. Die Sicherheit und der Schutz der Bevölkerung sind in diesem Gesamtkontext und im Sinne der Nachhaltigkeit zu beurteilen und zu gewährleisten. In der Schweiz hat eine Arbeitsgruppe der Plattform Naturgefahren (PLANAT) in den letzten zwei Jahren eine Vision und Strategie zur Sicherheit vor Naturgefahren (PLANAT 2003) erarbeitet. Die neue Naturgefahrenpolitik in der Schweiz spricht in diesem Zusammenhang auch von einer „Abkehr von der reinen Gefahrenabwehr und einem Zuwenden zu einer modernen Risikokultur" (PLANAT 1998). Wesentliche Ursachen dafür sind die mittlerweile spärlicher fließenden öffentlichen Gelder sowie der steigende Druck für deren effektive und effiziente Verwendung. Dabei zeigt sich immer deutlicher, dass ein risikogerechter Mitteleinsatz nicht möglich ist, wenn die verschiedenen Risiken nicht quantifiziert und miteinander verglichen werden können.

5.2 Risiko und Sicherheit

Sicherheit gegenüber Naturgefahren ist in industrialisierten Ländern Bestandteil ihrer Wohlfahrt. Sie ist aber nur ein Aspekt. In Ländern wie Deutschland, Österreich und der Schweiz mit einer ausgeprägten Wohlstandsgesellschaft ist Sicherheit kaum mehr ein primäres Ziel, sondern vielmehr eine – in der Regel einschränkende – Rahmenbedingung. Sicherheit gegenüber Naturgefahren kann somit nicht isoliert betrachtet werden, sondern ist im Rahmen der Nachhaltigkeit umfassend zu beurteilen und zu bewerten. Risiken aus Naturgefahren stehen in der Wahrnehmung der Öffentlichkeit ökologischen, technischen und gesellschaftlichen

---

[1] Für den Lawinenwinter 1999 s. SLF (2000), für den Wintersturm Lothar 1999 s. WSL u. BUWAL (2001), für starkniederschlagsbedingte Massenbewegungen und Überschwemmungen im Schweizer Mittelland 1999 s. BWG (2000), für Wallis und Tessin 2000 s. BWG (2002).

Risiken gegenüber. Oftmals wirken diese Risiken auch zusammen. So kann ein Hochwasser wegen auslaufender Heizöltanks und nachfolgender Verschmutzung des Grundwassers oder wegen Unfällen beim Transport gefährlicher Güter infolge Lawinen oder Steinschlag zu großen und häufig schwierig zu beziffernden Folgeschäden führen.

Wichtig im Umgang mit Naturgefahren ist der risikoorientierte Ansatz. Das Risiko ist das (mathematische) Produkt aus der Häufigkeit bzw. Wahrscheinlichkeit eines gefährlichen Ereignisses und dem Schadensausmaß, das bestimmt wird durch die Anzahl an Personen und die Sachwerte, die einem gefährlichen Ereignis zum Zeitpunkt seines tatsächlichen Eintretens ausgesetzt sind sowie durch die Verletzlichkeit der betroffenen Personen und Werte. Dabei haben diese Werte ökonomische, ökologische oder soziale Dimensionen.

Die Häufigkeit gefährlicher Ereignisse und die damit verknüpfte Intensität der Einwirkung sind somit nur Teilfaktoren des Risikos. Aus der mathematischen Definition des Risikos folgt auch, dass häufige, kleine Schadensereignisse an sich zum selben Risiko führen wie ein seltenes, dafür aber großes Ereignis. Bei letzterem kann es allerdings zu einer markanten Verschärfung in der öffentlichen Risikowahrnehmung kommen, insbesondere dann, wenn Todesopfer zu beklagen sind. Diese so genannte Risikoaversion wird zukünftig umso wichtiger werden, wenn es darum geht, Risiken aus verschiedenen Naturgefahren untereinander, oder gar mit technischen und weiteren Risiken zu vergleichen.

Letztlich geht es um den Stellenwert, der den Naturgefahren insgesamt beigemessen wird sowie um die Grenzen der Sicherheit davor. Damit sind insbesondere die nachfolgend erläuterten Schutzziele gemeint. Sie haben die Funktion, Grenzwerte für Schutzanstrengungen zu setzen. Ihr normativer Charakter verankert das akzeptierte Risikoniveau. Dadurch lassen sich Risikoszenarien an verschiedenen Orten und für verschiedene Naturgefahren vergleichen. Letztlich geht es um die Beantwortung der beiden folgenden Schlüsselfragen (s. Abb. 5.1): „Was kann passieren?" und „Was darf passieren?". Die in der Regel vorhandene Lücke zwischen den beiden Antworten ist mit geeigneten Maßnahmen zu überbrücken. Innerhalb der definierten Grenzen sind die gesetzten Ziele effektiv und effizient zu realisieren. Die einzelnen Schritte dieses Vorgehens werden mit dem Begriff des *Integralen Risikomanagements (IRM)* zusammengefasst. Eigentliches Ziel ist die Planung und Umsetzung von Maßnahmen. Die Evaluierung der optimalen Schutzmaßnahmen muss primär nach den Kriterien der Kostenwirksamkeit erfolgen. Dabei ist die im Risikokreislauf (s. Abb. 5.2) gesamthaft zur Verfügung stehende Palette von Schutzmaßnahmen in der Prävention, Intervention und Wiederinstandstellung, aber auch der Versicherbarkeit von Risiken als grundsätzlich gleichwertige Maßnahme in Betracht zu ziehen.

Was kann passieren?
- Beurteilung der Gefährdungssituation
- Analyse der Gefährdungs-Exposition und der Verletzbarkeit

Ist das sicher?

Was darf passieren?
- Feststellen der Schutzdefizite anhand der Schutzziele

Risikoanalyse

Risikobewertung

Was ist zu tun?

Integrale Massnahmenplanung

Abb. 5.1. Schlüsselfragen in der Risikoanalyse und -bewertung sowie in der integralen Maßnahmenplanung

Schutzziele und damit die Antwort auf die Frage „Was darf passieren?" sind Wertesysteme und somit zeitvariabel. Die Gesellschaft, vertreten durch ihre politischen Gremien, handelt nach einem aktuell anerkannten Wertesystem, welches dem Schutz der Bevölkerung vor Naturgefahren einen bestimmten Stellenwert in der Vorsorgeplanung eines Landes zuordnet. Es steht in Konkurrenz zu anderen Ansprüchen an die vorhandenen personellen, wirtschaftlichen und finanziellen Ressourcen. Ein bestehender Schutz wird als hinreichend oder nicht ausreichend empfunden, je nach den demographischen, wirtschaftlichen, finanziellen und technischen Möglichkeiten und den Ansprüchen einer Gesellschaft zu einer bestimmten Zeit. Was heute noch allen Menschen genügt, wird möglicherweise morgen hinterfragt. Schutzziele werden angepasst und erfordern neue oder ergänzende Schutzmaßnahmen. Anpassungen können auch nötig werden im Rahmen der laufenden Klimadebatte. Dabei müssen die möglichen Auswirkungen auf Häufigkeit und Intensität von Naturgefahren periodisch überprüft werden (aktueller Stand s. Kap. 3).

5.3 Schutzziele und Schutzdefizite

Unter einem Schutzziel versteht man die Festlegung von Grenzwerten für die Sicherheitsanstrengungen. Soll gegenüber allen Naturgefahren ein vergleichbares Sicherheitsniveau gewährleistet werden, sind einheitliche Schutzziele eine unabdingbare Voraussetzung (Ammann 2003). Sie richten sich primär nach den anerkannten Schadensgrößen „Leib und Leben von Menschen" (Todesopfer, Verletzte und allenfalls die sich daraus ergebenden finanziellen Folgen wie Heilungskosten und Rentenansprüche) und den „wirtschaftlichen Schäden" (Kosten der direkten und der indirekten Schäden). Die Risikobewertung führt auch zur Feststellung der Schutzdefizite und damit zur eigentlichen Maßnahmenplanung (Abb. 5.1) im Sinne des Integralen Risikomanagements.

Wiederinstandstellung — **Vorbeugung**

IRM
Gleichwertiger Einsatz und optimales aufeinander Abstimmen sämtlicher Handlungen und Massnahmen in den drei Phasen im Risiko-Kreislauf.

Krisenbewältigung

Abb. 5.2. Der Risikokreislauf

5.4 Risikokreislauf und Integrales Risikomanagement

Integrales Risikomanagement (IRM) umschreibt im Spannungsfeld von Risiko und Sicherheit ein operatives Konzept zur Handhabung von Risiken. Risiken müssen erkannt und beurteilt sowie mit geeigneten Maßnahmen reduziert werden und schließlich müssen auch organisatorische Entscheidungen getroffen werden. Unter dem Begriff des Integralen Risikomanagements (IRM, vgl. Ammann 2001) wird der gleichwertige

Einsatz und das optimale aufeinander Abstimmen sämtlicher Maßnahmen und Handlungen im Risikokreislauf (Abb. 5.2) von Vorbeugung (engl.: „Prevention", „Preparedness"), Krisenbewältigung (engl.: „Intervention", „Emergency"), Wiederinstandstellung (inkl. Versicherung, engl.: „Recovery", „Reconstruction") verstanden. Damit wird deutlich, dass auch in Zukunft trotz bester Vorbeugung Katastrophen zu erwarten sind und es deshalb wichtig ist, auch über effiziente Maßnahmen während und nach einer Krisensituation zu verfügen. Der wirtschaftlichen Bewältigung von Schäden mit Hilfe von Versicherungen kommt dabei eine zentrale Bedeutung zu.

Das Integrale Risikomanagement folgt einem strukturierten Ablaufprozess. Dieser gliedert sich in folgende drei Hauptschritte (vgl. auch BUWAL 1999):

- Risikoanalyse mit den Teilschritten:
  - Beurteilung der Gefährdungssituation (Identifikation der potenziellen Gefährdungen, deren Intensität und Ausmaß);
  - Analyse der Gefährdungs-Exposition und der Verletzbarkeit (Vulnerabilität).

- Risikobewertung: Feststellung der Schutzdefizite anhand der Schutzziele. Dabei sind die sozio-politischen Aspekte einzubeziehen, allen voran die Eigenverantwortlichkeit, aber auch die Risikoaversion und der Freiwilligkeitsgrad. Der Einbezug der Risikoaversion wird umso wichtiger werden, wenn es darum geht, Risiken aus Naturgefahren mit sehr unterschiedlicher Charakteristik (z.B. Dürre und Hochwasser) untereinander oder gar mit technischen und ökologischen Risiken zu vergleichen. In der Bewertung sind im Weiteren auch unbekannte oder zumindest schwierig abwägbare Gefährdungs- bzw. Risikosituationen im Auge zu behalten und im Sinne von „zusätzlichen Restrisiken" zu berücksichtigen.

- Integrale Maßnahmenplanung: Planung und Beurteilung der möglichen Maßnahmen einzeln oder kombiniert und im größeren Kontext.

Die Sicherheit vor Naturgefahren steht im Spannungsfeld der gegenläufigen Ansprüche der Bereiche Umwelt, Wirtschaft und Gesellschaft. Die volkswirtschaftlichen und auch die ökologischen Grenzen treten bei den Schutzbemühungen immer deutlicher zu Tage. Der Schutz vor Naturgefahren weist daher ein vielfältiges Konfliktpotenzial auf.

Für den Umgang mit Risiken aus Naturgefahren bestehen vier Möglichkeiten:

- Risikovermeidung: Risiken lassen sich insbesondere dort vermeiden, wo auf bestimmte Nutzungen verzichtet wird. Raumplanerische Maßnahmen streben an, Gefahren- und Nutzungsräume zu trennen, allerdings sind ihnen in dicht besiedelten Gebieten Grenzen gesetzt.

- Risikoverminderung: Präventionsbemühungen sollen die Wahrscheinlichkeit eines Ereignisses begrenzen oder den Schaden verkleinern. Der Risikoverminderung dienen vor allem technisch-bauliche Maßnahmen wie z.B. Lawinen- und Flussverbauungen. Risikomindernd wirken auch die organisatorischen Maßnahmen. Sie greifen vor allem im Übergangsbereich von Prävention zu Intervention und dienen dem Schutz von Menschenleben. Dazu zählen Warnungen, Straßensperren, Evakuierungen usw. (Russi et al. 1998). Das Krisenmanagement muss sich auf eine detaillierte Notfallplanung abstützen können, die schon bei einer sich abzeichnenden Katastrophensituation wirksam werden muss. Besonders wichtig ist der rasche und stufengerechte Austausch von Informationen unter den Beteiligten. Eine rasche Wiederinstandstellung kann entscheidend dazu beitragen, dass weitere Schäden, insbesondere indirekte Schäden vermindert werden können. Der Übergang zur Risikoüberwälzung ist dabei fließend.

- Risikoüberwälzung: Bereits vor Eintritt eines Schadens ist sichergestellt, dass finanzielle Folgen auf ein breiteres Versicherungssystem überwälzt werden können. Die Versicherungen tragen zudem auch wesentlich zur Abdeckung von unerkannten Restrisiken bei (Fischer 2001).

- Risiko selber tragen: Der Eigenverantwortung des Einzelnen, aber auch der Gemeinde und des Kantons kommt im Umgang mit Naturgefahren eine zentrale Bedeutung zu.

5.5 Integrale Maßnahmenplanung

Hauptaufgabe der integralen Maßnahmenplanung ist es, die vorgesehene Sicherheit mit den kostenwirksamsten Maßnahmen (Wilhelm 1999) zu gewährleisten, wobei die Schutzziele einzuhalten sind. Neben der Gleichwertigkeit von Maßnahmen im Risikokreislauf von Prävention, Intervention und Wiederinstandstellung geht es vor allem darum, die organisatorischen, raumplanerischen, technischen und biologischen Schutzmaßnahmen aufeinander abgestimmt zu planen, auf ihre Effizienz zu prüfen und einzusetzen. Als weitere Kriterien sind insbesondere die Grundsätze der Nachhaltigkeit, aber auch die Akzeptanz, die Realisierbarkeit, die Zuverlässigkeit von Maßnahmen, etc. zu beachten.

Folgende Maßnahmen sind in den drei Phasen des Risikokreislaufes möglich:

- Raumplanerische Maßnahmen (Gefahrenkataster und -karten und deren Umsetzung in Nutzungsplänen)
- Technische Maßnahmen (Maßnahmen, die ein gefährliches Ereignis gar nicht erst entstehen lassen, z.B. Ablenk- und Schutzbauwerke)
- Organisatorische Maßnahmen (Frühwarnung, Warnung, Krisenmanagement, Information, Kommunikation)
- Biologische Maßnahmen (Schutzwald, Erosionsschutz, etc.)
- Versicherungen (im Sinne eines Risikotransfers, solidarische Haftung einer Vielzahl von VersicherungsnehmerInnen).

Im Interesse der Kostenwirksamkeit ist es wichtig, dass diese verschiedenen Maßnahmenarten als gleichwertig betrachtet und allein oder in Kombination eingesetzt werden. Dabei liegt eine der wichtigsten zukünftigen Herausforderungen im Umgang mit Naturgefahren in der ganzheitlichen und einheitlichen Beurteilung über alle Phasen des Risikokreislaufes hinweg, was bei der Vielzahl beteiligter Stellen wie zum Beispiel Forstdienste, Wasserbau-, Raumplanungs- und Bauämter, Warn- und Rettungsdienste, Polizei, Feuerwehr, Technische Betriebe, Zivilschutz und Armee sowie der unterschiedlichen Verantwortlichkeiten und institutionellen Verankerungen äußerst anspruchsvoll sein wird.

Der Hauptteil der Maßnahmen fällt der Risikoverminderung zu. Hier stehen verschiedene Möglichkeiten zur Verfügung, die sich durch Ort, Art und Zeitpunkt der zu treffenden Maßnahme unterscheiden. Präventionsbemühungen haben zum Ziel einen möglichen Schaden in Grenzen zu halten oder die Wahrscheinlichkeit zu verkleinern, dass ein Schaden eintritt (Schadensverhütung). Die technischen und raumplanerischen Maßnahmen werden vor allem zur Vorbeugung eingesetzt. Die technischen Maßnahmen dienen entweder zur Begrenzung der Gefährdung, der Verletzlichkeit oder des Schadensausmaßes. Andererseits haben technische Maßnahmen aber häufig negative Implikationen auf Landschaft und Natur zur Folge. Die Natur ist auf Veränderungsprozesse als Folge von Naturereignissen angewiesen. Hier gilt es in Zukunft noch vermehrt die Sicherheitsansprüche des Menschen und die Anliegen des Natur- und Landschaftsschutzes gegeneinander abzuwägen (Stöckli 2001).

Die organisatorischen Maßnahmen greifen im Übergangsbereich von Prävention zu Intervention. Frühwarnungs- und Warnmeldungen beispielsweise dienen dem vorbeugenden Schutz von Menschenleben, die Anordnung von Evakuierungen und Straßensperrungen sind in der Regel bereits Interventionsmaßnahmen. Auch sie dienen in erster Linie demselben Ziel. Ein effizientes Krisenmanagement muss sich auf eine detaillierte Notfallplanung abstützen können, die schon im Vorfeld einer sich abzeichnenden Katastrophensituation wirksam zu werden beginnt. Die Katastrophen der letzten Jahre haben gezeigt, wie wichtig der rasche und stufengerechte Austausch von Informationen auf sämtlichen Ebenen der Betroffenen ist (SLF 2000).

Bei der Risikoüberwälzung wird bereits vor Eintritt eines Schadensereignisses sichergestellt, dass gewisse, hauptsächlich finanzielle Folgen auf ein anderes System übertragen werden können. Die wichtigste Form der Risikoüberwälzung ist die Versicherung als Garant der finanziellen Schadensabgeltung. Als Beispiel seien hier die in 19 Schweizer Kantonen zum Teil seit weit über hundert Jahren tätigen Kantonalen Gebäudeversicherungen erwähnt (Fischer 2001). Diese bieten neben der Feuerversicherung auch einen obligatorischen und unbegrenzten Schutz der GebäudeeigentümerInnen gegen Elementarschäden.

5.6 Risikominderung als gemeinsame und solidarische Aufgabe

Der Schutz vor Naturgefahren ist eine gemeinsame Aufgabe der politischen Organisationseinheiten sämtlicher Ebenen (Bund, Kantone bzw. Länder und Gemeinden). Aber auch die Wirtschaft und jedes Individuum sind gleichermaßen angesprochen. Eine derart vielschichtige, gesellschaftspolitische Aufgabe kann nur optimal gelöst werden, wenn alle Beteiligten ihre Verantwortung kennen und wahrnehmen, aber auch bereit sind, große Schäden solidarisch zu tragen. Der Beitrag aller Beteiligten, von den Behörden bis hin zum eigenverantwortlichen Individuum, ist dabei sehr wichtig. Solidarität ist insbesondere deshalb erforderlich, weil sich in der Regel Nutzen und Risiken ungleich über ein Land verteilen. Wo Risiken und vor allem Schäden räumlich und zeitlich auftreten, ist, wie am Beispiel vom Sturm Lothar 1999 zu sehen, oftmals zufällig (WSL u. BUWAL 2001). Eine wichtige Rolle bei dieser Solidarität übernehmen die Versicherungen. Alle Betroffenen verlassen sich auf ein breites Versicherungsangebot. Die im öffentlich-rechtlichen Rahmen funktionierenden Schweizer Elementarschadensversicherungen formen dabei Solidargemeinschaften, die auf eine lange und bewährte Tradition zurückblicken können. Großrisiken wie schwere Erdbeben oder Jahrhundertüberschwemmungen, die über Generationen nicht auftreten, zeigen außerdem, dass die Prävention über Generationen hinweg notwendig ist.

Sicherheit hat einen hohen Preis. Sicherheit um jeden Preis hingegen ist aus technischen, ökonomischen und ökologischen Gründen nicht sinnvoll. Es gilt also, Grenzen der Sicherheit und des Schutzes zu akzeptieren. Maßnahmen müssen mit einem Minimum an Kosten ein Optimum an Sicherheit erzielen (vgl. z.B. Wilhelm 1999). Im Sinne der Nachhaltigkeit stellt sich aber bei Projekten mit mangelnder Wirtschaftlichkeit präventiver Maßnahmen dennoch die Frage, inwieweit die heutige Generation die Prävention vernachlässigen und die potenziellen Schadenskosten zukünftigen Generationen zuweisen darf.

5.7 Ausblick

Zahlreiche Unsicherheiten können in Zukunft die Risiken erhöhen. Die wichtigsten Faktoren, die es künftig besonders zu beachten gilt, sind dabei:

- Mobilität
- Ausbreitung der Siedlungsfläche und Wertsteigerung
- Verletzbarkeit (immer stärkere Vernetzung im Wirtschaftsleben)
- Freizeitaktivitäten
- Sozio-politische Veränderungen
- Klima- bzw. Wetterveränderungen

Die Erfolge in der Minderung von Naturgefahren dürfen nicht darüber hinwegtäuschen, dass wichtige Aufgaben anstehen. So müssen die Entwicklung des Gefährdungs- bzw. Risikoverlaufes kritisch verfolgt und Optimierungspotenziale konsequent ausgeschöpft werden. Große Beachtung muss auch dem Unterhalt der in der Vergangenheit aufgebauten, umfangreichen technischen Schutzbauten und -maßnahmen für die Sicherheit von Siedlungen und Verkehrswegen geschenkt werden. Deren Unterhaltskosten beanspruchen einen steigenden Anteil der verfügbaren Mittel und stehen damit in Konkurrenz zu den Mitteln für erforderliche neue Maßnahmen.

Es gilt in Zukunft, sich laufend mit veränderten Gefährdungs- bzw. Risikoszenarien und neuen gesellschaftspolitischen Verhältnissen auseinander zu setzen. Strategien gegen Naturgefahren müssen deshalb periodisch angepasst werden. Basis dazu bildet eine regelmäßige, umfassende Gesamteinschätzung, die weit über die heutigen, nur sektoriell und gefahrenorientiert vorgenommenen Beurteilungen hinausgeht. Allein das heutige Sicherheitsniveau zu halten und die Tauglichkeit der bisher getroffenen Schutzmaßnahmen zu garantieren, ist eine schwierige und aufwändige Aufgabe.

Weltweit haben sowohl die Anzahl der Katastrophen und Unglücksfälle als auch die Schäden durch Naturgefahren im letzten Jahrzehnt stark zugenommen. Weltweit ereignen sich über 95% der Naturkatastrophen mit Todesopfern in den sich entwickelnden Ländern. Naturkatastrophen können in diesen Ländern die wirtschaftliche Entwicklung über Jahre hinweg beeinträchtigen. Internationale Solidarität und Kooperation im Umgang mit Risiken aus Naturgefahren stellen denn auch zukünftig für die Industrieländer wichtige Aufgaben dar.

Literatur

Ammann WJ (2001) Integrales Risikomanagement von Naturgefahren. In: Tagungsband WSL Forum für Wissen: Risiko + Dialog Naturgefahren, WSL Eidg. Forschungsanstalt für Wald, Schnee und Landschaft, Birmensdorf

Ammann WJ (2003) Integrales Risikomanagement von Naturgefahren. 55. Geographentag, Jahrbuch 2003 DEF, Geogr. Institut Universität Bern, S 143-155

BUWAL Bundesamt für Umwelt, Wald und Landschaft (1999) Risikoanalyse bei gravitativen Naturgefahren. Bern

BWG Bundesamt für Wasser und Geologie (2000) Hochwasser 1999: Analyse der Ereignisse. Biel

BWG Bundesamt für Wasser und Geologie (2002) Hochwasser 2000: Ereignisanalyse. Biel

Fischer M (2001) Integrales Risikomanagement: Sicht der Versicherungen. In: Tagungsband WSL Forum für Wissen: Risiko + Dialog Naturgefahren, WSL Eidg. Forschungsanstalt für Wald, Schnee und Landschaft, Birmensdorf

ISDR International strategy for disaster reduction (2003) Living with risk – a global review of disaster reduction initiatives. Geneva

Münchener Rück (2003) Topics – Annual review of natural catastrophes. Munich

PLANAT Nationale Plattform Naturgefahren (1998) Von der Gefahrenabwehr zur Risikokultur. PLANAT-Reihe, Biel

PLANAT Nationale Plattform Naturgefahren (2003) Strategie Sicherheit vor Naturgefahren, Biel

Russi T, Ammann WJ, Brabec B, Lehning M, Meister R (1998) Avalanche Warning Switzerland CH 2000, Proceedings. Int. Snow Science Workshop, ISSW, Sunriver, USA

SLF Eidg. Institut für Schnee- und Lawinenforschung (2000) Der Lawinenwinter 1999 – Ereignisanalyse. Davos

Stöckli V (2001) Naturgefahren aus der Sicht der Natur. In: Tagungsband WSL Forum für Wissen: Risiko + Dialog Naturgefahren, WSL Eidg. Forschungsanstalt für Wald, Schnee und Landschaft, Birmensdorf

Wilhelm C (1999) Kosten-Wirksamkeit von Lawinenschutzmaßnahmen an Verkehrsachsen: Vorgehen, Beispiele und Grundlagen der Projektevaluation. SLF Eidg. Institut für Schnee- und Lawinenforschung, BUWAL Bundesamt für Umwelt, Wald und Landschaft, Davos, Bern

WSL Eidg. Forschungsanstalt für Wald, Schnee und Landschaft, BUWAL Bundesamt für Umwelt, Wald und Landschaft (Hrsg) (2001) Lothar: Der Orkan 1999: Ereignisanalyse. Birmensdorf, Bern

6 Ausgestaltung nationaler Risikotransfermechanismen: grundsätzliche Überlegungen

Franz Prettenthaler[1], Walter Hyll[2], Nadja Vetters[3]

[1] Institut für Technologie- und Regionalpolitik, Joanneum Research Graz

[2] Institut für Wirtschaftswissenschaften, Universität Klagenfurt

[3] Institut für Volkswirtschaftslehre, Universität Graz

6.1 Einleitung

Im Kap. 5 wurde die Notwendigkeit eines umfassenden und Integrierten Risikomanagements aufgezeigt. Eine wichtige Rolle spielt dabei die Risikoverteilung anhand von Versicherungen. Dieses Kapitel unternimmt den Versuch, die Problemlagen der einzelnen AkteurInnen, die an gesellschaftlichen Risikotransfermechanismen beteiligt und davon betroffen sind (v.a. Individuen, Versicherungen und die öffentlichen Haushalte), zu erhellen und dabei den theoretischen Hintergrund, auf dem ökonomische Argumente aufbauen, in allgemein verständlicher Weise darzustellen. So werden die grundsätzlichen Handlungsannahmen für die Individuen und Unternehmen transparent gemacht. Nur aufgrund solcher Handlungsmodelle kann bewertet werden, ob ein Risikotransfermechanismus, der die individuellen Entscheidungen angesichts von Risiko zu einem sozialen Ergebnis transformiert, zufrieden stellend ist, d.h. ob dieses soziale Ergebnis akzeptierten Wertvorstellungen wie Effizienz und sozialer Ausgewogenheit überhaupt genügen kann oder nicht. Zur besseren Verständlichkeit erfolgt nach der jeweiligen theoretischen Darstellung der Problematik ein Bezug auf die Praxis, wobei dabei beispielhaft die konkrete Situation in Österreich analysiert wird.

Im anschließenden Kap. 7 erfolgt eine Übersicht über die konkrete Ausgestaltung nationaler Risikotransfermechanismen in einer Reihe von weiteren Ländern. Manche der dort genannten Elemente werden dabei auch einer Bewertung unterzogen, deren theoretischer Hintergrund vorab in diesem Kapitel erläutert wird.

6.2 Spezifische Problemlage des Einzelindividuums

6.2.1 Theoretisches Modell

Menschen sehen sich in vielen Bereichen in ihrem Leben Risiken gegenüber. Versicherungen können einige davon mildern. Entscheidungen unter Risiko können durch sog. Lotterien theoretisch modelliert werden. Lotterien entsprechen Wahrscheinlichkeitsverteilungen, die Aussagen über den Erhalt von Vermögen in unterschiedlichen Situationen treffen. Eine Lotterie besteht aus einer Liste möglicher Ereignisse und der Wahrscheinlichkeit eines jeden Ereignisses. Wie eine Person eine Lotterie insgesamt bewertet, hängt nach der Erwartungsnutzentheorie, die hier unseren Rahmen bildet, nicht nur von der Wahrscheinlichkeit ab, mit der die einzelnen Zustände eintreten sondern auch davon, wie hoch der zusätzliche Nutzen von zusätzlichem Vermögen eingeschätzt wird.

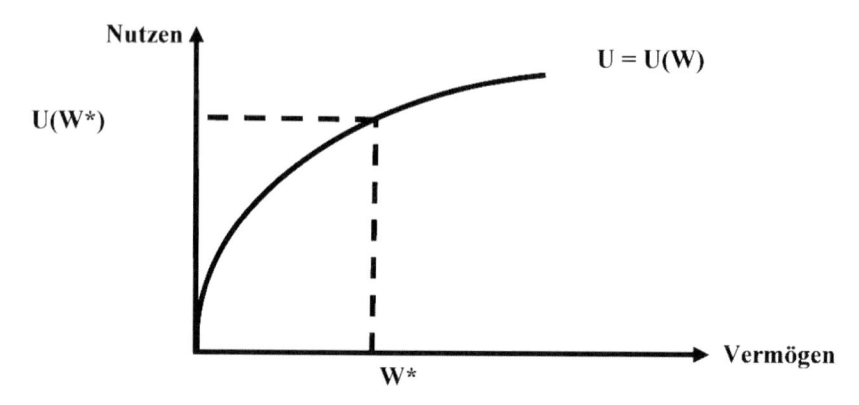

Abb. 6.1. Nutzenfunktion eines risikoaversen Individuums

In Abb. 6.1 ist die Nutzenfunktion eines risikoaversen Individuums abgebildet. Auf der Horizontalen ist das Vermögen aufgetragen und auf der Vertikalen der Nutzen. Die Funktion $U(W)$ ordnet jedem Vermögenswert einen Nutzenwert zu, dem Vermögenswert W^* entspricht z.B. ein Nutzenwert von $U(W^*)$. Diese Nutzenfunktion besitzt in jedem Punkt eine positive Steigung. D.h., jedes zusätzliche Vermögen erhöht den Nutzen. In dieser Abbildung lässt sich aber auch gut erkennen, dass ausgehend von einem Vermögen W^* ein Vermögenszuwachs um X Geldeinheiten den Nutzen viel weniger erhöht, als der Nutzen bei einem Verlust von X Geldeinheiten sinken würde (s. Gleichung 6.1):

$$(U(W^* + X) - U(W^*)) < (U(W^*) - U(W^* - X)) \qquad (6.1)$$

6 Ausgestaltung nationaler Risikotransfermechanismen

Versicherungen bieten einem Haushalt die Option, sich gegen Zahlung einer Prämie gegen ein Ereignis (z.B. Hochwasser oder Sturm), das einen Vermögensverlust mit sich bringen würde, abzusichern.[1] Ein Individuum mit oben dargestellter Nutzenfunktion, das danach trachtet seinen Nutzen zu maximieren und sich des Risikos bewusst ist, wird in der Regel eine solche Versicherung akzeptieren. In Abb. 6.2 ist das Anfangsvermögen eines Haushaltes mit W* eingetragen. Ein Hochwasser, das mit einer Wahrscheinlichkeit p (in %) eintritt, würde einen Schaden s verursachen. Der Erwartungswert (EW) des *Vermögens* der Lotterie L ergibt sich laut Gleichung 6.2:

$$EW = p \cdot (W^* - s) + (1 - p) \cdot W^* \qquad (6.2)$$

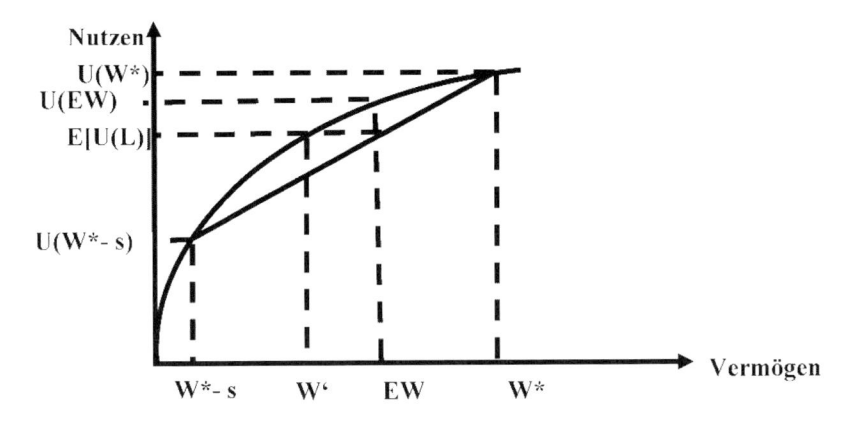

Abb. 6.2. Nutzenfunktion, Erwartungswert und -nutzen

Der Erwartungswert des *Nutzens* (in der Folge als „*Erwartungsnutzen*" bezeichnet) der Lotterie L (die den Erwartungswert des *Vermögens*, EW besitzt) berechnet sich jedoch als Summe der jeweiligen möglichen Nutzen, gewichtet mit den dazugehörenden Wahrscheinlichkeiten:

$$E[U(L)] = p \cdot U(W^* - s) + (1 - p) \cdot U(W^*) \qquad (6.3)$$

Es ist hier einfach zu erkennen, dass der Nutzen U(EW) aus einem sicheren Vermögen, der dem Erwartungswert EW entspricht, höher ist als der Erwartungsnutzen E[U(L)] aus der Lotterie L (die den Erwartungswert

---

[1] Mas-Colell (1995) S. 183-188, s. auch Varian (1996), S. 220-223 u. Nicholson (2002), S. 203-206

EW besitzt). Dieser Haushalt wäre daher bereit, jeden Betrag, also eine Prämie, q bis zum Wert (EW - W′) zu bezahlen, um von einer Risikosituation in eine Sicherheitssituation zu gelangen. Denn der sichere Wohlstand W′ liefert genau denselben Nutzen, wie die Lotterie selbst (U(W') = E[U(L)]). Das ist der Grund warum risikoaverse Individuen Versicherungen abschließen. Man gibt einen kleinen sicheren Betrag durch Prämienzahlung auf, um das risikoreiche Ergebnis zu vermeiden, gegen das man versichert ist. Der Punkt W′ wird auch Sicherheitsäquivalent genannt.

Situationen, in denen ein Vermögen nur zwei Werte mit dazugehörenden Wahrscheinlichkeiten annehmen kann, lassen sich sehr gut in einem sogenannten Zweizustandsdiagramm analysieren.[2] In Abb. 6.3 ist auf der horizontalen Achse das Vermögen ohne Hochwasser und auf der vertikalen das Vermögen bei Hochwasser aufgetragen.

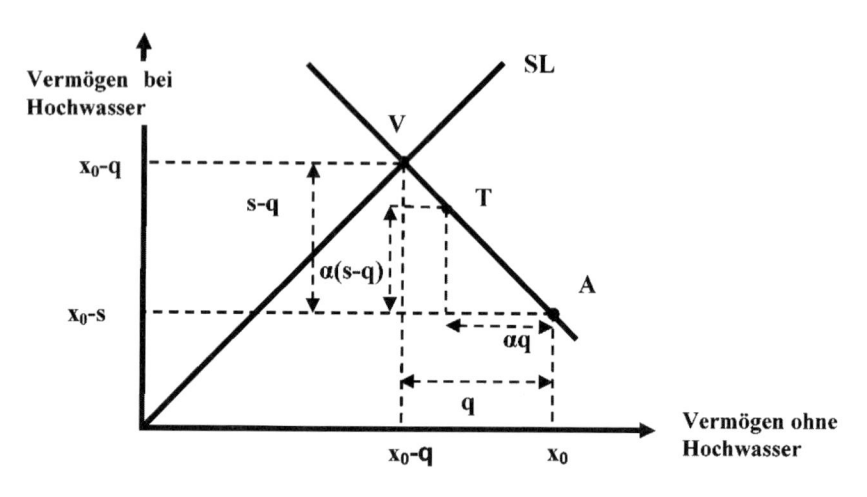

Abb. 6.3. Zweizustandsdiagramm

Punkt A stellt die Situation eines Haushaltes ohne Versicherung dar. Sein Vermögen beträgt im Falle keines Hochwassers x_0 und im Falle eines Hochwassers verringert sich sein Vermögen um die Schadenshöhe s auf x_0-s.

Auf der eingezeichneten 45° Linie, der Sicherheitslinie (SL) befinden sich hingegen all jene Punkte, in welchen das Vermögen in beiden Zuständen dasselbe ist. So ist z.B. in Punkt V, der durch eine Vollversicherung erreichbar ist, das Vermögen unabhängig vom Zustand immer das An-

---

[2] Diese Zweizustandsdiagramme folgen Darstellungen von Schumann (1999), S. 413-427, Nicholson (2002), S. 197-217 u. Laffont (1990), S. 121-134

fangsvermögen x_0 abzüglich der Versicherungsprämie q. Die Gerade zwischen den Punkten A und V stellt die Versicherungsgerade dar. Durch die Wahl des Deckungsgrades α kann jeder Punkt auf der Versicherungsgeraden erreicht werden. Bei einer 75%igen Deckung erreicht man etwa den Teilversicherungspunkt T.

Zusätzlich kann man in so einem Diagramm Indifferenzkurven einzeichnen (siehe Abb. 6.4). Jede dieser gekrümmten Kurven stellt ein bestimmtes Nutzenniveau der schon bekannten Nutzenfunktion U(W) dar, welches mit der Entfernung zum Ursprung zunimmt.

In Abb. 6.4 wird auch noch zwischen verschiedenen Versicherungsgeraden, deren Steigung abhängig von der Prämienhöhe ist, unterschieden: q_1 korrespondiert mit einer hohen und q_2 mit einer niedrigen Prämie. Die Versicherungsgerade $\bar{q}^f$ entspricht einer aktuarisch fairen Prämie, d.h. einer Prämie die im Durchschnitt gerade die zu erwartenden Auszahlungen abdeckt.

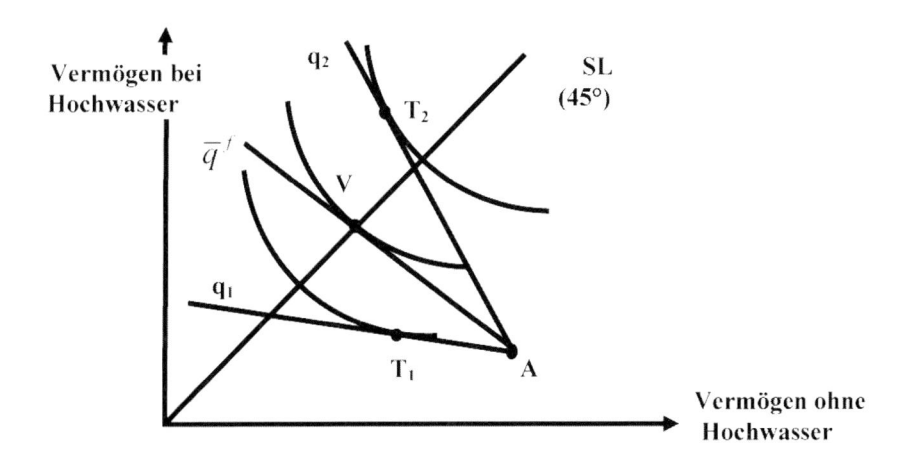

Abb. 6.4. Anreiz zu Moral Hazard

Im Falle einer hohen Prämie (Versicherungsgerade q_1) würde der Beispielhaushalt nur eine Teilversicherung abschließen und den Punkt T_1 wählen. Bei einer aktuarisch fairen Prämie ist es für den dargestellten Haushalt optimal sich voll zu versichern (Punkt V, der ein höheres Nutzenniveau verspricht als A). Bei einer sehr niedrigen Prämie (Versicherungsgerade q_2) ist es für einen Haushalt sogar lohnend, eine Überversicherung abzuschließen (Punkt T_2).[3] Der Deckungsgrad α würde hier z.B.

---

[3] Eine analytische Herleitung des Deckungsgrades findet sich in Kreps (1990) S. 91-93

über 100% sein. Ein Hochwasserereignis wäre mit einem höheren Vermögen verbunden, was natürlich den Anreiz zu risikoreichem Verhalten mit sich bringt. Eine derartige Situation, in welcher Individuen durch den Schadensfall keinen Schaden erleiden (oder sogar einen Nutzengewinn erfahren) wird auch als ein Anreiz zu „Moral Hazard" bezeichnet. Häuser in roten Zonen werden eher überschwemmt, aber dieses Risiko wird in Kauf genommen, wenn man im Schadensfall keine wesentliche Schlechterstellung erleidet. Ohne eine Versicherung würde ein rationaler Haushalt hingegen maximale Schadensvermeidung betreiben, solange die Kosten dafür nicht höher als die individuelle Risikoprämie (Differenz EW - W′ aus Abb. 6.2) sind.

6.2.2 Konkrete Situation in Österreich[4]

Privater Versicherungsschutz für Hochwasserschäden ist in Österreich grundsätzlich für alle Gebiete erhältlich. Die Standarddeckung liegt zwischen 3.700 EURO und 15.000 EURO je Eigenheimversicherung und wird von fast allen Versicherungsunternehmen ohne Risikoprüfung gewährt.

Bei drei der befragten Versicherungen erfolgt diese Deckung automatisch und obligatorisch, sie lässt sich weder von der Versicherung noch von den VersicherungsnehmerInnen ausschließen. Bei anderen Versicherungen ist die Deckung nur bei den besseren oder den Spitzenprodukten inkludiert und kann in manchen Fällen von der Versicherung aufgrund einer Risikoprüfung ausgeschlossen werden.

Die Deckung erfolgt meist im Rahmen eines sog. Katastrophenschutzpaketes, das neben Überschwemmung und Hochwasser (Unterscheidung nur bei manchen Versicherungen) auch Schäden aufgrund von Vermurung, Erdbeben, Lawinen oder Rückstau versichert.

Bei vielen Versicherungen ist auf Wunsch des Kunden oder als Teil eines All Inclusive-Produktes eine Höherversicherung möglich. Diese wird jedoch bei allen Versicherungen erst nach genauer Risikoprüfung gewährt. Bei einem Teil der Versicherungen erfolgt die Höherversicherung bis zu einer festgelegten maximalen Versicherungssumme, die im Schnitt bei 20.000 EURO liegt, bei den anderen Unternehmen kann die Deckung bis auf 25% bzw. 50% der Gebäudeversicherungssumme erweitert werden.

---

[4] Die folgende Darstellung der Situation im Bereich der Hochwasserversicherung am privaten Versicherungsmarkt in Österreich beruht auf Gesprächen mit MitarbeiterInnen von neun führenden Versicherungsunternehmen. Die Angaben beziehen sich auf den Bereich der Eigenheimversicherung.

Die Versicherungsprämien sind in der Regel nicht risikoabhängig. Auch bei der Höherversicherung werden in den meisten Fällen – wenn eine Deckung gewährt wird – alle Risiken gleich behandelt. Eine differenzierte Prämiengestaltung je nach Risikolage ist die Ausnahme. Lediglich bei der Rabattgewährung ist man in Fällen mit hohem Risiko genauer oder gewährt einen Risikonachlass, wenn es an dem betreffenden Standort noch keine Vorschäden gegeben hat. In Österreich kann also im Bereich der Katastrophenversicherung (z.B. gegen Hochwasserschäden) nicht von aktuarisch fairen Prämien ausgegangen werden.

Für Gebäude in (stark) Hochwasser gefährdeten Gebieten steht ein Versicherungsschutz gegen Hochwasserschäden nur in begrenztem Umfang zur Verfügung. Eine Höherversicherung über die Standarddeckung hinaus wird schwer oder gar nicht möglich sein.

Hingegen gibt es in Österreich neben dem Versicherungsschutz von Seiten privater Versicherungen auch einen staatlichen Katastrophenfonds, der einen Teil – je nach Schadenshöhe, sozialer Bedürftigkeit und Bundesland von 20% bis zu 100% in Ausnahmefällen – von Hochwasserschäden natürlicher und juristischer Personen abdeckt. Für diese Versicherungsleistung aus dem Katastrophenfonds müssen keine eigenen Prämien bezahlt werden. Vielmehr werden seine Mittel über das allgemeine Steuersystem eingehoben[5] und stehen für das Individuum in keinem direkten Bezug zu möglichen Auszahlungen. D.h. Leistungen können auch von Individuen bezogen werden, die keine Steuerleistungen erbracht haben. Als Versicherungsgerade dargestellt würde diese Gratisprämie vertikal durch den Punkt A (in Abb. 6.4) verlaufen. Im Falle eines Hochwasserereignisses können Haushalte dadurch links der Sicherheitslinie höhere Indifferenzkurven (je nach Auszahlungshöhe) erreichen, als wenn es diese Auszahlungen nicht gäbe. Dies stellt einen Anreiz zu risikoreicherem Verhalten dar, muss aber außerdem auch als Grund für die nicht vollständige Verfügbarkeit von privaten Versicherungen angesehen werden, zumal Versicherungsleistungen in den meisten Bundesländern die Schadensbemessungsgrundlage für öffentliche Kompensationen durch den Katastrophenfonds reduzieren.

---

[5] Pro Haushalt sind das jährlich für diesen Zweck durchschnittlich 7 EURO über die Einkommensteuer, für Unternehmen durchschnittlich je 30 EURO über kapitalbezogene Steuern.

6.3 Problemlage der Einzelversicherung

6.3.1 Theoretisches Modell

Sehr oft verfügen Haushalte über bessere Informationen als Versicherungen über ihr lokales Risiko, z.B. bezüglich Hochwasser. Abb. 6.5 zeigt, dass es durch Informationsasymmetrie zu einer ungünstigen Bestandsmischung an VersicherungsnehmerInnen kommen kann.

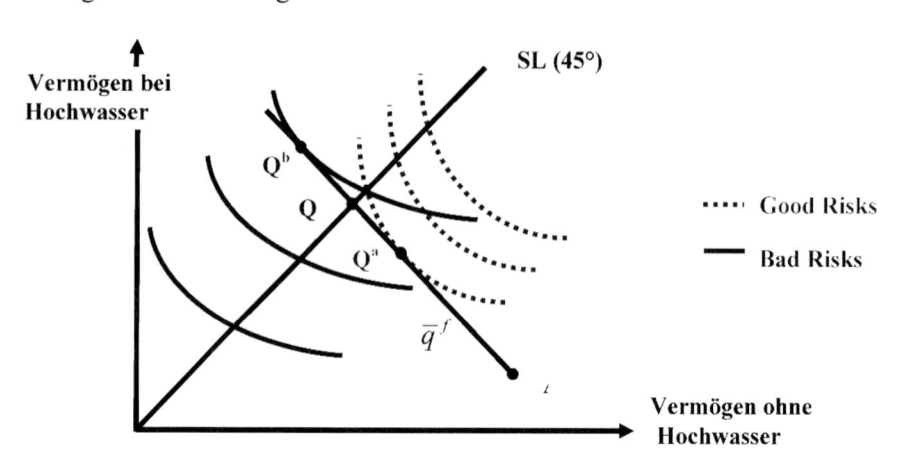

Abb. 6.5. Antiselektion /1

In Abb 6.5 wird zwischen zwei Nachfragetypen unterschieden. Die so genannten „Bad Risks" sind Haushalte, sie sich in hochwassergefährdeten Zonen befinden. „Good Risks" hingegen wohnen in weniger gefährdeten Gebieten. Jeder dieser Haushalte hat dasselbe Anfangsvermögen und kann auch einen gleich hohen Schaden erleiden. Aber die Eintrittswahrscheinlichkeit ist bei den „Good Risks" geringer als bei den „Bad Risks". Weiters sei angenommen, dass es in beiden Gruppen dieselbe Anzahl an Haushalten gibt. Nehmen wir an, dass es den Versicherungen aus Gründen fehlender Information nicht möglich ist, die einzelnen Haushalte den Gruppen zuzuordnen. Daher gibt es eine einheitliche aktuarisch faire Prämie, die dem durchschnittlich zu erwartendem Schaden entspricht. Falls nur Vollversicherungen zu fairen Prämien angeboten werden, kommt es zu einem Marktgleichgewicht Q, wo Versicherungen einen Profit von null erzielen.[6]

---

[6] Inwieweit aktuarisch faire Prämien auch die Abdeckung von Kapital- und sonstigen Kosten der Versicherungen erlauben, kann hier nicht eingehend erläutert werden. Die ökonomische „Nullprofitbedingung", die ein Gleichgewicht kenn-

Wenn Teil- und Überversicherungen zur fairen Prämie $\overline{q}^f$ zugelassen werden, würden sich „Bad Risks" überversichern (Punkt Q^b wird erreicht) und alle „Good Risks" würden nur eine Teilversicherung abschließen (Punkt Q^a). Es kommt zu einer ungünstigen Bestandsmischung, da die schlechten Risken einen höheren Deckungsgrad wählen als die guten Risken. Dieser Umstand wird auch Antiselektion (engl.: Adverse Selection, s. Varian 1996, S. 633ff) genannt. Im Falle einer Vollversicherung kann dies auch dazu führen, dass nur mehr „Bad Risks" Versicherungen nachfragen. Diese Situation ist in Abb. 6.6 dargestellt.

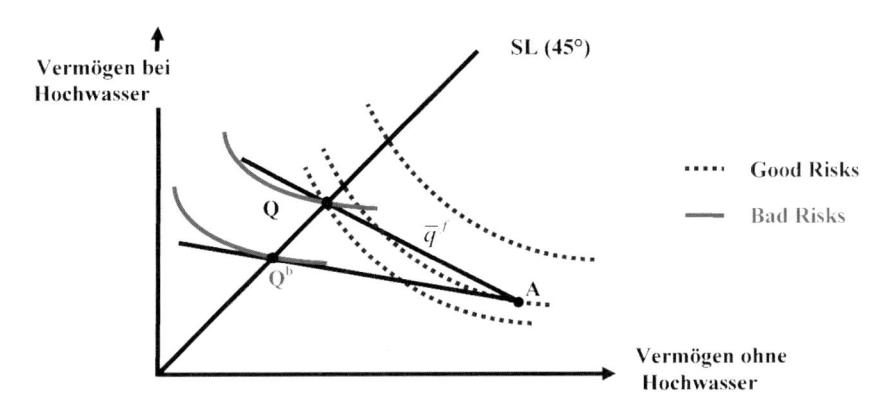

Abb. 6.6. Antiselektion /2

Für „Good Risks" ist es nicht optimal zur fairen Prämie eine Vollversicherung nachzufragen, da sie auf eine niedrigere Indifferenzkurve als ohne Versicherung zurückfallen würden. Eine Subventionierung der „Bad Risks" durch die „Good Risks" entfällt damit komplett. Der Punkt Q^b wird das Gleichgewicht am Markt werden, wo sich nur „Bad Risks" versichern. Eine derartige negative Auslese kommt wiederum durch asymmetrische Information zustande, wobei die Individuen (die Good Risks) wissen, dass sie mit keinem großen Risiko zu rechnen haben und daher kaum bereit sind eine kostspielige Versicherung abzuschließen. Aus einem solchen Markt ziehen sich augrund der drohenden Verluste dann auch Versicherungsunternehmen zurück, was einen Zusammenbruch des Marktes bewirken kann, sodass schließlich auch „Bad Risks" keine Versicherungen mehr abschließen können.

---

zeichnet ist jedenfalls nicht mit einem buchhalterischen Gewinn von Null identisch. Die Fragestellung hier wird davon ohnehin nicht berührt.

6.3.2 Konkrete Situation in Österreich

Wie bereits erwähnt, bieten Versicherungen in Österreich Schutz gegen Hochwasserschäden in Form einer Standarddeckung grundsätzlich für alle Gebiete an. Diese erfolgt meist in Form eines Katastrophenschutzpaketes und ist teilweise automatisch und obligatorisch oder auch nur in Spitzenprodukten inkludiert. Eine Höherversicherung ist teils bis zu einer maximalen Versicherungssumme teils bis zu Prozentsätzen der Gebäudeversicherungssumme möglich.

Versicherungsschutz wird in immer wieder betroffenen Gebieten oder offensichtlich gefährdeten Gebieten nachgefragt. Ein großes Schadenspotenzial mit geringem Ausgleich führt auch zu hohen Prämien. Viele Menschen sind nicht bereit, Prämien zu bezahlen und hoffen im Katastrophenfall eine Entschädigung aus dem staatlichen Katastrophenfonds zu erhalten. Umgekehrt bieten die Versicherungen wegen mangelnder Nachfrage keine Deckung an (Hausmann 1998). Über eine minimale Deckung hinaus ist eine Höherversicherung nur nach einer Risikoprüfung möglich.

Diese erfolgt bei den Versicherern nach ähnlichen, keinesfalls jedoch einheitlichen Kriterien. Konkret werden zum Beispiel folgende Fragen geklärt:

– Gab es in den letzten 10 Jahren mehr als ein Hochwasser?
– Hat es bereits Vorschäden gegeben?
– Haben Sie in den letzten beiden Jahren mehr als einen Schaden durch Hochwasser oder Überschwemmung erlitten?

Werden die Fragen mit Ja beantwortet, wird meist im Einzelfall entschieden, ob das Risiko gezeichnet, oder die Höherversicherung abgelehnt wird.

Eine der befragten Versicherungen schließt eine erhöhte Deckung aus, wenn sich das Objekt in der roten Zone befindet oder innerhalb des Einflussbereiches eines 30jährlichen Hochwassers liegt.

Bei einer weiteren Versicherung erfolgt die Risikoprüfung nach folgenden Kriterien:

– Wo befindet sich die Liegenschaft?
– Welches Gewässer ist in der Nähe? Wie weit ist es entfernt?
– Niveauunterschied zwischen Wasserstand und Objekt?
– Gab es schon Hochwasserereignisse?

Laut den Musterbedingungen für die Versicherung zusätzlicher Gefahren zur Sachversicherung des Verbandes der Versicherungsunternehmen Österreichs (VVÖ) sind Schäden aus vorhersehbaren Überschwemmungen nicht versicherbar. Überschwemmungen gelten dann als vorhersehbar, wenn sie im langjährigen Mittel häufiger als einmal alle 10 Jahre auftreten.

Die uneinheitliche Vorgehensweise der Versicherungsunternehmen bei der Risikoprüfung ist auch auf das Fehlen eines österreichweiten Zonierungsmodells – wie zum Beispiel ZÜRS in Deutschland – zurückzuführen. Der VVÖ arbeitet jedoch zurzeit an einem Katastrophenrisikokataster für ganz Österreich, siehe weiter unten.

Bei fast allen Versicherungsunternehmen besteht ein ereignisbezogenes Höchstschadenslimit (sog. Kumulklausel). Übersteigen die Gesamtschäden der Versicherung bei einem Ereignis diesen Betrag, so werden alle Leistungen aliquot gekürzt. Die Limits liegen je nach Versicherung zwischen 365.000 und 30 Mio. EURO. Eine Versicherung hat z.B. nach dem Hochwasserereignis 2002 ein entsprechendes Limit eingeführt.

Bei jenen Versicherungen, bei denen das Ereignislimit beim Augusthochwasser überschritten wurde, kam die Klausel in der Regel nicht zur Anwendung. Auch bei einem neuerlichen Katastrophenereignis wird man erst unternehmensintern entscheiden, ob tatsächlich Leistungen gekürzt werden. Der Vertreter einer Versicherung, deren Ereignislimit im August 2002 um mindestens 10% überschritten wurde, vermutet jedoch, dass sich das Unternehmen eine neuerliche Überschreitung im selben Ausmaß nicht mehr leisten wird können.

Seit diesem Hochwasserereignis zeichnet sich auch ein Trend hin zu vermehrter Risikoprüfung ab. Vereinzelt hat man im Interesse der KundInnen die Deckung erhöht. Wo die Prämien neu berechnet wurden, kam es im Schnitt zu Prämienerhöhungen.

Beim VVÖ ist zurzeit ein flächendeckender Katastrophenrisikokataster für ganz Österreich in Planung[7].

Je nachdem wie aufwendig die technische Lösung ausgestaltet sein wird, ist eine Abstufung in drei (wenig, mittel, stark gefährdet) bis fünf Gefährdungsklassen vorgesehen. Vorläufig bezieht sich die Zonierung nur auf Hochwassergefahren, eine Ausweitung auf andere Naturgefahren ist jedoch geplant.

Es kann davon ausgegangen werden, dass das Gefahrenzonierungsmodell nach seiner Fertigstellung von allen österreichischen Versicherungsunternehmen bei der Risikoprüfung eingesetzt wird. Für die Versicherungsprämien bedeutet dies, dass sie in Zukunft risikogerechter gestaltet werden können. In Bezug auf die Versicherbarkeit soll sich laut Auskunft des Versicherungsverbandes kein Problem ergeben. Dennoch lassen Erfahrungen aus Großbritannien befürchten, dass die stärkere Verfügbarkeit von Risi-

---

[7] Diese Darstellung beruht auf einem Gespräch mit Frau Körner vom Verband der Versicherungsunternehmen Österreichs (VVÖ).

kokatastern den Rückzug von Versicherungen aus bestimmten Gebieten nach sich zieht. Außerdem ist zu beachten, dass ein derartiges Instrument zur Umkehrung der vorhin diskutierten Informationsasymmetrie führen kann. D.h., die Versicherungsunternehmen wissen besser über die Risiken Bescheid als das Individuum.

6.4 Spezifische Probleme der öffentlichen Haushalte

6.4.1 Theoretisches Model

Ein theoretisches Modell, das die Probleme der öffentlichen Hand beim Design eines optimalen Risikotransfermechanismus für eine Gesellschaft darstellt, weist bereits einen Komplexitätsgrad auf, dem in der Darstellung hier nicht voll entsprochen werden kann. Es sei daher auf Prettenthaler (2002) verwiesen, wo der Stand der Diskussion der grundsätzlich-theoretischen Aspekte dieses Themas aufgezeigt und auf die Probleme bestehender Ansätze eingegangen wird.

Dennoch ist hier ein Überblick über die relevanten Fragestellungen, die ja auch in moralphilosophische Fragestellungen hineinreichen, gefragt. Bei genauerer Betrachtung kristallisieren sich drei wesentliche Anforderungen an einen nationalen Risikotransfermechanismus heraus, die durch öffentliches Eingreifen herzustellen sind bzw. bei öffentlichen Eingriffen berücksichtigt werden müssen, teilweise aber im Widerspruch zueinander liegen:

- Respektierung individueller Freiheitsrechte
- Herstellung ökonomischer Effizienz bei Marktversagen
- Soziale Gerechtigkeit

Grundsätzlich werden die individuellen Freiheitsrechte bei Marktlösungen am ehesten respektiert, somit stellen die ersten beiden Punkte zunächst keinen Widerspruch dar. Die Ermöglichung eines funktionierenden Versicherungsmarktes unter Ausschluss von Moral Hazard und asymmetrischer Information, auf dem die Individuen ihren Präferenzen entsprechend Versicherungen kaufen können, würde demnach genügen. Wenn die marktkonformen Prämien für einzelne Individuen aus sozialen Überlegungen als zu hoch erscheinen, kann über den Einsatz von gestützten Prämien Abhilfe geschaffen werden, die als Wahrnehmung des Zieles der sozialen Gerechtigkeit gelten können. Eine Forderung der sozialen Gerechtigkeit könnte aber auch lauten, und zu Illustrationszwecken werden wir in der Folge diese Auffassung vertreten, dass nach einer Katastrophe den am meisten betroffenen Individuen am meisten geholfen werden muss (Prinzip des Leximin[8]). Wenn aber ausgerechnet diese Individuen eine Präferenzstruktur aufweisen, die sie auf eine Versicherung trotz der geförderten Prämien haben verzichten lassen, so kommt hier das Leximin-Prinzip mit der Respektierung von individuellen Freiheitsrechten in Konflikt, und zwar technisch gesprochen mit dem Respekt vor den ex ante-Präferenzen der Individuen. Dieser Konflikt kann nur bei einer zumindest überblicksmäßigen Betrachtung der Komplexität der Gesamtsituation entsprechend verdeutlicht werden. Ein solcher Überblick soll in aller Kürze hier geboten werden.

Ein bisher nicht behandeltes Problem, das ebenfalls den öffentlichen Eingriff besonders berührt, ist nicht nur die bereits diskutierte Tatsache, dass die Individuen sehr unterschiedliche Informationen über die Wahrscheinlichkeit von den Hochwasserereignissen haben, sondern auch, dass alle Individuen auch bei gegebener gemeinsamer Informationsbasis unterschiedliche Schlüsse über ihre subjektive Gefährdung ziehen. Der ganze Problembereich der Kollektiventscheidung unter Risiko und Unsicherheit ist also durch eine wesentlich kompliziertere Struktur gekennzeichnet, als wir bisher angenommen haben. Abb. 6.7 versucht diese Komplexität anschaulich zu machen.

Dieses Diagramm stellt zwei Entscheidungsprobleme, (i) und (ii), drei Aggregationsaufgaben, (iii), (iv) und (v) sowie eine Kohärenzfrage, (vi) dar. Diese sollen im Folgenden kurz erläutert werden: Das Problem (i) wurde bereits abgehandelt, dabei geht es um die jeweilige Entscheidung der n Individuen angesichts von Risiko. Die bereits weiter oben skizzierte Lösung des Entscheidungsproblems von Von Neumann / Morgenstern (1944) lautet:

$$f(p_n, U_n) = \sum p_n U_n \qquad (6.4)$$

das heißt, das Individuum gründet seine Entscheidung auf den Vergleich der Erwartungsnutzen der unterschiedlichen Optionen (Versicherung ja oder nein) und wählt jene Handlung, die den Nutzen, also Funktion f maximiert.

Pfeil (ii) illustriert das Entscheidungsproblem eines Beobachters/ einer Beobachterin (z.B. aus dem Bereich Politikberatung), das sich stellt, sobald folgende Aggregationsaufgaben gelöst sind:

---

[8] Genau genommen ist eine gesellschaftliche Verteilung von Ressourcen (A) einer anderen (B) laut Leximin geanau dann überlegen, wenn es dem am schlechtesten gestellten Individuum in dieser Verteilung (A) besser geht als in (B) und bei Gleichstand dem am zweitschlechtesten gestellten Individuum usw.

(iv): Wie werden die individuell unterschiedlichen Nutzenfunktionen zu einer einzigen – sozial akzeptierten – Wohlfahrtsfunktion aggregiert?

(v): Wie werden die individuell unterschiedlichen (subjektiven) Wahrscheinlichkeiten zu einer einzigen – sozial akzeptierten – Wahrscheinlichkeit aggregiert?

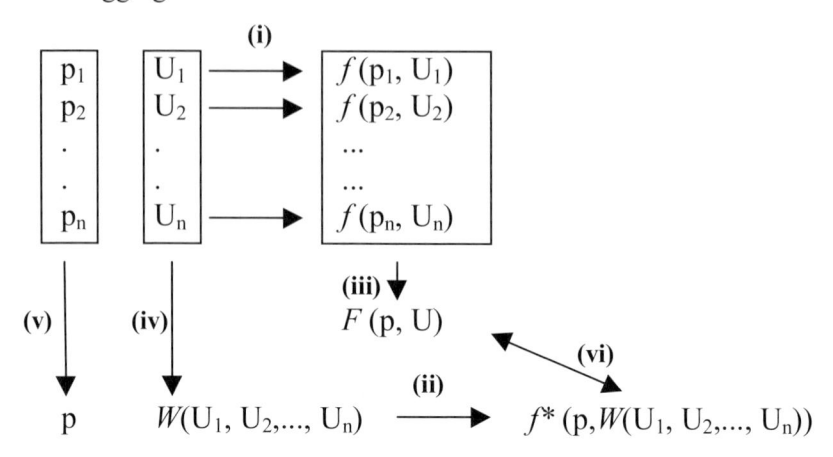

$$
\begin{array}{ccc}
& \text{(i)} & \\
\begin{bmatrix} p_1 \\ p_2 \\ \cdot \\ \cdot \\ p_n \end{bmatrix} & \begin{bmatrix} U_1 \\ U_2 \\ \cdot \\ \cdot \\ U_n \end{bmatrix} \longrightarrow & \begin{bmatrix} f(p_1, U_1) \\ f(p_2, U_2) \\ \ldots \\ \ldots \\ f(p_n, U_n) \end{bmatrix} \\
& & \text{(iii)} \downarrow \\
\text{(v)} \downarrow \quad \text{(iv)} \downarrow & & F(p, U) \\
& & \text{(ii)} \qquad \nwarrow \text{(vi)} \\
p \qquad W(U_1, U_2, \ldots, U_n) & \longrightarrow & f^*(p, W(U_1, U_2, \ldots, U_n))
\end{array}
$$

Abb. 6.7. Übersicht über die Aggregationsprobleme

Wenn die Maximierung der sozialen Wohlfahrtsfunktion W dabei die ökonomische Paretoeffizienzbedingung[9] erfüllt, so wird das Entscheidungsproblem (ii) mit dem Ansatz Pareto *ex post*[10] gelöst. Der nationale Risikotransfermechanismus nimmt die individuellen Präferenzen ernst, aber nur im Hinblick auf die tatsächlich eingetretenen (sicheren) Ereignisse (ex post), und diese individuellen Endnutzen werden mit der sozial bestimmten Wahrscheinlichkeit p gewichtet. Die so erhaltene soziale Wohlfahrtsfunktion wird maximiert. In dieser Variante können die Individuen nicht selbst darüber entscheiden, wie sie angesichts ihrer subjektiv eingeschätzten Wahrscheinlichkeiten und angesichts der eigenen (ex ante) Präferenzen (Abwägung des Erwartungsnutzens) darüber entscheiden, ob sie

---

[9] Paretoeffizienz bedeutet, dass kein Individuum besser gestellt werden kann, ohne zumindest eines der anderen schlechter zu stellen. Unter bestimmten Voraussetzungen wird das Marktgleichgewicht genau dadurch gekennzeichnet, weil einer solchen Situation kein (freiwilliger) Tausch zum gegenseitigen Vorteil mehr möglich ist.

[10] *ex post* heißt dieser Ansatz deshalb, weil die soziale Wohlfahrtsfunktion Endzustände, also Nutzen *nachdem* die Unsicherheit aufgelöst wurde bewertet und nicht die Erwatungsnutzen, die das Unsicherheitselement noch enthalten (siehe (iii) den *ex ante* Ansatz).

sich gegen das Hochwasserrisiko versichern möchten oder nicht. Eine Pflichtversicherung würde etwa eine solche Lösung herbeiführen, auch ein Katastrophenfonds, aus Steuermitteln gespeist, könnte eine derartige, ex post Pareto-optimale Situation erzeugen, die mit der Maximierung einer Leximin-Wohlfahrtsfunktion vereinbar ist.

Wenn hingegen die Funktion F, die aus dem Aggregationsproblem

(iii): Wie werden die individuellen Entscheidungen unter Risiko zusammengefasst?

hervorgeht, das Paretokriterium erfüllt, so finden wir den Ansatz (Pareto) ex ante. Ein funktionierender Versicherungsmarkt (wo die Individuen ihre Erwartungsnutzen maximieren) könnte dieses Ergebnis erzielen. Das Kohärenzproblem (vi) veranschaulicht somit die Problematik der *ex ante-/ex post*-Kohärenz, die ganz einfach in der Frage besteht, ob die Werte von F und von f* übereinstimmen.[11] In anderen Worten ausgedrückt geht es um die Frage, ob ein, durch das Agieren der privaten Akteure auf dem Versicherungsmarkt (dezentral) erzieltes Allokationsergebnis auch durch eine kollektive Entscheidung reproduziert werden könnte. Noch anders ausgedrückt, versteckt sich hinter der Frage der *ex ante-/ex post*-Kohärenz auch die Frage, ob ein ex post als sozial gerecht empfundenes Ergebnis über den reinen Versicherungsmarkt hergestellt werden kann. Die Antwort werden wir weiter unten erhalten.

Der Fall mit „objektiven" Wahrscheinlichkeiten, der eine Beantwortung dieser Frage vereinfacht, ignoriert das Problem (v), indem einfach angenommen wird, dass $p_1 = p_2 = \ldots = p_n = p$. Im Falle von Hochwasserrisiko ist dies eine gesellschaftlich durchaus übliche Annahme, zumindest dort wo entsprechende Expertise in Zonierungskarten Eingang gefunden hat. Aufgrund dieser Vereinfachung konnten Harsanyi (1955) und Mongin (1994) bzw. Myerson (1981) jeweils zu den folgenden Resultaten gelangen: Wenn (iii) und (iv) die Paretobedingung erfüllen und sowohl *F* als auch *f** die Axiome von Von Neumann u. Morgenstern (1944) erfüllen bzw. linear sind, dann sind *F* und *f** äquivalent und utilitaristisch, d.h. sie maximieren den Funktionswert einer utilitaristischen Wohlfahrtsfunktion was gleichbedeutend ist mit der Maximierung der Summe der Erwartungsnutzen. Das heißt aber auch, dass diese soziale Wohlfahrtsfunktion soziale Gerechtigkeit im oben definierten Sinn (Leximin) notwendigerweise außer Acht lassen muss. Im allgemeinen Fall hingegen, mit (unterschiedlichen) subjektiven Wahrscheinlichkeiten und ausreichend verschiedenen Nutzen-

---

[11] Dieser hier bewusst allgemein gehaltenen Darstellung nicht ganz entsprechend aber dem besseren Verständnis wegen könnten wir *f** als *ex post*-Wohlfahrtsfunktion ansprechen und *F* als *ex ante*.

funktionen, treten negative Resultate ein, wie beispielsweise in Broome (1991), Hammond (1981, 1983) und Mongin (1995)[12] dargestellt. Je nach der Stärke des gewählten Paretokriteriums ergeben diese Resultate die notwendige Existenz eines Diktators der Wahrscheinlichkeiten und/oder des Nutzens, oder sie führen überhaupt zu logischen Widersprüchen. Übernimmt man diese Resultate in die Frage der *ex ante-/ex post-*Problematik, so wird folgendes Unmöglichkeitsresultat erzielt: Wenn die beiden Entscheidungsprobleme (i) und (ii) die Kriterien der bayesianischen[13] Rationalität erfüllen und (iii) sowie (iv) dem Paretokriterium entsprechen, so existiert kein f^*, sodass gilt $f^* = F$. Die Kohärenz der beiden Ansätze *Pareto ex ante* und *Pareto ex post* wird schlicht und einfach unmöglich, wenn subjektive Wahrscheinlichkeiten zugelassen werden, die in ausreichendem Maß voneinander abweichen (Mongin 1995).

Keine Unmöglichkeit der *ex ante-/ex post*-Konsistenz, aber ein Ergebnis, das moralische Zweifel an der Sinnhaftigkeit dieser Konsistenz aufkommen lässt, beschreibt Hammond (1983, S. 193ff), im Detail: Man könne beispielsweise *ex ante-/ex post*-Konsistenz auch im Fall von divergierenden subjektiven Wahrscheinlichkeiten dadurch herstellen, wenn man das Gewicht, das dem Individuum i in der Wohlfahrtsfunktion zugewiesen wird, positiv von der, dem tatsächlich eingetretenen Weltzustand (Hochwasser oder nicht) zugeschriebenen Wahrscheinlichkeit abhängig macht. Eine solche Vorgehensweise ist moralisch zumindest äußerst fragwürdig. Uns genügt für den hiesigen Kontext aber die bloße Feststellung, dass die normative Forderung nach einer solchen Vorgangsweise keine offensichtliche Notwendigkeit einer rationalen Gesellschaft darstellt. Aber auch für den Fall der Annahme identischer individueller Wahrscheinlichkeiten bleibt die moralisch unangenehme Tatsache bestehen, dass der Wunsch einer Gesellschaft (bzw. die moralische Beobachtung seitens der Politikberatung) nach Gleichheit in der *ex post*-Verteilung vollständig von der Risikoneigung der Individuen *ex ante* determiniert wird, wenn sie eben an der *ex ante-/ex post*-Konsistenz als erstrebenswertes Ziel festhält.

Man könnte sich nun noch grundsätzlicher die Frage stellen, ob Paretokriterien im Ansatz *ex ante* bzw. im Ansatz *ex post* als normative Kriterien gleichermaßen gerechtfertigt sind. Hammond (1981, 1982, 1983) hat entschieden gegen die moralische Relevanz des Paretokriteriums im *ex ante*-Ansatz argumentiert, wobei eines der dort vorgebrachten Argumente hier noch extra erwähnt zu werden verdient: Jemand mit morali-

---

[12] Für eine Zusammenfassung solcher Resultate siehe D'Aspremont und Mongin (1998).
[13] Benannt nach Rev. Thomas Bayes (1702-1761) einem frühen Vertreter der subjektivistischen Interpretation von Wahrscheinlichkeiten.

schem Beobachterstatus habe zwar gute Gründe, einem Individuum keine normativen Urteile aufzuzwingen was dessen Beurteilung von Konsequenzen (in dessen Nutzenfunktion) betrifft. Es gäbe aber keinen Grund, den Urteilen von Individuen im Hinblick auf Fakten mit demselben Respekt zu begegnen. Solche Urteile über Fakten aber seien es, die ausschlaggebend für die individuellen Einschätzungen der Wahrscheinlichkeiten von Hochwasserereignissen sind. Da Übereinstimmung oder fehlende Übereinstimmung über Fakten aber nicht denselben moralischen Stellenwert wie jene über normative Fragen besitzen, habe das Kriterium *Pareto ex ante* weniger normatives Gewicht als *Pareto ex post*. Schließlich beziehe sich Letzteres nur auf die Bewertung von Konsequenzen, Ersteres aber auf die Bewertung von Handlungen mit unsicherem Ausgang. Auf den ersten Blick ist diese Argumentation sicher überzeugend, aber mit Mongin (1995, S. 349) ist zu bedenken, dass sie sich auch gegen den Ansatz *Pareto ex post* richten lässt. Die Bewertung von Konsequenzen durch die Individuen hängt ebenfalls, so wie die Einschätzung von Wahrscheinlichkeiten, von der Würdigung von Tatsachen durch die Individuen ab. Somit kann der Versuch, die Forderung nach *ex ante-/ex post*-Konsistenz durch eine asymmetrische Schwächung eines der beiden Paretokriterien zu stärken, nicht wirklich überzeugen.

Wir können hier nicht die ethische Rechtfertigung der beiden Ansätze (*Pareto ex ante* oder *ex post* oder aber das Verlangen nach deren Konsistenz) diskutieren. Es möge der Hinweis genügen, dass die Debatte um die Frage kreist, ob Individuen alle Rechte zugestanden werden sollen, sich bestimmten Risiken auszusetzen. Wer dies bejaht wird den *ex ante*-Ansatz in moralischer Hinsicht verteidigen. Wenn wir dann zeitliche Konsistenz noch als zusätzliches Desiderat hinzufügen, ist klar, dass der Utilitarismus attraktiv erscheint (vgl. Hammond 1982). Dennoch ist die Überzeugung, dass in Märkten mit bedeutenden Unsicherheiten die Konsumentensouveränität nur eingeschränkt wünschenswert ist, weit verbreitet (vgl. etwa Diamond 1967). In jüngster Zeit häufen sich die Diskussionsbeiträge zum Thema Verantwortung und Unsicherheit aus egalitaristischer Sicht. Es stellt sich die Frage, welche selbst gewählten (und daher zu verantwortenden) Risiken im Falle von ungleichen Endzuständen dennoch gesellschaftliche Kompensation moralisch geboten erscheinen lassen und welche nicht (vgl. etwa Lippert-Rasmussen 2001).

6.4.2 Konkrete Situation in Österreich

Für die Schäden der Hochwasserkatastrophe 2002 hat die österreichische Bundesregierung umgehend zusätzlich 500 Mio. EURO im Katastrophenfonds zur Verfügung gestellt, und somit deutlich gemacht, dass sie jedenfalls willens ist, die soziale Allokation *ex post* zu beurteilen, danach zu handeln, auch auf die Gefahr hin, dadurch ex ante-Präferenzen zu missachten und somit Marktlösungen dauerhaft zu gefährden. Dieser bereits vor der Hochwasserkatastrophe bestehende Fonds wurde vom Bund 1966 zur Vorbeugung künftiger und zur Beseitigung eingetretener Katastrophenschäden eingerichtet.

Die finanziellen Belastungen vom Hochwasser August 2002 haben gezeigt, dass der Katastrophenfonds mit einem Betrag von 275 Mio. EURO (für Prävention und Schadenskompensation) bei weitem unterdotiert war. Zusätzlich wurden daher folgende ausgabenseitige Maßnahmen gesetzt (BMF 2003):

1. Hochwasseropferentschädigungs- und Wiederaufbau-Gesetz 2002
   – 250 Mio. EURO für Schäden im Vermögen von Privatpersonen und Unternehmen
   – 250 Mio. EURO zum Wiederaufbau der Infrastruktur (z.B. Straßen, öffentliche Gebäude), davon 28 Mio. für Hochwasserschutzanlagen

2. 50 Mio. EURO Sondertranche zur Sanierung von Schäden an Wasserver- und Abwasserentsorgungsanlagen

3. Erlassung des Altlastensanierungsbeitrags für Abfälle, die nachweislich und unmittelbar durch Katastrophenereignisse anfallen (Einnahmenausfall rd. 7 Mio. EURO)

Nach der Hochwasserkatastrophe hat die österreichische Bundesregierung die geplante Steuerreform aufgrund der Kosten der Hochwasserschäden verschoben (Der Standard 2002). Uneinigkeiten bzgl. dieser Verschiebung innerhalb der Regierungskoalition konnten nicht bereinigt werden und führten schlussendlich zum Scheitern der Regierung und zu Neuwahlen im Herbst 2002.

All diese Maßnahmen, die sich im Zusammenspiel von Bund und Ländern auf rund 500 Mio. EURO an Kompensationszahlungen für Privathaushalte und Unternehmen beliefen, können als ein Versuch interpretiert werden, die soziale Gerechtigkeit der Situation nach dem Hochwasser zu erhöhen. Freilich müssen auch andere Motive, etwa das legitime volkswirtschaftliche Interesse nach schneller Wiederherstellung der Produktionskapazitäten gesehen werden. Aber auch die freiwillig geleisteten Spenden der Bevölkerung (72,5 Mio. EURO an Geld- und 10 Mio. EURO an Sachspenden) legen nahe, dass ein Ereignis wie ein Hochwasser als Ereignis bewertet wird, das die Menschen tendenziell schuldlos trifft. Auch die Tatsache, dass wenige Opfer versichert waren, ist ja nicht (nur) den Opfern anzulasten, sondern auch dem Marktversagen, gegen welches der staatliche Eingriff bisher zu wenig unternommen hat.

Die Tatsache, dass bei versicherten Hochwasseropfern die Bemessungsgrundlage für die öffentlichen Unterstützungszahlungen um die Auszahlung der Versicherungen reduziert wurde, verstärkt für die Zukunft jedoch das Marktversagen. Nach ExpertInnenauskunft ist es aufgrund dieser Auszahlungsmodalidäten in den betroffenen Gebieten derzeit unmöglich, Hochwasserversicherungen zu verkaufen. Der öffentliche Eingriff ist also gleichbedeutend mit einer völligen Ignorierung der ex ante-Präferenzen und einem Signal, dass auch künftig ausschließlich eine Betrachtung der ex post-Situation ausschlaggebend sein wird, auch wenn gelegentlich an die Eigenvorsorge appelliert wurde.

6.5 Schlussfolgerungen

Die bisherige Analyse legt vielleicht nahe, dass die drei vorhin genannten Prinzipien, denen ein nationaler Risikotransfermechanismus genügen sollte, nämlich Respektierung individueller Freiheitsrechte, Herstellung ökonomischer Effizienz und soziale Gerechtigkeit schwer bis gar nicht miteinander vereinbar sind. An den kurz zitierten diesbezüglichen theoretischen Ergebnissen ist nicht zu rütteln, aber das besagt nicht, dass die in der Praxis beobachteten Systeme nicht verbesserungsfähig sind, auch wenn sie derzeit jeweils eines der Prinzipien stärker betonen. Wie in den Darstellungen des anschließenden Kap. 7 noch deutlich werden wird, werden in Großbritannien, Deutschland und Österreich die individuellen Freiheitsrechte sicher weitgehend gewahrt, wobei es im Fall der letzteren beiden Länder zu starken ex post-Korrekturen kommt, die auch die ex ante-Präferenzen stark verzerren. Österreich ist mit dem Katastrophenfonds, den man auch als Teilpflichtversicherung interpretieren kann, insgesamt eher als Mischsystem zu sehen. Und es muss zumindest angefragt werden, ob der Respekt vor individuellen Freiheitsrechten ein positiver Wert ist, wenn es wie im Falle Großbritanniens zu einem immer stärkeren Rückzug der Versicherungen kommt, die Wahlfreiheit (für oder gegen eine Versicherung) also ebenfalls nicht gewährleistet ist, aber mit wesentlich ernsteren Konsequenzen für die Betroffenen als im Falle einer Pflichtversicherung. An diesen Beispielen kann ersehen werden, dass Systeme, die wenig bis gar nicht in individuelle Freiheitsrechte eingreifen möchten, keineswegs automatisch durch die sich einstellenden Marktlösungen ökonomische Effizienz fördern, ja gerade im Gegenteil: im Falle des beschriebenen Marktversagens durch asymmetrische Information ist der fehlende Eingriff des Staates effizienzverhindernd. Und dort, wo (ex post) Eingriffe in das Allokationsergebnis des Marktes (und der riskanten Ereignisse) vorgenommen werden, verhindern diese oft das ordnungsgemäße Funktionieren des Marktes zusätzlich (siehe Anreizwirkungen der ex post-Maßnahmen in Deutschland und Österreich).

Auf der anderen Seite ist aber auch nicht gesagt, dass die hohe soziale Verträglichkeit, wie sie im Kap. 7 für die Systeme Spaniens, der Schweiz und Frankreichs mit stark obligatorischen Zügen, dargestellt wird, nicht auch durch andere, marktnähere Instrumente erreicht werden könnte. So könnte ein gut regulierter Versicherungsmarkt gegen Hochwasser, der einen fairen Marktzugang für alle sichert, Prämien teilweise limitiert und/oder subventioniert sowie die detaillierten Informationen der Versicherungen über die Verteilung der zu schützenden Werte auch für die Prävention nutzt, eine erfolgreiche Form der viel beschworenen neuen Partnerschaft zwischen öffentlichem und privatem Sektor werden (Private-Public-Partnership). Eine Partnerschaft, in der die öffentlichen Verwaltungen den gemeinwirtschaftlichen Auftrag ernst nehmen, ohne deshalb eine umfangreiche neue Aufgabe zur Gänze selbst zu übernehmen, wie es diesen Behörden, die sich europaweit um neue Schlankheit bemühen, derzeit auch kaum zuzumuten ist.

Literatur

Broome J (1991) Weighing Goods. Oxford: Basil Blackwell.
BMF Bundesministeriums für Finanzen (2003) Homepage des Bundesministeriums. http://www.bmf.gv.at, Stand: Oktober 2003
Crichton D (2003) Flood Risk and insurance in England&Wales: Are There Lessons to be Learned from Scotland? Benfiled Greig Hazard Research Centre, London
D'Aspremont C, Mongin Ph (1998) Utility Theory and Ethics. In: Barberà S, Hammond P, Seidl C (eds) Handbook of Utility Theory, Vol. 1. Kluwer, Dordrecht, pp 371-481.
Diamond, Peter A (1967) Cardinal Welfare, individualistic ethics, and interpersonal comparisons of utility: comment. Journal of Political Economy 75: 765-766
Freeman P, Kunreuther H (2003) Managing environmental risk through insurance. International Yearbook of Environmental and Resource Economics. Edward Elgar Publishing, pp 159-189

Gardette J.M (1997) Versicherungsschutz für Hochwasserschäden? Vergleichende Betrachtungen zum deutschen und französischen Recht. Zeitschrift für die gesamte Versicherungswirtschaft: 211-232

Gaschen S, Hausmann P, Menzinger I, Schaad W (1998) Überschwemmungen: Ein versicherbares Risiko? Eine Marktübersicht. Schweizerische Rückversicherungs-Gesellschaft, Zürich

Hammond P (1981) Ex-ante and ex-post welfare optimality under uncertainty. Economica 48: 235-250

Hammond P (1982) Utilitarianism, uncertainty and information. In: Sen A, Williams B (eds) Utilitarianism and beyond. Cambridge

Hammond P (1983) Ex-post optimality as a dynamically consistent objective for collective choice under uncertainty. In: Pattanaik P, Salles M (eds) Social choice and welfare. North Holland, Amsterdam

Harsanyi JC (1955) Cardinal welfare, individualistic ethics and interpersonal comparisons of utility. Journal of Political Economy 63: 309-321

Hausmann P (1998) Überschwemmungen: Ein versicherbares Risiko? Schweizerische Rückversicherungs-Gesellschaft, Zürich

Kreps D (1990) A course in microeconomic theory. Princeton University Press

Laffont J (1990) The economics of uncertainty and information. The Massachusetts Institute of Technology Press

Lippert-Rasmussen K.(2001), Equality, option luck, and responsibility, in: Ethics 111, S. 548-79.

Mas-Colell A, Whinston D, Green J (1995) Microeconomic theory. Oxford University Press, New York Oxford

Mongin P (1994) Harsanyi's aggregation theorem: multi profile version and unsettled questions. Social Choice and Welfare 11: 331-354

Mongin P (1995) Consistent Bayesian aggregation. Journal of Economic Theory 66: 313-351

Monti A (2002) Environmental risks and insurance. OECD Report, Paris

Myerson RB (1981) Utilitarianism, egalitarianism and the timing effect in social choice problems. Econometrica 49/4: 883-897

Nicholson W (2002) Microeconomis theory – Basic principles and extensions. (Eighth ed.). South-Western Thomson Learning.

Niehaus G (2002) The allocation of catastrophe risk. Journal of Banking and Finance 26/2: 585-596

Prettenthaler F (2002) Dynamische Konsistenz von Individuellen und kollektiven Entscheidungen unter Risiko. Dissertation, Universität Graz

Savage LJ (1954) The foundations of statistics. Second Rev. Edition, 1972, Dover Publications, New York

Schumann J, Meyer U, Ströbele W (1999) Grundzüge der mikroökonomischen Theorie. Springer Verlag, 7. Auflage, Berlin Heidelberg New York.

Der Standard (2002) Ausgabe vom 15. August, http://derstandard.at

Varian H (1996) Intermediate microeconomics a modern approach (Fourth ed.). W.W. Norton & Company, New York London

Von Neumann J, Morgenstern O (1944) Theory of games and economic behaviour. Princeton University Press

7 Vergleich von nationalen Risikotransfermechanismen am Beispiel Hochwasser

Franz Prettenthaler[1], Nadja Vetters[2]

[1] Institut für Technologie- und Regionalpolitik, Joanneum Research Graz
[2] Institut für Volkswirtschaftslehre, Universität Graz

7.1 Einleitung

Das Augusthochwasser 2002, von dem Deutschland, Tschechien und Österreich am stärksten betroffen waren, hat in den betroffenen Ländern umfangreiche Finanzhilfen für die Betroffenen von Seiten der öffentlichen Haushalte erforderlich gemacht. In Österreich wurde beispielsweise der Katastrophenfonds, der dort sowohl die Funktion der Finanzierung von Hochwasserschutzeinrichtungen als auch der Entschädigung von Individuen und Körperschaften nach Katastrophen innehat, überfordert. Zahlreiche Umschichtungen im Bundeshaushalt waren die Folge, auch in Deutschland hat der enorme, durch die Katastrophe ausgelöste Finanzierungsbedarf die Frage nach der Adäquatheit des nationalen Risikotransfermechanismus (als Summe der Möglichkeiten zur Eigenvorsorge und der staatlichen Hilfszusagen) aufkommen lassen. Um aus der Katastrophe die richtigen Schlüsse für ein verbessertes volkswirtschaftliches Risikomanagement zu ziehen, werden in diesem Kapitel in einem ersten Schritt die Risikotransfermechanismen für Katastrophenereignisse verschiedener Länder einander gegenübergestellt.

Alle Länderberichte weisen dabei dieselbe Struktur auf, wobei beachtet werden muss, dass der Organisationsgrad sowie das staatliche Engagement in den untersuchten Ländern erheblich voneinander abweichen. Die Auswahl der Länder erfolgte zum einen aufgrund der Verfügbarkeit von entsprechenden nationalen Darstellungen, aber auch aufgrund der relativen Unterschiedlichkeit der Systeme, sodass ein möglichst breites Spektrum an Politikoptionen sichtbar wird. Für jedes Land wird zunächst untersucht, welche Optionen sich einem/einer ökonomischen AkteurIn bieten, sein Hab und Gut gegen Überschwemmungskatastrophen zu versichern, wobei naturgemäß auch Versicherungen gegen andere Katastrophenereignisse zur

Sprache kommen. Der Länderbericht der Türkei stellt insofern eine Ausnahme dar, als er das dortige Risikotransfersystem im Bezug auf Erdbeben darstellt. Dennoch wird der dort gewählte Ansatz als instruktiv für mögliche Reformen auf dem Gebiet der Versicherbarkeit gegen Hochwässer in anderen Ländern mit Reformbedarf erachtet, da er erst vor relativ kurzer Zeit auf die ebenfalls völlig unzureichenden bisherigen Regelungen angesichts steigender Vulnerabilität reagiert hat und durch die Unterstützung der Weltbank erhebliche ökonomische Expertise aufweist.

Nach Darstellungen über drei wesentliche Details der nationalen Risikotransfermechanismen, die jeweils einer wichtigen Fragestellung von Anreiztheorie (Wie geschieht die Risikoprüfung, um Antiselektion[1] auszuschließen?), sozialer Ausgewogenheit (wie sieht die Prämiengestaltung aus, ist sie auch für BürgerInnen in gefährdeten Gebieten erschwinglich?) und versicherungstechnischer Effizienz (Wie passiert die Risikobegrenzung der Primärversicherer?) zuzuordnen sind, erfolgt eine Analyse der nachahmenswerten und der verbesserungswürdigen Elemente des jeweiligen nationalen Risikotransfersysteme (RTS).

7.2 Internationaler Vergleich von Risikotransfersystemen für Überschwemmungsereignisse

7.2.1 Deutschland[2]

Versicherungsoptionen

In Deutschland sind Feuer- und Sturmschäden traditionell in der Deckung der Wohngebäudeversicherung inkludiert. Die Überschwemmungsversicherung besteht seit 1991 als Teil der so genannten erweiterten Elementarschadenversicherung. Man hat hier eine Paketlösung gewählt, das heißt gewisse Elementarschäden (Überschwemmung, Erdbeben, Erdrutsch, Erdsenkung, Schneedruck, Lawinen, Vulkanausbruch) können nur als Paket gegen eine Zusatzprämie im Rahmen der Hausrat- und Wohngebäude- sowie der Gewerbeversicherung versichert werden. Es besteht dabei allerdings keinerlei Deckungsverpflichtung, das heißt die Elementarschadensdeckung kann sowohl seitens der Versicherung als auch seitens der KundInnen ausgeschlossen werden.

---

[1] Eine ausführliche Beschreibung von Antiselektion (engl.: Adverse Selection) finden Sie im Abschn. 6.3.
[2] Die folgende Übersicht beruht auf Darstellungen aus: Gardette (1997), Pohlhausen (1999), Schwarze u. Wagner (2002), Schwarze u. Wagner (2003).

Organisationsstruktur und Durchführung

In Deutschland erfolgt die Deckung von Elementargefahren auf freiwilliger privatwirtschaftlicher Basis ohne Zwang seitens des Staates und auch ohne begleitende staatliche Maßnahmen. Das deutsche System stellt somit auf europäischer Ebene eher eine Ausnahme dar.

Risikoprüfung

Die Risikoprüfung erfolgt mit Hilfe des EDV-gestützten Zonierungsmodells ZÜRS (Zonierungssystem für Überschwemmung, Rückstau und Starkregen), das mit und im Auftrag vom Gesamtverband der deutschen Versicherungswirtschaft entwickelt wurde und seit August 2001 bei allen Versicherungen Deutschlands im Einsatz ist. Über eine digitale Abfrage nach Hausnummern kann jedes Gebäude der entsprechenden Gefährdungsklasse zugeordnet werden.

In den Versicherungspolicen werden dabei drei Gefahrenzonen unterschieden. Die Zone E1 repräsentiert mit einer Hochwasserwahrscheinlichkeit von kleiner als 2%, das bedeutet weniger als ein Hochwasserereignis in 50 Jahren, die schwach hochwassergefährdeten Regionen. Mittel hochwassergefährdete Regionen (Wahrscheinlichkeit kleiner als 10%) werden in der Zone E2 zusammengefasst, Regionen mit einer Hochwasserwahrscheinlichkeit größer als 10% bilden die Zone E3 und gelten als stark hochwassergefährdet.

Derzeit werden die Daten zur Einstufung in die unterschiedlichen Risikoklassen überarbeitet, da die Überschwemmungen im August 2002 gezeigt haben, dass die drei Risikoklassen nicht mehr der aktuellen Hochwassergefahr entsprechen. Der Anteil der Gebiete, die als nicht versicherbar gelten, liegt zurzeit bei ungefähr 10%.

Prämiengestaltung

Die Höhe der Prämie für die Zusatzdeckung wird vom Wert des versicherten Objekts sowie von der Gefahrenzone, in der sich das Objekt befindet, bestimmt. In der Zone E1 werden derzeit 10 bis 20 Cent, in der Zone E2 15 bis 20 Cent je 1.000 EURO Versicherungssumme und Jahr berechnet. In der stark hochwassergefährdeten Zone weisen die Deckungsbedingungen zwischen den einzelnen Versicherungen starke Unterschiede auf. Der Selbstbehalt beträgt in der Regel 10% je Schadensfall.

Risikobegrenzung für VersicherungsträgerInnen

Die Risikobegrenzung der Versicherungen erfolgt durch Risikoselektion bei der Zeichnung und durch Rückversicherung des Bestandes im internationalen Rückversicherungsmarkt.

Nachahmenswerte Elemente

- Die Paketlösung, das heißt die Bündelung verschiedener Naturgefahren, diversifiziert die Risiken und trägt zu einer Verbreiterung der Risikobasis bei.
- Als positiv ist auch zu bewerten, dass das Zonierungsmodell ZÜRS eine risikoadäquatere Gestaltung der Prämien ermöglicht.

Verbesserungswürdige Elemente

- Die Verbreitung der erweiterten Elementarschadenversicherung ist noch immer eher gering. Zwar wird durch die Paketlösung die Antiselektionsgefahr etwas entschärft, sie stellt aber nach wie vor ein Problem für die Versicherungsunternehmen dar. Diese ziehen sich immer weiter aus gefährdeten Gebieten zurück. In manchen Gebieten mit sehr hoher Risikoexposition ist Versicherungsschutz gegen Elementarschäden gar nicht oder nur zu unerschwinglichen Konditionen erhältlich. All das ist mit ein Grund, warum nach dem Hochwasser vom Sommer 2002 staatliche Ad-hoc-Hilfen und private Spenden wieder eine große Rolle gespielt haben. Von Bund, Ländern und Gemeinden wurden insgesamt 10 Mrd. EURO an Soforthilfen bereitgestellt. Die Mittelaufbringung erforderte unter anderem eine einjährige Verschiebung der zweiten Stufe der geplanten Steuerreform sowie die Umschichtung von Mitteln in Verkehrshaushalt und EU-Strukturfonds.

- Diese Vorgehensweise belastet nicht nur den Staatshaushalt sondern untergräbt auch systematisch die Anreize der Individuen, sich auf dem privaten Versicherungsmarkt gegen Elementarschäden abzusichern, wenn vorhergesehen werden kann, dass im Katastrophenfall der Staat für die Kompensation der Schäden sorgt. Auch Anreize zur kollektiven Risikovorsorge auf Gemeinde- oder Länderebene sind nicht gegeben.

- Auf Seiten der Versicherungen war die Allianz-Versicherung mit Schäden in der Höhe von 770 Mio. EURO von der Hochwasserkatastrophe am stärksten betroffen. Die Allianz hatte im Zuge der Wiedervereinigung Haushaltspolicen aus der DDR übernommen, deren Deckung Flutschäden inkludiert. Dies war der Hauptgrund für die hohen Kosten, die auch bei anderen Unternehmen bedeutend höher ausfielen als erwartet. Als Konsequenz wurden von der Allianz Prämienerhöhungen von bis zu 7% im Bestand sowie eine Anhebung der Selbstbehalte vorgenommen. Es ist zu befürchten, dass sich die privaten Versicherungen angesichts der wachsenden Zahl von Naturkatastrophen zunehmend aus der Deckung von Elementarschäden zurückziehen.

- Als mögliche Lösung wurde nach dem Hochwasser neuerlich die Einführung einer Elementarschadenpflichtversicherung diskutiert.

7.2.2 Frankreich[3]

Versicherungsoptionen

Im Jahr 1982 führte die französische Regierung ein spezielles System – das Cat.Nat. Entschädigungssystem – für die Deckung von Naturgefahren ein, für die Versicherungsschutz nicht einfach verfügbar war. Mit dem Gesetz vom 13. Juli 1982 wurde Sachversicherungen die Verpflichtung auferlegt, die Deckung verschiedener Versicherungsverträge um Schäden aus Naturkatastrophen zu erweitern. Diese Deckungserweiterungspflicht betrifft vor allem Feuer- und Fahrzeugversicherungspolicen sowie Hausrat- und Betriebsunterbrechungsversicherungspolicen. Der erste Artikel legt die im Falle einer Naturkatastrophe versicherten Schäden fest: "Versicherungsverträge von allen Personen, Firmen oder sonstigen juristischen Personen (außer staatlichen), die Feuer und andere Schäden an Eigentum in Frankreich, Schäden an Kraftfahrzeugen und Gewinnausfälle decken, sichern den Policen-Inhaber auch gegen durch Naturkatastrophen verursachte direkte Materialschäden und Gewinnausfälle ab." Dabei muss angemerkt werden, dass in Frankreich in diesem Bereich für Privatpersonen und Firmen eine Versicherungspflicht besteht: alle EigentümerInnen und MieterInnen müssen eine Haftpflichtversicherung abschließen. Gemeinsam mit der Deckungserweiterungspflicht seitens der Versicherungen kommt dies einer Versicherungspflicht gegen Naturkatastrophen gleich.

Das Gesetz definiert eine „Naturkatastrophe" als ein Ereignis, das durch die ungewöhnlich hohe Intensität eines Naturelements hervorgerufen wird. Dazu zählen zum Beispiel Erdbeben, Überschwemmungen, Dürren, Lawinen, Flutwellen oder Erdrutsche.

---

[3] Die folgende Übersicht beruht auf Darstellungen aus: CCR (2003), DeMarcellis-Warin u. Michel-Kerjan (2002), Gardette (1997), Michel-Kerjan (2001), Scawthorn (2001), Von Ungern-Sternberg (2003), Von Ungern-Sternberg (1997).

Die Deckungshöhe orientiert sich am Versicherungswert, der in der zugrunde liegenden Police angegeben wird.

Es gibt nur zwei Fälle, in denen eine Versicherungsgesellschaft (ohne vorherige Rücksprache mit dem Zentralen Tarifbüro (BCT)) eine Police ausstellen darf, von der Naturkatastrophen nicht abgedeckt werden:

- Wenn sich Güter oder Aktivitäten in als Bauland ungeeigneten Gebieten befinden, nachdem ein Risikopräventionsplan (PPR) für vorhersehbare Naturgefahren erstellt wurde, sowie
- wenn Güter oder Aktivitäten in Übertretung geltender Verwaltungsvorschriften, die zur Vermeidung von durch Naturkatastrophen verursachten Schäden erlassen wurden, errichtet werden (wie z.B. Überschwemmungsgefahrenzonenpläne, Risikozonierung, Flächennutzungspläne).

Andere Naturgefahren wie Windstürme, Hagel und Schnee werden durch ein separates System abgedeckt, das nur von privaten Versicherungen betrieben wird.

Organisationsstruktur und Durchführung

Das Cat.Nat.-System bedient sich primär der privaten Versicherungen. Diese erhalten die gesamten zusätzlichen Prämien, die ihre KundInnen für die Naturkatastrophen-Deckungserweiterung bezahlen, und regulieren die Schäden.

Der Entschädigungsprozess setzt voraus, dass ein „Naturkatastrophenzustand" erklärt wird. Eine solche Erklärung erfolgt durch einen Regierungserlass (Arrêté Interministériel), das heißt, die Entscheidung, ob es sich um ein zu entschädigendes Ereignis handelt, obliegt dem Staat. Nachdem die Regierung diesen Entscheid getroffen hat, kann jedeR einzelne BürgermeisterIn darum ansuchen, die Gemeinde als sich im „Naturkatastrophenzustand" befindlich erklären zu lassen. Eine französische Regierungskommission überprüft daraufhin alle Anfragen der BürgermeisterInnen und kann diese annehmen oder abweisen.

Risikoprüfung

Es erfolgt keine Risikoprüfung, da die Prämien unabhängig von der Risikoverteilung für das ganze Land gleich hoch sind.

Prämiengestaltung

Das Cat.Nat.-System wird durch eine zusätzliche Prämie finanziert, die auf Basis eines einzelnen Tarifsatzes für jede Policenkategorie berechnet wird.

Das System ist also auf einem nationalen Solidaritätsprinzip aufgebaut: jedeR BürgerIn zahlt dieselbe zusätzliche Prämienrate ungeachtet der individuellen Risikoverteilung. Diese Prämienrate wird per Verordnung durch das Finanzministerium festgelegt und der jeweiligen Versicherungsprämie aufgeschlagen.

Bei den Selbstbehalten wurde am 1. Jänner 2001 eine Gleitskala eingeführt. Sie findet in Gebieten Anwendung, die noch keine Risikopräventionspläne erstellt haben. Wenn ein Regierungserlass in einer Gemeinde den „Naturkatastrophenzustand" erklärt, wird auf die Selbstbehalte der PoliceninhaberInnen dieser Gemeinde ein Koeffizient angewandt, der davon abhängt, wie oft seit der Einführung der PPR (Februar 1995) in der selben Gemeinde für die selbe Art von Naturereignis bereits der „Naturkatastrophenzustand" erklärt wurde. Bei ein oder zwei Erlässen finden die normalen Selbstbehalte Anwendung. Bei drei Erlässen wird der Selbstbehalt verdoppelt, bei vier verdreifacht und bei fünf und mehr Erlässen vervierfacht.

Risikobegrenzung für VersicherungsträgerInnen

Die Versicherungsunternehmen sichern sich selbst durch Rückversicherungsverträge gegen Katastrophenschäden ab. Rückversicherung kann am Privatmarkt oder bei der staatlichen Rückversicherungsanstalt Caisse Central de Reassurance (CCR) erworben werden. Die CCR wird durch eine unbegrenzte Staatsgarantie unterstützt. Diese unbeschränkte finanzielle Gewährleistung, die von der französischen Regierung zur Verfügung gestellt wird, stellt eine der Besonderheiten dieses Systems dar. Die CCR bietet den Erstversicherungen einerseits eine proportionale Quoten-Rückversicherung und andererseits eine Stop-Loss-Rückversicherung. Die CCR selbst kauft keine Rückversicherung auf dem internationalen Markt. Außerdem besteht für die Versicherungen die Möglichkeit, steuerfrei Schwankungsrückstellungen zu bilden.

Nachahmenswerte Elemente

- Die soziale Verträglichkeit ist durch die allgemein verfügbare Deckung und die relativ geringe Prämienhöhe als hoch einzustufen.
- Die bestehende Versicherungspflicht im Bereich der Sach- und Haftpflichtversicherung macht es möglich, bei der Naturkatastrophendeckung einen Ausgleich über das größtmögliche Risikokollektiv zu schaffen. Die Rückversicherungsmöglichkeit bei der CCR macht die Naturkatastrophendeckung für die Erstversicherungen tragbar.

- Durch die Gleitskala bei den Selbstbehalten wird ein gewisser Druck auf die Gemeinden ausgeübt, Risikopräventionspläne zu erstellen. Diese Struktur fördert so die Schadenverhütung und Präventionsmaßnahmen.

Verbesserungswürdige Elemente

- Die Bestimmung, dass letztlich Behörden entscheiden, ob ein Ereignis versichert ist oder nicht, führt zu einer gewissen Intransparenz und Unsicherheit für die Versicherten. Außerdem kommt es durch diese Vorgehensweise zu Verzögerung bei der Kompensation der Schäden.
- Trotz der bestehenden Gleitskala bei den Selbstbehalten könnten die Anreize zur kollektiven Risikovorsorge noch verstärkt werden. Wie in Spanien (siehe Abschn. 7.2.4) haben die Lokal- und Regionalregierungen noch zu wenig Anreiz, auf diesem Gebiet entscheidende Maßnahmen zu setzen.
- Eine risikogerechtere Prämiengestaltung könnte neben den Selbstbehalten zu einer Verringerung des Moral Hazard-Problems beitragen.
- Bei der Bildung von Reserven wäre denkbar, bezüglich der Bilanzierung der Zinseinkommen dem spanischen System zu folgen, um das Risiko für den Staat zu verringern, als Letztversicherung einspringen zu müssen.

7.2.3 Schweiz[4]

Versicherungsoptionen

Die Gebäudeversicherung gegen Feuer- und Elementarschäden ist in der Schweiz auf zwei unterschiedliche Arten geregelt. In 19 der 26 Kantone ist der/die VersicherungsnehmerIn dazu verpflichtet, die Gebäudeversicherung bei einer öffentlichen Monopolanstalt (der jeweiligen Kantonalen Gebäudeversicherung) abzuschließen. In den übrigen sieben Kantonen sind nur private AnbieterInnen auf diesem Markt tätig. Mobiliar und Fahrhabe wird in allen bis auf zwei (Waadt, Nidwalden) Kantonen nur von den Privatversicherungen versichert.

Alle gegen Feuer versicherten Werte wie Gebäude, Hausrat, Waren oder Betriebseinrichtungen sind in der Schweiz von Gesetzes wegen automa-

---

[4] Die folgende Übersicht beruht auf Darstellungen aus: Fischer (2003), IRV (2004), SVV (2004), Van Schoubroeck (1997), Von Ungern-Sternberg (1997), Von Ungern-Sternberg (2003).

tisch auch gegen Elementarschäden versichert. Zu den Elementarereignissen zählen Hochwasser, Überschwemmung, Sturm, Hagel, Lawinen, Schneedruck, Felssturz, Steinschlag und Erdrutsch.

Die Deckung versicherter Schäden ist bei den Kantonalen Gebäudeversicherungen (KGV) unbegrenzt, die Leistungen der Privatversicherungen sind mit 25 Mio. CHF pro VersicherungsnehmerIn und 250 Mio. CHF Gesamtschaden pro Ereignis begrenzt. Wird das Ereignislimit überschritten, werden alle Schadenzahlungen proportional gekürzt.

Organisationsstruktur und Durchführung

Eine Kantonale Gebäudeversicherung ist eine selbständige, öffentlich-rechtliche Anstalt kantonalen Rechts, die über ein indirektes rechtliches Monopol in ihrem Kantonsgebiet verfügt. Die KGV unterliegen aufgrund dieser Monopolstellung einem Annahmezwang, das heißt sämtliche Risiken müssen versichert werden. Die KGV versichern nur Gebäude (mit Ausnahme der Kantone Waadt und Nidwalden), Versicherungsschutz für Hausrat und Betriebsinventar kann bei privaten Versicherungsunternehmen erworben werden.

In den sieben GUSTAVO[5]-Kantonen wird die Gebäudeversicherung und damit auch die Elementarschadenversicherung ausschließlich von privaten Versicherungen übernommen. Diese sind ebenfalls per Gesetz dazu verpflichtet, Elementarrisiken als zwingende Deckungserweiterung im Rahmen der Feuerversicherung mit einzuschließen.

Risikoprüfung

Die Gebäude werden grundsätzlich nach Bau- und Betriebsart in verschiedene Gefahrenklasse eingeteilt. Die Risikoprüfung in Bezug auf Elementargefahren erfolgt nach den Bestimmungen des jeweiligen Kantons. Der Kantonalen Gebäudeversicherung in Graubünden kommt beispielsweise die Aufgabe zu, Bauvorhaben in Gefahrenzonen einer gesonderten Prüfung zu unterziehen und kann Bauten in der roten Gefahrenzone von der Elementarschadenversicherung ausschließen. Im Kanton Zürich wird aufgrund der dort angewandten Einheitsprämie keinerlei Risikoprüfung vorgenommen.

Auch bei den Privatversicherungen entfällt die Risikoprüfung in Bezug auf Elementargefahren.

---

[5] Genf, Uri, Schwyz, Tessin, Appenzell-Innerrhoden, Wallis, Obwalden

Prämiengestaltung

Bei den KGV setzt jeder Kanton seine eigenen Prämien fest. Die Prämien werden meist von der Regierung des jeweiligen Kantons festgelegt oder müssen von dieser genehmigt werden. Die Prämien sind (innerhalb der Gefahrenklassen nach Bau- und Betriebsart) grundsätzlich einheitlich gestaltet, für besonders gefährdete Gebäude kann ein Prämienzuschlag verrechnet werden. In manchen Kantonen kann der/die EigentümerIn freiwillig einen Selbstbehalt je Gebäude wählen und erhält dafür eine Prämienreduktion, in anderen ist ein Selbstbehalt automatisch vorgesehen. Versichert wird grundsätzlich zu Neuwerten.

Bei den Privatversicherungen werden Elementarschäden für alle VersicherungsnehmerInnen mit einer Einheitsprämie versichert. Das Risiko wird über den so genannten Elementarschaden-Pool (s. unten) ausgeglichen und so für unwettergefährdete sowie weniger risikoreiche Gebiete die gleiche Prämie verrechnet.

Im Schnitt sind die Prämien der Kantonalen Gebäudeversicherungen niedriger. Dies lässt sich auf den Entfall der Akquisitionskosten zurückführen. Aus der Sicht der Privatversicherungen trägt auch der Umstand bei, dass die sieben Kantone, in denen die Privatversicherungen zugelassen sind, mit Ausnahme von Genf alle in den Alpen oder Voralpen liegen. Diese Kantone würden ein deutlich höheres Schadenrisiko aufweisen als die versicherten Gebiete der KGV. Der Hauptgrund für die Prämiendifferenz der privaten und staatlichen Versicherungen seien somit die nicht vergleichbaren Risiken und die sich daraus ergebenden unterschiedlichen Schadenbelastungen.

Risikobegrenzung für VersicherungsträgerInnen

Die 19 Kantonalen Gebäudeversicherungen haben sich bereits im Jahr 1910 im Interkantonalen Rückversicherungsverband (IRV) zusammengeschlossen um jederzeit über die gewünschte Rückversicherungskapazität zu verfügen. Die Rückversicherung erfolgt zum Teil durch den IRV selbst, zum Teil werden die gebündelten Risiken am nationalen und internationalen Rückversicherungsmarkt platziert. Zusätzlich haben sich die 19 Kantonalen Gebäudeversicherungen und der IRV zur Interkantonalen Risikogemeinschaft Elementar (IRG) zusammengeschlossen. Die IRG hat den Zweck im Katastrophenbereich, das heißt über der Großschadensgrenze der einzelnen Versicherung, zusätzliche Deckung zur Verfügung zu stellen. Die Gebäudeversicherungen stehen dabei gemeinsam mit dem IRV in Form von Eventualverpflichtungen für das Risiko ein. Jede Versicherung haftet dabei im Verhältnis zu ihrer Größe und hat für diesen Fall gebundene Rückstellungen gebildet. Die Großschadensgrenze variiert von Versicherung zu Versicherung und wird im Vorhinein bestimmt. Durch dieses System wird ein zusätzlicher Schutz in der Höhe von 750 Mio. CHF erreicht. Auch die Schweizer Privatversicherungen haben für die Deckung von Elementarschäden ein Solidaritätssystem aufgebaut. Im so genannten Elementarschaden-Pool werden die Ansprüche an die verschiedenen Versicherungen zusammengeführt und unter diesen aufgeteilt. Das einzelne Unternehmen transferiert die eingenommen Prämien nicht an den Pool sondern hält sie in einem separaten Fonds. Der Pool übernimmt die Rückversicherung und den Ausgleich der Schäden. Jedes Mitglied des Pools trägt 15% der Schäden und die Verwaltungskosten für die eigenen VersicherungsnehmerInnen. Die restliche Schadenslast wird gepoolt und gemäß einer Quote aufgeteilt. Die Quote ergibt sich aus dem Verhältnis zwischen dem versicherten Kapital eines Unternehmens (im Bereich Feuerversicherung) und dem versicherten Kapital aller Poolmitglieder. Zurzeit gehören dem Pool 22 private Versicherungsgesellschaften an, die 95% des Marktes abdecken.

Nachahmenswerte Elemente

- Als sehr positiv zu sehen ist, dass die KGV stark in den Bereich der Prävention eingebunden sind. Beispielsweise sind sie häufig bei der Raumplanung auf kantonaler Ebene aktiv beteiligt und wenden große Summen für Präventionsmaßnahmen auf. Auf diese Weise kommt den Institutionen, die am meisten von Präventions- und Schadenverhütungsmaßnahmen profitieren, auch die Aufgabe der Organisation und Finanzierung dieser Maßnahmen zu. Ein zusätzlicher Anreiz mag sein, dass die KGV Schäden im „normalen" Schadensbereich, in dem die Elementarschadenprävention Wirkung zeigt, alleine tragen müssen.

- Die IRG und der Elementarschaden-Pool der Privatversicherer sind sehr gute Beispiele dafür, wie ein Zusammenschluss von Versicherungen (bei den KGV unter Beteiligung einer Rückversicherung) die Versicherbarkeit von Kumul- und Großrisiken fördern kann. Durch den 15-prozentigen „Selbstbehalt" beim Elementarschaden-Pool wird Moral Hazard seitens der teilnehmenden Versicherungen verhindert.

- Durch die niedrig gehaltenen Prämien und die allgemeine Absicherung gegen Elementarschäden kann von hoher soziale Verträglichkeit gesprochen werden.

- Das Versicherungsobligatorium befreit die Versicherungen von Antiselektionsproblemen.

Verbesserungswürdige Elemente

- Wie generell bei Pflichtversicherungen mit Einheitsprämien ist auch hier anzumerken, dass wenig Anreiz zu risikogerechtem Verhalten oder Risikominderung durch die VersicherungsnehmerInnen geschaffen wird. Hier könnten eventuell in manchen Kantonen noch Schritte in Richtung risikogerechterer Prämien oder gezielter Selbstbehalte gesetzt werden.

7.2.4 Spanien[6]

Versicherungsoptionen

Versicherungsschutz gegen "außergewöhnliche Ereignisse" anzubieten ist in Spanien Aufgabe des im Jahr 1954 geschaffenen "Consorcio de Compensación de Seguros" (Consorcio). Seit 1990 ist der Consorcio ein unabhängiges öffentlich-rechtliches Unternehmen, das dem Wirtschafts- und Finanzministerium unterstellt ist.

Der Abschluss bestimmter Sach- und Personenversicherungen (dazu gehören insbesondere Unfallversicherung sowie Feuer- und Elementargefahrenversicherung, Kfz-Kaskoversicherung (nicht Haftpflicht) und sonstige Sachversicherungen) berechtigt sowie verpflichtet den/die VersicherungsnehmerIn, sich gleichzeitig beim Consorcio gegen Katastrophenschäden zu versichern. Dies bedeutet, dass in Spanien im Bereich der Katastrophenversicherung ein Versicherungsobligatorium besteht. Die Ereignisse die durch den Consorcio versichert sind, können in zwei Gruppen eingeteilt werden:

- Naturkatastrophen (Überschwemmungen, Erdbeben, Tsunamis, Vulkanausbrüche, außergewöhnliche Wirbelstürme und Meteoriten)

- Ereignisse mit sozialen Auswirkungen (z.B. Terroranschläge, Aufstände, Aufruhr, Unruhen oder Eingriffe von Armee oder Polizei in Friedenszeiten)

Seit 1986 setzt der Entschädigungsprozess keine offizielle Erklärung mehr voraus, die eine betroffene Region zum Katastrophengebiet erklärt. Die Liste von Ereignissen, die durch den Consorcio abgedeckt werden, ist gesetzlich genau geregelt. Der Entschädigungsprozess wird automatisch ohne Verzögerungen in Gang gesetzt. Der Versicherungsschutz beinhaltet neben Gebäudeschäden auch Schäden an Fahrzeugen und Personen ab. Ei-

---

[6] Die folgende Übersicht beruht auf Darstellungen aus: CCS (2003), Von Ungern-Sternberg (1997), Gaschen et. al. (1998).

ne Betriebsausfallversicherung wird nicht angeboten. In der Periode von 1992-2000 betrafen 86,53% der Leistungen Schäden aus Überschwemmungen.

Organisationsstruktur und Durchführung

Die Prämien werden von den Privatversicherungen gegen eine Provision von 5% eingehoben und an den Consorcio weitergeleitet. Die Schäden werden vom Consorcio über eigene Schätzer selbst reguliert und direkt an die KundInnen ausbezahlt.

Interessant am spanischen System ist auch, dass es sich dabei de facto um ein staatliches Monopol handelt. Obwohl es den Privatversicherungen seit 1990 nicht mehr untersagt ist, auch Katastrophenschäden abzudecken, besteht dennoch kein Wettbewerbsmarkt. Da der Versicherungsschutz des Consorcio nur subsidiär zum Tragen kommt, entfällt durch den Abschluss einer zusätzlichen Katastrophenversicherung am freien Markt die obligatorisch erworbene automatische Deckung durch den Consorcio. Die Prämienzahlung an den Consorcio wird jedoch nicht rückerstattet sondern muss weiterhin jährlich entrichtet werden. Diese Überlegungen sind allerdings eher theoretisch, da bis dato von keiner privaten Versicherung eine Deckung gegen "außergewöhnliche Ereignisse" angeboten wird.

Spanien ist es gelungen, sein Consorcio mit Hilfe einer Ausnahmeregelung auch nach der "Dritten Richtlinie Schadenversicherung" der EU beizubehalten. Die Zahlungen an den Consorcio wurden dabei in der Begründung nicht als Versicherungsprämien sondern als indirekte Steuern bezeichnet.

Risikoprüfung

Es erfolgt in der Regel keine Risikoprüfung, da die Prämien unabhängig von der Risikoverteilung für das ganze Land gleich hoch sind.

Prämiengestaltung

Seit 1986 kann der Consorcio die Höhe der Prämien selber festlegen. Die Prämiensätze je Versicherungssparte werden dabei auf den jeweiligen Versicherungswert angewandt. Der Versicherungsschutz erstreckt sich grundsätzlich auf dieselben Objekte und Personen wie die zugrunde liegende Versicherungspolice. Der darin festgelegt Versicherungswert kann auf Wunsch der VersicherungsnehmerInnen erhöht, nicht jedoch unterschritten werden. Für Risiken in Flussnähe, wird ein Prämienzuschlag verrechnet.

Bei Sachschäden wird abhängig vom Versicherungswert ein Selbstbehalt von 10% bis 15% der Schadenssumme von der Entschädigung abgezogen.

Risikobegrenzung für VersicherungsträgerInnen

Wie die französische CCR ist der Consorcio durch eine unbegrenzte Staatsgarantie abgesichert, auf die er allerdings noch nie zurückgreifen musste. Die Ertragsüberschüsse, auf die der Consorcio keine (Gewinn)-Steuer zahlen muss, werden in einen speziellen Reservefonds eingezahlt. Auch die Zinserträge werden zur Gänze der Reserve, die nach oben hin nicht begrenzt ist, zugeführt. Der internationale Rückversicherungsmarkt wird bei der Risikobegrenzung nicht mit einbezogen.

Nachahmenswerte Elemente

- Das bestehende Versicherungsobligatorium wirkt Problemen der negativen Auslese entgegen. Die Regelung, dass der Versicherungswert jenen im zugrunde liegenden Vertrag nicht unterschreiten darf, verhindert zusätzlich, dass von weniger gefährdeten VersicherungsnehmerInnen das Obligatorium durch die Wahl sehr niedriger Versicherungswerte faktisch umgangen wird.

- Die Deckung ist für alle verfügbar, was zu einer hohen sozialen Verträglichkeit beiträgt.

- Die Bündelung verschiedener Naturgefahren sowie sozialer Risiken bewirkt, dass praktisch jede/r VersicherungsnehmerIn durch mindestens eine dieser Gefahren auch tatsächlich oder potenziell persönlich betroffen ist, was das Maß an subjektiv empfundener Quersubventionierung vermindert.

- Der Umstand, dass auch die Zinserträge zur Gänze dem Reservefonds zugeführt werden und der Consorcio keine Ertragssteuern zahlt, lässt die Reserven und damit die Mittel, die dem Consorcio im Katastrophenfall zur Verfügung stehen, schneller anwachsen. Das mag mit ein Grund sein, warum der Consorcio noch nie auf seine Staatsgarantie zurückgreifen musste.

Verbesserungswürdige Elemente

- Pflichtversicherungen geben in der Regel wenig Anreiz zu risikogerechtem Verhalten. Zwar werden vom Consorcio Selbstbehalte berechnet, zur Minimierung von Moral Hazard seitens der VersicherungsnehmerInnen könnte die Prämiengestaltung jedoch risikogerechter vorgenommen werden.

- Im Bereich der Prävention könnte dem Consorcio zum Beispiel durch ein Mitspracherecht bei der Erstellung von Bauzonenplänen eine bedeutendere Rolle zukommen. Zurzeit haben die Gebietskörperschaften wenig Anreiz, tätig zu werden, da Maßnahmen im Bereich der Schadensverhütung oft kontrovers und kostspielig sind, die niedrigeren Schadenssummen aber vor allem für den Consorcio von Vorteil sind.

7.2.5 Türkei[7]

Versicherungsoptionen

Die verheerenden Folgen des Marmara-Erdbebens am 17. August 1999 veranlassten die türkische Regierung, die notwendigen Entschlüsse zu fassen um ein neues Versicherungssystem einzuführen. Am 27. Dezember 1999 wurde ein Regierungsbeschluss betreffend einer Pflichtversicherung gegen Erdbebenschäden verabschiedet. Mit diesem Erlass wurde der Abschluss einer Erdbebenversicherung für registrierte Privatgebäude beginnend mit 27. September 2000 verpflichtend gemacht. Um diesen Versicherungsschutz anzubieten, wurde der Türkische Katastrophen Versicherungs-Pool (TCIP), eine Körperschaft öffentlichen Rechts, gegründet, sowie eine Naturkatastrophen-Versicherungsbehörde (DASK) geschaffen, um die Tätigkeit des TCIP zu verwalten. Bei der Entwicklung dieses Risikotransfersystems wurde die Türkei von der Weltbank unterstützt.

Die wichtigsten Ziele und Aufgaben des neuen Versicherungssystems sind:

- Sicherzustellen, dass fast alle Gebäude gegen Erdbeben versichert sind
- Die finanzielle Belastung des Staates nach Erdbebenkatastrophen zu reduzieren
- Verstärkter Risikotransfer an internationale Rückversicherungen und Kapitalmärkte
- Über die Zeit soll eine solide Kapitalbasis aufgebaut werden, um gegen größere Ereignisse abgesichert zu sein
- Anreize zu Risikovermeidung und Etablierung erdbebensicherer Bauweisen zu setzen

---

[7] Die folgende Übersicht beruht auf Darstellungen aus: Gülkan (2002), World Bank Finance Forum (2002).

Die Erdbeben-Pflichtversicherung des TCIP ist ein allein stehendes Produkt und wird unabhängig von der Feuer- oder Gebäudeversicherung verkauft. Die Deckung beträgt zurzeit 30.000 USD pro Gebäude. Übersteigt der Neuwert des Gebäudes diese Summe, so kann der/die BesitzerIn optional am privaten Versicherungsmarkt zusätzlich eine höhere Deckung erwerben.

Da auch Gebäudeinhalte durch den TCIP nicht abgedeckt sind, können diese ebenso optional bei privaten Versicherungen versichert werden.

Organisationsstruktur und Durchführung

Die technischen Anforderungen des TCIP sowie die operative Geschäftsführung wurden vom Finanzministerium an eine nationale Rückversicherungsgesellschaft ausgelagert (zurzeit ist das Milli Re, die größte Rückversicherung der Türkei).

Die Jahresabschlüsse, Transaktionen und Ausgaben des TCIP werden von einer dem Finanzministerium nachgelagerten Dienststelle geprüft. Der TCIP ist von allen Steuern, Abgaben und anderen Gebühren befreit.

Der Vertrieb der Policen erfolgt über autorisierte Versicherungsgesellschaften, die danach das gesamte Risiko sowie die eingenommenen Prämien an den TCIP weitergeben. Die Versicherungsgesellschaften erhalten dafür eine Provision zwischen 12,5 und 17,5%, abhängig von der geographischen Lage des gezeichneten Risikos.

Bei der Schadensregulierung werden vom TCIP unabhängige Schadenssachverständige eingesetzt. Die Entschädigungen werden direkt vom TCIP ausbezahlt.

Risikoprüfung

Es erfolgt eine genaue Risikoprüfung, bei der vor allem untersucht wird, in welcher seismischen Gefahrenzone sich das Objekt befindet und wie erdbebensicher die Bauweise und Konstruktion einzuschätzen sind.

Prämiengestaltung

Die Versicherungsprämien ergeben sich aus der Quadratmeterwohnfläche der Gebäude, der baulichen Kategorie und der seismischen Gefahrenzone, in der das Gebäude liegt. Es ergeben sich daraus 15 verschiedene Prämienraten. Diese werden als prozentueller Anteil des Versicherungswertes dargestellt. Der Selbstbehalt beträgt 2% der Versicherungssumme.

Risikobegrenzung für VersicherungsträgerInnen

Die angesammelten Reserven werden vom TCIP verwaltet und in verschiedene Finanzinstrumente im In- und Ausland investiert. Man geht davon aus, dass bei akkumulierten Schadenssummen, die die verfügbaren Ressourcen des TCIP übersteigen, die türkische Regierung eintritt.

Außerdem sichert man sich durch den Erwerb von Rückversicherung auf den internationalen Märkten ab.

Nachahmenswerte Elemente

- Die allgemeine Verfügbarkeit einer Erdbebenversicherung zu angemessenen Prämienraten führen zu hoher sozialer Verträglichkeit des TCIP. Durch die risikogerechte Prämiengestaltung werden Anreize geschaffen, bei der Konstruktion von Gebäuden stärker auf das Erdbebenrisiko Rücksicht zu nehmen, was nicht nur zu geringeren Schadenssummen sondern vor allem auch zur Sicherheit der BewohnerInnen beiträgt.

- Im Vergleich zum amerikanischen NFIP (s. Abschn. 7.2.6) kann positiv hervorgehoben werden, dass die Schadensregulierung von unabhängigen Schadenregulierern vorgenommen wird. Dies kann dazu beitragen, dass die Entschädigungen nicht ungerechtfertigt hoch ausfallen.

- Der TCIP stellt einen wirksamen Mechanismus dar, die finanziellen Belastungen, denen der türkische Staat durch seine Verpflichtung nach Erdbebenkatastrophen den Wiederaufbau zerstörter Gebäude zu finanzieren immer wieder ausgesetzt war, spürbar zu reduzieren.

Verbesserungswürdige Elemente

- Ein Defizit könnte die Tatsache darstellen, dass erst rund ein Fünftel aller Versicherungspflichtigen tatsächlich eine Erdbebenversicherung abgeschlossen haben. Damit besteht trotz Versicherungspflicht nach wie vor das Problem der Antiselektion. Es wird bereits an gesetzlichen Lösungen gearbeitet (wie zum Beispiel Strafen bei Missachtung der Versicherungspflicht), um die Versicherungsdichte weiter zu erhöhen.

7.2.6 USA[8]

Versicherungsoptionen

Das National Flood Insurance Program (NFIP) der USA besteht seit 1968 und wurde seit damals mehrfach durch Gesetzesänderungen erweitert und verbessert.

Das NFIP bietet Deckung gegen Überschwemmungsschäden für Gebäude und Inhalte in Gemeinden, die am NFIP teilnehmen. Diese Gemeinden müssen Maßnahmen zum Risikomanagement in Überflutungsgebieten verordnen und durchsetzen, die die Minimalanforderungen des NFIP erfüllen oder übersteigen.

Die Teilnahme der Gemeinden am NFIP erfolgt freiwillig. Um jedoch den Anreiz zu erhöhen, ist es Bundesbehörden verboten, finanzielle Unterstützung für den Erwerb oder Bau von Gebäuden und gewisse Katastrophenhilfe in Überflutungsgebieten von Gemeinden zu gewähren, die bis 1. Juli 1975 oder innerhalb eines Jahres nachdem sie als hochwassergefährdet eingestuft wurden, nicht am NFIP teilgenommen hatten. Zusätzlich müssen Bundesbehörden oder staatlich versicherte oder regulierte KreditgeberInnen für alle Zuschüsse oder Darlehen für den Erwerb oder den Bau von Gebäuden in festgelegten Special Flood Hazard Areas (SFHAs) in Gemeinden, die am NFIP teilnehmen, den Abschluss einer Überschwemmungsversicherung verlangen.

Die SFHAs sind jene Teile innerhalb des Überflutungsgebietes einer Gemeinde, in denen die Wahrscheinlichkeit einer Überschwemmung in jedem Jahr bei 1% oder höher liegt.

VersicherungsnehmerInnen in NFIP-Gemeinden können HauseigentümerInnen, MieterInnen, BauherrInnen, Eigentümervereinigungen oder BesitzerInnen von Eigentumswohnungen sein. Versicherungsschutz kann auch dann erworben werden, wenn das Objekt außerhalb des Überflutungsgebietes der Gemeinde liegt.

Die Deckung ist für Wohngebäude mit 250.000 USD und für bewegliches Privateigentum mit 100.000 USD limitiert. Für gewerbliche Gebäude geht die Deckung bis 500.000 USD. Seit 1994 beinhaltet die Deckung auch einen Beitrag von maximal 20.000 USD zu Relokations- oder Umbaukosten, die aufgrund von Gesetzen oder Verordnungen nach einer Überschwemmung, bei dem das Objekt wesentlich beschädigt wurde, erforderlich werden.

---

[8] Die folgende Übersicht beruht auf Darstellungen aus: Crichton (2003), FEMA (2002), Scawthorn (2001), Swiss Re (1998).

Das NFIP ist nicht die einzige Quelle von Überschwemmungsversicherungen. Auch private Versicherungsunternehmen können diesen Schutz anbieten, was jedoch von den meisten nicht gemacht wird.

Organisationsstruktur und Durchführung

Das NFIP wird von der Federal Insurance and Mitigation Administration (FIMA) verwaltet, welche Teil der unabhängigen Bundesbehörde Federal Emergency Management Agency (FEMA) ist.

Die Finanzierung des NFIP erfolgt durch den National Flood Insurance Fund (NFIF). Die eingenommenen Prämien werden in den Fonds eingezahlt, die Leistungen, Betriebs- und Verwaltungskosten werden daraus ausbezahlt.

Der Vertrieb und die Schadensregulierung der Überschwemmungsversicherung erfolgt über staatlich lizenzierte Versicherungsagenten und MaklerInnen, die direkt mit der FEMA zusammenarbeiten, oder über private Versicherungsunternehmen (95% aller Policen). Diese erhalten eine Kommission und leiten die darüber liegenden Prämieneinnahmen an die FEMA weiter. Die FEMA bezahlt die Schäden und setzt die Prämien, die Deckungshöhe sowie die Voraussetzungen für den Abschluss fest.

Risikoprüfung

Das NFIP identifiziert und kartographiert die Überschwemmungsgefahrenzonen. Das Programm liefert somit die nötigen Daten für das Risikomanagement in den Gemeinden und die versicherungsmathematische Berechnung der Prämie. Für letzteres werden die sog. Flood Insurance Rate Maps (FIRMs) verwendet.

Prämiengestaltung

Für Gebäude, die nach der Erstellung der ersten FIRM für die Gemeinde errichtet oder wesentlich verbessert wurden, werden die Prämien aktuarisch fair berechnet (Erwartungswert des Verlustes). Gebäude, die bereits davor bestanden haben, bezahlen eine subventioniert Prämie, die nach Schätzungen der FEMA bei circa 30-40% der vollen Gefahrenprämie liegt.

Die Prämienhöhe spiegelt eine Reihe von Faktoren wie die Risikozone laut FIRM, die Art des Gebäudes, die Anzahl der Stockwerke oder die Erhebung des untersten Stockwerkes über die Base Flood Elevation wider. Gebäude, die den Gemeindebestimmungen im Bereich des Hochwasser-Risikomanagements entsprechen, zahlen so meist Prämien, die wesentlich niedriger sind als die gestützten Prämien für Gebäude, die bereits vor der Erstellung der FIRM bestanden hatten.

Seit 1991 wird zusätzlich von fast allen Policen eine Federal Policy Fee in der Höhe von 30 USD eingehoben, um Lohn- und Programmkosten sowie die Kosten in Zusammenhang mit der Gefahrenzonierung und dem Risikomanagement zu decken.

Alle Versicherungspolicen sehen auch einen Selbstbehalt des/der Versicherten in Höhe von 500 USD für ein einfaches Geschäft vor.

Durch das Community Rating System (CRS) des NFIP werden in jenen Gemeinden Rabatte auf die Versicherungsprämien gewährt, die Risikomanagementprogramme erstellen, die über die Minimalanforderungen des NFIP hinausgehen. Die Rabatte reichen von 5-45% der Versicherungsprämie.

Risikobegrenzung für VersicherungsträgerInnen

Das NFIP hat das Recht, bis zu 1,5 Mrd. USD vom Finanzministerium zu leihen. Die Rückzahlung erfolgt mit Zinsen. Es wird keine Rückversicherung auf internationalen Märkten erworben.

Nachahmenswerte Elemente

- In den USA erfolgt die Regulierung der Bautätigkeit in Überflutungsgebieten, einschließlich der Verordnung von Auflagen, Erteilung von Baubewilligungen sowie die Inspektion und Kontrolle, auf Gemeindeebene. Es ist daher positiv zu bewerten, dass die Gewährung von Versicherungsschutz an Maßnahmen zur Schadensverhütung auf Gemeindeebene geknüpft ist. Das CRS des NFIP schafft zusätzlich Anreize für die Gemeinden, ihre Bemühungen beim Hochwasser-Risikomanagement zu verstärken.

- Die von der FEMA erstellten, oft sehr kostspieligen Risikozonenpläne liefern nicht nur die Grundlage für ein effizientes Risikomanagement auf Gemeindeebene und die notwendigen Daten für die risikogerechte Prämiengestaltung, sondern leisten auch einen wichtigen Beitrag dazu, ein breiteres Risikobewusstsein in der Bevölkerung zu schaffen.

- Die Selbstbehalte tragen zur Minimierung des Moral Hazard seitens der VersicherungsnehmerInnen bei.

Verbesserungswürdige Elemente

- Da keine generelle Versicherungspflicht gegen Überschwemmungsschäden besteht und die Deckung für bestehende Gebäude in teilnehmenden Gemeinden auch nicht verweigert werden kann, wird Versicherungsschutz in der Regel nur in gefährdeten Gebieten erworben. Das NFIP sieht sich somit einem großen Antiselektionsproblem gegenüber. Durch den Versicherungsbestand wird kein ausreichender Risikoausgleich geschaffen.
- Ein Problem kann auch die Auslagerung der Schadenregulierung an private Versicherungsunternehmen darstellen. Da diese die Kosten vom NFIP rückerstattet bekommen, besteht die Gefahr, dass die Kosten pro Schadensfall höher ausfallen, als dies bei einem privaten Versicherungssystem der Fall wäre.

Tabelle 7.1. Ländervergleich der Risikotransfersysteme

Nation	A	D	CH	F	E	USA	TR
Staatlicher Organisationsgrad	•		•••	•••	•••	••	•••
Soziale Verträglichkeit	••	••	•••	•••	•••	•	•••
Minimierung von Moral Hazard (Anreiz zur ind. Risikoverminderung)	•	••	•	••	••	••	••
Anreiz zur kollektiven Risikovermeidung/ -verminderung	•	•	•••	•••	•	•••	••
Prämienhöhe	•••	••	•	•	•	•••	•
Antiselektionsgefahr	•••	••				•••	
Risikokataster angewandt		Ja				Ja	Ja
Deckung obligatorisch			Ja	Ja	Ja		Ja
Kontrahierungszwang			Ja	Ja	Ja	Ja	
Staatliche Subvention	Ja	Ja		Ja	Ja	Ja	n.v.
Risikodifferenzierte Prämiengestaltung	Ja	Ja	Ja			Ja	Ja

/ •…sehr gering bis • • •…sehr hoch

7.3 Übersicht und Schlussfolgerungen

Wie eine abschließende Übersicht in Tabelle 7.1 über die bisher besprochenen Systeme inklusive jenes von Österreich[9] zeigt, kann ein funktionierender Markt aufgrund der gegebenen Informationsasymmetrien und der

---

[9] Eine ausführlichere Darstellung des österreichischen Systems findet sich im Kap. 6 dieses Buches.

Gefahr der Antiselektion (d.h. nur „schlechte" Risiken fragen Versicherungsschutz nach) nur durch einen mittels staatlicher Eingriffe entsprechend entwickelten Organisationsgrad überhaupt etabliert werden. Diese Systeme, die in den beobachteten Fällen nicht ganz ohne obligatorische Elemente auskommen, führen aufgrund der gebannten Antiselektionsgefahr zu niedrigen Prämien und daher zu großer sozialer Verträglichkeit. Ein zweites Problemfeld, jenes der fehlenden Anreize zur individuellen bzw. kollektiven Risikovermeidung kann nicht so eindeutig dieser Dichotomie Staatliches Engagement versus Laisser Faire zugeordnet werden. Denn natürlich hat ein Individuum, theoretisch dann den größten Anreiz, risikovermindernd zu handeln, wenn eine Versicherung oder sonstige Kompensationsmöglichkeiten überhaupt nicht existieren. Der Anreiz zur kollektiven Risikovermeidung kann aber bei Instrumenten, die in das Risikotransfersystem bewusst eingebaut wurden, von staatlich gut organisierten Systemen gut gewährleistet werden, wie die Beispiele Schweiz, Frankreich und USA zeigen.

Literatur

CCR Caisse Centrale de Réassurance (2003) Natural Disasters in France. http://www.ccr.fr/gb/pdf/catnat_edition_2003.pdf, Stand Juli: 2004

CCS Consorcio de Compansación de Seguros (2000) The extraordinary risk coverage. http://www.consorseguros.es, Stand: Juli 2004

Crichton D (2003) Flood risk and insurance in England&Wales: are there lessons to be learned from Scotland? Benfiled Greig Hazard Research Centre, London

De-Marcellis-Warin N, Michel-Kerjan E (2002) The public-private sector risk-sharing in the French insurance cat.nat. system. Working Paper, Ecole Polytechnique, Paris

FEMA Federal Emergency Management Agency (2002) National flood insurance program. http://www.fema.gov/doc/library/nfipdescrip.doc, Stand: Juli 2004

Fischer M. (2003) Solidarität schafft Sicherheit. Vorlesungsreihe „Katastrophen und ihre Bewältigung" des Collegium generale, Universität Bern

Gardette JM (1997) Versicherungsschutz für Hochwasserschäden? Vergleichende Betrachtungen zum deutschen und französischen Recht. Zeitschrift für die gesamte Versicherungswirtschaft 86: 211-232

Gaschen S, Hausmann P, Menzinger I, Schaad W (1998) Überschwemmungen: Ein versicherbares Risiko? Eine Marktübersicht. Schweizerische Rückversicherungs-Gesellschaft, Zürich

Gülkan P (2002) Setting the stage for urban risk mitigation: seismic risks and compulsory insurance policy issues in Turkey. Second annual IIASA-DPRI meeting „Integrated disaster risk management: megacity vulnerability and resilience", IIASA International Institute for Applied Systems Analysis, Laxenburg

IRV (2004) Hompage des Interkantonalen Rückversicherungsverbandes. http://www.irv.ch, Stand: Juli 2004

Michel-Kerjan E (2001) Insurance against natural disasters: do the French have the answer? Strengths and limitations. Cahier du Laboratoire d'économétrie, Ecole Polytechnique, Paris

Pohlhausen R (1999) Gedanken zur Überschwemmungsversicherung in Deutschland. Zeitschrift für die gesamte Versicherungswirtschaft 88: 457-467

Prettenthaler F, Hyll W, Vetters N (2003) Risk management and public welfare in the face of extreme weather events: what is the optimal mix of private insurance, public risk pooling and alternative risk transfer mechanisms? Startprojekt Klimaschutz: Erste Analysen extremer Wetterereignisse und ihrer Auswirkungen in Österreich. Institut für Meteorologie und Physik, Universität für Bodenkultur, Wien

Scawthorn C (2001) National programs for natural hazards insurance. First Annual IIASA-DPRI Meeting "Integrated Disaster Risk Management – Reducing Socio-Economic Vulnerability", IIASA International Institute for Advanced Systems Analysis, Laxenburg

Schwarze R, Wagner G (2002) Hochwasserkatastrophe in Deutschland: Über Soforthilfen hinausdenken. Wochenbericht des DIW Berlin, 35/2002

Schwarze R, Wagner G (2003) Marktkonforme Versicherungspflicht für Naturkatastrophen – Bausteine einer Elementarschadenversicherung. Wochenbericht des DIW Berlin, 12/2003

SVV (2004) Homepage des Schweizer Versicherungsverbandes. http://www.svv.ch, Stand Juli 2004

Van Schoubroeck C (1997) Legislation and practice concerning natural disasters and insurance in a number of European countries. The Geneva Papers on Risk and Insurance 22(8): 238-267

Von Ungern-Sternberg T (1997) Die Katastrophenversicherung in Spanien. Universität Lausanne

Von Ungern-Sternberg T (2003) Gebäudeversicherung in Europa: Die Grenzen des Wettbewerbs. Haupt, Bern

World Bank Finance Forum (2002) Aligning financial sector knowledge and operations, http://www.worldbank.org/wbi/banking/finsecpolicy/financeforum2002 Stand: Juli 2004

8 Der Dialog Wirtschaft – Forschung – Politik: Erfahrungen aus der Schweiz

Christoph Ritz

ProClim-, scnat – Akademie der Naturwissenschaften Schweiz, Bern

8.1 Einleitung

Wissen wird nicht direkt in Handlungen umgesetzt und Handlungen werden nicht allein vom Wissen gesteuert: menschliches Handeln wird auch durch Wahrnehmung, Wertehaltungen und Rahmenbedingungen wie z.B. Grundbedürfnisse, Kultur und Tradition bestimmt (Abb. 8.1). Damit das akademische Wissen auch zu einer Veränderung im Handeln führt, ist ein andauernder Dialog zwischen Entscheidungsträgern in Wirtschaft, Forschung und Politik einerseits und mit der Öffentlichkeit anderseits notwendig (CASS u. ProClim 1997). Die Sensibilisierung und ein ähnlicher Wissensstand aller an der Meinungsbildung beteiligten Gruppierungen sind besonders in der Schweiz mit der direkten Demokratie Voraussetzung für die Umsetzung von gesellschaftsrelevanten Erkenntnissen. In vielen andern Ländern wird diese Bedeutung der demokratischen Meinungsbildung wahrscheinlich unterschätzt.

Die Vergangenheit zeigt, dass die Umsetzung von Wissen in Handlungen umso schwieriger ist, je rascher die Veränderungen stattfinden (Dietz et al. 2003, S. 1907f). Besonders bei den globalen gemeinsamen Gütern und im speziellen für das Klima, die Nahrung und die Gesundheit genügt es zudem nicht, nur regional die gemeinsamen Ressourcen zu verwalten. Globale Strukturen und Mechanismen sind dazu erforderlich. Diese Herausforderung wurde im Dezember 2003 in einer Serie von Review-Artikeln „Tragedy of the Commons?" im *Science* diskutiert.[1]

Globale Umweltveränderungen sind eine riesige Herausforderung, denn die Entkoppelung von VerursacherInnen und Betroffenen in Raum und Zeit und die extrem regionalen Unterschiede erfordern globales Denken und lokales Handeln. Zudem sind globale Veränderungen oft schleichend und kaum messbar bis zum Moment, wo es schon fast zu spät ist. Die Wissenschaft ist daher in besonderem Maße gefordert, den Dialog mit allen

---

[1] Vgl. Science 302: 1906-1929

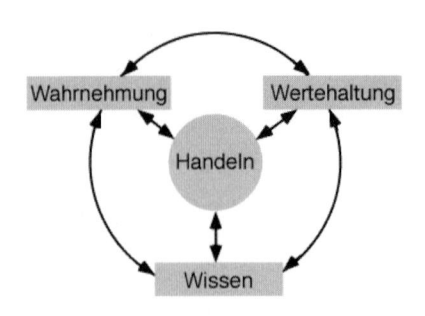

Abb. 8.1. Wissen allein führt nicht zum Handeln und Handeln wird nicht allein vom Wissen gesteuert, CASS u. ProClim (1997)

Entscheidungsträgern zu suchen und ihre Erkenntnisse zu kommunizieren. Gibt es Erfahrungen?

8.2 ProClim- Vermittler zwischen Forschung und NutzerIn

ProClim- das Forum für Klima- und Globale Umweltveränderungen hat mehr als fünfzehn Jahre Erfahrung mit der Förderung des Dialogs zwischen den verschiedenen nationalen betroffenen Kreisen. Die Schweizerische Akademie der Naturwissenschaften hat früh erkannt, dass die Wissenschaft langfristig besonders gefordert ist und hat 1988 ProClim- als langfristiges Projekt gegründet. ProClim- ist eine Schaltzentrale ohne eigene Forschung, agiert meist hinter den Kulissen und versucht, wenn immer möglich die Experten ins Zentrum zu rücken.

ProClim- versucht seinen Auftrag wahrzunehmen, indem es die vier Zielgruppen *Nationale Forschung, Internationale Forschungsprogramme, Parlament und Verwaltung, Medien, Öffentlichkeit und Wirtschaft* mit unterschiedlichen Aktivitäten zu erreichen versucht (s. Abb. 8.2). Der Aktivitätskatalog von ProClim- und OcCC (der folgende Abschn. 8.3 geht näher auf OcCC ein) erscheint in der Gesamtschau sehr breit. Die Produkte sind aber an spezifische Zielgruppen gerichtet. Aus deren Sicht sind jeweils nur wenige Aktivitäten sichtbar. Die in Abb. 8.2 exemplarisch gezeigten Produkte machen deutlich, dass ProClim- nicht bloß Vermittler von Wissen ist, sondern Drehscheibe, die sich ebenso als Stimulator von neuen Ideen innerhalb der Forschung versteht, wie auch als Keimzelle für Reflexionen unter Einbezug von Entscheidungsträgern.

Einige ProClim-Produkte sind Teil einer Serie und gehen regelmäßig an die entsprechenden Adressaten. Durch die etablierten und anerkannten

Kommunikationskanäle lassen sich bei Bedarf auch dringende Informationen sehr effektiv platzieren (zum Beispiel durch die *Climate Press* an die Medien).

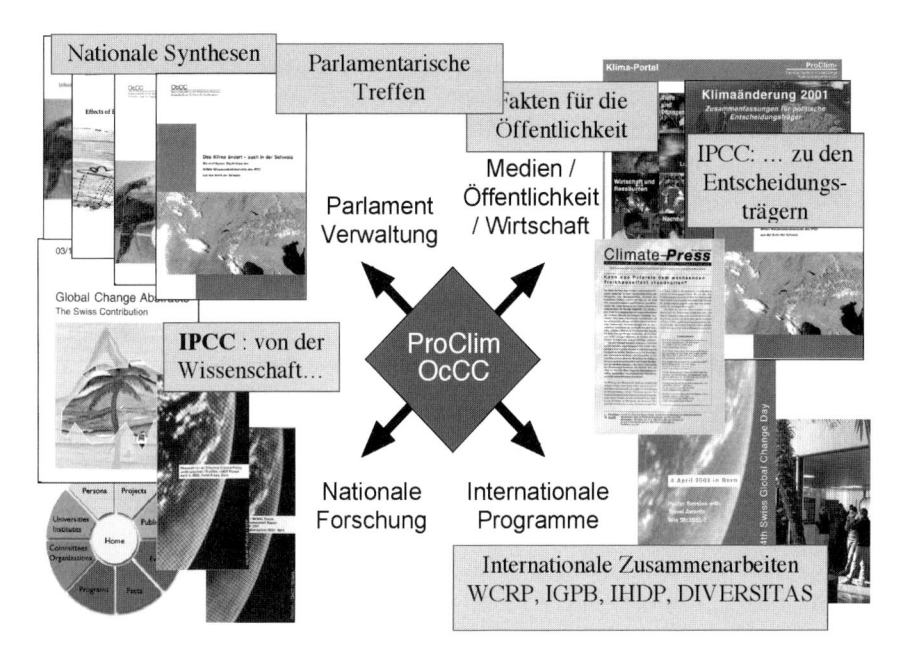

Abb. 8.2. Zielgruppen und Aktivitäten von ProClim-

Um das nationale Parlament optimal zu erreichen, hat ProClim- zusammen mit einem höchst anerkannten ParlamentarierInnen des Ständerats (kleine Kammer) die ‚parlamentarische Gruppe Klimaänderung' geschaffen. Seit 1997 organisiert ProClim- viermal jährlich für diese Gruppe während jeder Session über den Mittag Treffen. ParlamentarierInnen aller Parteien nehmen jeweils an diesen sehr gut etablierten Treffen teil und informieren sich in einem informellen Rahmen über Fakten aus der Wissenschaft und über deren Bedeutung für Wirtschaft und Politik.

Für den Dialog mit der Wirtschaft hat ProClim- die „Climate Talks" geschaffen. Ziel ist es, ExpertInnen aus jeweils einem Wirtschaftssektor (z.B. Wasserkraft, Nahrungsmittel, Versicherungen und Banken, Pharmazie) und entsprechende ExpertInnen aus der Forschung in Diskussionsrunden zusammenzubringen. Durch den Austausch von Fragen und Fakten soll das Bewusstsein der Forschenden für Fragen aus der Wirtschaft verbessert und die Kompetenz der Wirtschaft für langfristig tragbare Wirtschaftsstrategien erhöht werden.

8.3 Das Beratende Organ für Fragen der Klimaänderung OcCC

Berichte und Informationen haben besonderes Gewicht, wenn diese von einer Kommission stammen, welche einen offiziellen Auftrag zur Beratung hat. ProClim- hat darum erfolgreich zur Schaffung eines solchen Organs angeregt. Das Beratende Organ für Fragen der Klimaänderung (OcCC) berät die Schweizerische Regierung. Das Sekretariat ist zur Nutzung von Synergien bei ProClim- angesiedelt.

Das OcCC bringt neben ExpertInnen aus der Forschung auch solche aus Wirtschaft und Politik, und (mit beratender Stimme) auch verschiedene Bundesämter an einen Tisch. Alle Synthesen und Stellungnahmen des OcCC werden unter Einbindung der Wirtschaft erarbeitet. Die Mitglieder aus der Wirtschaft und die BeraterInnen aus den Ämtern haben zudem die Aufgabe, die Relevanz der Aussagen für die Adressaten kritisch zu beurteilen.

Im Herbst 2003 veröffentlichte das OcCC einen Bericht „Extremereignisse und Klimaänderung" (OcCC 2003). Der Bericht gibt eine Übersicht über den aktuellen Wissensstand zu den für die Schweiz wichtigsten Kategorien von Extremereignissen. Dabei handelt es sich um Temperaturextreme, Frost, Trockenheit, Waldbrände, Starkniederschläge, Hagel, Hochwasser, Massenbewegungen (Rutschungen, Fels- und Bergstürze), Lawinen und Winterstürme. Für die einzelnen Kategorien werden die entsprechenden Sensitivitäten, Aussagen über Veränderungen in der Vergangenheit und die Perspektiven für die Zukunft beschrieben. Als AutorInnen zeichnen 24 ExpertInnen und sieben unabhängige ReviewerInnen aus der Schweiz. Da damit eine große Zahl der namhaften ExpertInnen der Schweiz am Bericht mitarbeitete, reflektiert er den aktuellen Wissensstand und wird durch kritische Stimmen mit oberflächlichen Argumenten kaum anfechtbar.

Das nächste große Projekt heißt *Schweiz 2050*. Politik und Wirtschaft, aber auch Einzelpersonen müssen dauernd Entscheidungen fällen, welche auch der kritischen Sicht späterer Generationen standhalten sollten. So haben zum Beispiel Entscheidungen vor 50 Jahren bezüglich Raumplanung, Individualverkehr oder öffentlichem Verkehr unseren Lebensraum deutlich und irreversibel geprägt. Sie beeinflussen auch heute noch unsere Abhängigkeit vom Erdöl und damit die Weltpolitik (z.B. der USA).

Das Beratende Organ für Fragen der Klimaänderung OcCC hat eine Studie begonnen, um aufzuzeigen, wo unser Lebensraum in 50 und 100 Jahren besonders verletzlich sein könnte. Bei dieser Studie sollen nicht möglichst präzise Modelle am Anfang der Analyse stehen, sondern plausible Annahmen basierend auf ExpertInneneinschätzungen. Die Studie greift somit ganz gezielt die Dimension Mensch im Einfluss klimatischer Verschiebungen auf. Die Studie soll frühzeitig aufzeigen, wo wir möglicherweise besonders verletzlich sind und die Diskussion über Anpassungs- oder Verhinderungsstrategien anregen.

8.4 Schlussfolgerungen

- Globale Umweltveränderungen sind eine riesige Herausforderung, denn die Entkoppelung von VerursacherInnen und Betroffenen in Raum und Zeit und die extremen regionalen Unterschiede erfordern globales Denken und lokales Handeln.
- Wissen allein genügt nicht. Der Weg vom Wissen zum Handeln ist sehr weit. Der notwendige Dialog muss langfristig aufgebaut und moderiert werden.
- Politik, Wirtschaft, Wissenschaft, aber auch die Öffentlichkeit muss in den Dialog einbezogen werden, um eine möglichst große Kohärenz des Wissens erreichen zu können.
- Die Drehscheibe für diesen Dialog muss von allen betroffenen Gruppen als neutral anerkannt werden. Eine der Wissenschaft nahe stehende Struktur kann diese Forderung am besten erfüllen, da die Wissenschaft selbst keine substantiellen Interessen hat, wenn man vom generellen Interesse der Finanzierung ihrer Forschung absieht.
- Die Komplexität der Problematik ist so groß, dass sehr viele Disziplinen in den Prozess der Erkenntnisgewinnung eingebunden sein müssen. Eine Gesprächskultur und gegenseitiges Vertrauen muss sich oft auch zwischen den sehr verschiedenen Disziplinen entwickeln.

Literatur

CASS Konferenz der schweizerischen wissenschaftlichen Akademien, ProClim (1997) Visionen der Forschenden. Bern

Dietz T, Ostrom E, Stern PC (2003) The struggle to govern the commons. Science 302: 1907-1912

OcCC Beratendes Organ für Fragen der Klimaänderung (2003) Extremereignisse und Klimaänderung. Bern

Teil B
Wirtschaftssektorale Analyse

9 Tourismus und Naturgefahren: Mit Risikomanagement die Krise vermeiden

Walter J. Ammann, Christian J. Nöthiger, Anja Schilling

Eidgenössisches Institut für Schnee- und Lawinenforschung SLF, Davos

9.1 Einleitung

Extreme Wetterereignisse wie Starkniederschläge oder Starkschneefälle können zu Hochwasser und Überschwemmungen, Murenen, Rutschungen oder Lawinen führen. Diese Naturgefahren schränken die Nutzung des Lebensraumes ein. Dies führt zu volkswirtschaftlichen Einbußen. Solche Einschränkungen sind vor allem im Berggebiet bedeutsam, wo der Raum für Siedlungen, Verkehr, touristische und andere Nutzungen ohnehin begrenzt ist. Wo sich Siedlungen und andere Nutzungsgebiete mit Gefahrenzonen überschneiden, können Naturereignisse zu bedeutenden Schäden führen. Dies haben die großen Schadenereignisse der letzten Jahre erneut gezeigt. Diese Ereignisse haben zudem vor Augen geführt, dass dem Schutz von Sachwerten klare Grenzen gesetzt sind.

Katastrophale Naturereignisse führen neben umfangreichen direkten Schäden an Personen und Sachwerten in der Regel auch zu hohen indirekten Schäden. Im Tourismussektor sind indirekte Schäden Mindereinnahmen als Folge von z.B. nicht nutzbaren Wintersportanlagen, dem Fernbleiben von Gästen wegen gesperrter Straßen, etc.. Die Mindereinnahmen werden dabei der Differenz zwischen den möglichen Einnahmen bei Ausbleiben des Schadenereignisses und den tatsächlichen Einnahmen nach Eintritt des Schadens gleichgesetzt. Damit ist die Basis zur Ermittlung der indirekten Kosten im Tourismussektor zwar weitgehend hypothetisch, weil diese Abschätzungen auf einer wirtschaftlichen Situation basieren, wie sie vor dem Eintritt des Naturereignisses geherrscht hat. Die mit diesem Ansatz gewonnenen Ergebnisse sind aber durchwegs gut, wie die Ermittlung indirekter Kosten in der Schweiz als Folge der Naturkatastrophen der vergangenen Jahre zeigt (vgl. z.B. Abschn. 9.2.3) (Nöthiger et al. 2001, S. 31).

Am Eidg. Institut für Schnee- und Lawinenforschung SLF in Davos wurde ein Verfahren entwickelt (Nöthiger 2003), mit dem nach einem katastrophalen Naturereignis in den Alpen die Mindereinnahmen für die Tourismusbranche eines Ortes berechnet werden können. Das Grundprinzip des Verfahrens besteht darin, dass die durch das Ereignis ausgelöste Veränderung der touristischen Frequenzen mit den durchschnittlichen Tagesausgaben der Gäste multipliziert wird. Die Methode basiert vor allem auf den Erkenntnissen aus dem Lawinenwinter 1999 (SLF 2000).

In beispielhaften Berechnungen für die Ereignisse des Lawinenwinters 1999 zeigte sich, dass die Abhängigkeit eines Betriebes vom Tourismus – und dabei insbesondere vom Tagestourismus – der ausschlaggebende Faktor für die Entstehung von indirekten Kosten ist. Die indirekten Kosten haben für den Tourismussektor ganz entschieden größere Bedeutung als die direkten Schadenskosten. Einzelne Betriebe erzielen durch Naturkatastrophen zwar sogar Mehreinnahmen (z.B. durch Sondertransporte in gefahrenfreie Zonen), diese können die Mindereinnahmen volkswirtschaftlich aber bei weitem nicht kompensieren.

9.2 Auswirkungen von extremen Wetterereignissen

Aufgrund der verschiedenen Katastrophen der vergangenen Jahre (s. SLF 2000) lassen sich insgesamt acht Faktoren eruieren, von denen die Betroffenheit eines Tourismusortes und damit das Potenzial für indirekte Schäden abhängen:

- Zahl der Todesopfer auf Verkehrsachsen und im Siedlungsgebiet
- Dauer der akuten Phase eines katastrophalen Naturereignisses
- Medienberichterstattung über das katastrophale Naturereignis
- Sperrung von Zufahrten zu Städten, Dörfern und Siedlungen
- Außerbetriebnahme touristischer Transportanlagen
- Wetterverhältnisse
- Grad der Abhängigkeit eines Tourismusortes von ausländischen Gästen
- Grad der Abhängigkeit eines Tourismusortes vom Tagestourismus

Generell lässt sich folgendes Verhalten von Urlaubsgästen nach einem katastrophalen Naturereignis feststellen:

- Der Tagestourismus, also ohne Übernachtung, bricht sofort und massiv ein, erholt sich aber auch wieder relativ schnell.
- Übernachtungsgäste reagieren mit einer Stornierung ihres geplanten Aufenthaltes, was dazu führt, dass der Tiefpunkt bei den Übernachtungen erst im Folgemonat nach dem Ereignis erreicht wird. Die Erholung der Übernachtungszahlen geht demzufolge auch deutlich langsamer vonstatten.

- Ausländische Gäste reagieren im Vergleich zu inländischen mit einer größeren Verzögerung.

9.2.1 Hochwasser

Schäden durch Hochwasser entstehen durch Überflutung und Durchnässung von Häusern sowie Schlammablagerungen. In steilen Gerinnen verursacht nicht in erster Linie das Wasser die Hauptschäden, sondern das mitgeführte Geschiebe und Schwemmholz.

In den letzten 10 Jahren traten in der Schweiz zahlreiche große Hochwasserereignisse auf mit einer Gesamtschadensumme von über zwei Mrd. CHF. Die vier schadenträchtigsten dabei waren:

- 1993: Hochwasser im Tessin und im Stadtzentrum von Brig (Wallis)
- 1997: Hochwasser in Sachseln (Obwalden)
- 1999: Hochwasser u.a. im Kanton Bern (Thunersee und Aaretal) und am Bodensee (s. BWG 2000 und WSL u. BUWAL 2001)
- 2000: Hochwasser im Tessin und im Wallis mit größten Schäden in Gondo, Baltschieder und in den Visper Tälern (s. BWG 2002 und WSL u. BUWAL 2001)

Die Tourismusbranche ist von Hochwasserereignissen im Alpenraum in der Regel stark betroffen. Als Beispiel wird das Unwetter vom Oktober 2000 für den Kanton Wallis betrachtet (BWG 2002). Dieser Kanton war durch die Unwetter im Oktober 2000 weitaus am schwersten betroffen mit direkten Schäden von rund 470 Mio. CHF (Gesamtschweiz: 670 Mio. CHF). Im Kanton Wallis am stärksten betroffen war dabei die touristisch stark genutzte Region Oberwallis, wo auch 15 der insgesamt 16 Todesopfer zu beklagen waren. Das schwerste Einzelereignis trat im Ort Gondo an der Simplonpassstrasse auf. Eine große, murgangähnliche Rutschung zerstörte einen Drittel des Dorfes und kostete 13 Menschen das Leben. Die Tabelle 9.1 zeigt die Auswirkungen dieses Ereignisses auf den Tourismus, aufgeteilt in die fünf Kategorien Übernachtung, Verpflegung, Detailhandel, Bergbahnen und Übriges. Dargestellt werden die Werte für den Ereignismonat, für den Folgemonat und für den Monat des Ereignisses ein Jahr später.

Insgesamt kamen für die Tourismusbranche im Wallis allein für den Ereignismonat Einbußen von 5 Mio. CHF (-5.3% des zu erwartenden Umsatzes) zustande, wobei die beiden Kategorien Übernachtung und Verpflegung erwartungsgemäß den größten Anteil haben. Auch der Folgemonat November 2000, der nicht mehr zu den klassischen Tourismusmonaten gerechnet wird, schlägt noch mit 3,8 Mio. CHF (-9,7%) zu Buche.

Tabelle 9.1. Mindereinnahmen für die Tourismusbranche im Kanton Wallis aufgrund der Hochwasser im Okt. 2000, Berechnungen nach Nöthiger 2003, S. 89ff

Schaden [Mio. CHF]	Übernachtung	Verpflegung	Detailhandel	Bergbahnen	Übriges	Total
Okt. 2000	-1,7	-1,5	-1,0	-0,3	-0,6	-5,0
Nov. 2000	-1,2	-1,2	-0,7	-0,2	-0,4	-3,8
Okt. 2001	-2,0	-0,9	-0,5	-0,2	-0.3	-4,0
Total	-5,0	-3,7	-2,2	-0,7	-1.3	-12.8

Auffällig ist, dass die Beeinflussung des Tourismus durch die Hochwasserkatastrophe auch mittelfristig noch deutlich spürbar ist. Ein Jahr später, im Oktober 2001, ist der Verlust mit 4 Mio. CHF immer noch markant.

Abschätzungen zeigen, dass in der Schweiz für eine Region offenbar ein Schwellenwert von zwölf Todesopfern besteht. Sterben so viele oder mehr Menschen, zeigt das Ereignis sowohl im nächsten als auch im übernächsten Jahr noch deutlich Wirkung. Fallen dem Unglück weniger Leute zum Opfer, sind spätestens im zweiten Jahr danach, oft aber auch schon früher, keine Konsequenzen mehr auszumachen. Diese Erkenntnis gilt lediglich für Todesopfer im Bereich von Siedlungen und Verkehrsachsen. Unfalltote bei der Ausübung einer Freizeitbeschäftigung werden üblicherweise durch ein riskantes Verhalten erklärt und haben keine abschreckende Wirkung auf andere TouristInnen, so geschehen z.B. beim Canyoning-Unfall im Saxetbach im Berner Oberland, bei dem am 27. Juli 1999 durch eine Wasserwalze 21 Menschen ihr Leben verloren.

9.2.2 Muren

Die Entstehung eines Murganges hängt entscheidend von den meteorologischen Bedingungen (Starkregen, Gewitter, Schneeschmelze) und den klimatischen Bedingungen (Niederschlagsverhältnisse, Höhe der Nullgradgrenze) ab. Oft sind die auslösenden Faktoren für Murgänge und Überschwemmungen die gleichen, ein Phänomen begünstigt das andere und die Schäden lassen sich letztlich kaum auseinander halten. Vielfach kommen die Schäden, die zum Hochwasser gerechnet werden, durch Muren oder große Rutschungen zustande. Die Schadenswirkung ist in der Regel lokal begrenzt, wie auch die Auswirkung auf den Tourismus – solange die Anzahl der Toten gering bleibt (vgl. Situation in Gondo/Wallis, BWG 2000). Bislang wurden keine Untersuchungen gemacht, die sich spezifisch mit den indirekten Kosten für den Tourismus aufgrund von Murenschäden befassen.

9.2.3 Lawinen

Die Alpenregionen Europas sind sehr stark auf den Wintertourismus ausgerichtet und angewiesen. Lawinen haben deshalb eine außerordentlich große Bedeutung. Der katastrophale Lawinenwinter 1998/99 (SLF 2000) hat einmal mehr deutlich gemacht, dass auch heute, nach Jahrzehnten großer Schutzbemühungen, Lawinen zahlreiche Opfer fordern können und im Alpenraum Schäden in Milliardenhöhe anrichten. Für die Tourismusbranche der Schweizer Bergkurorte[1] kamen so im Ereignismonat Februar 1999 indirekte Schäden von über 230 Mio. CHF zustande. Das entspricht einem gesamten Einnahmenrückgang von 22%. Die größten Einbussen erlitten dabei der Verpflegungssektor (-30%) und die Bergbahnen (-35%), die in vielen Skigebieten ihren Betrieb zeitweise vollständig einstellen mussten. Besonders auffällig ist bei dieser Übersicht der Einbruch bei den Übernachtungszahlen im Folgemonat. Die Verluste sind fast doppelt so hoch wie im Ereignismonat und können durch den verzögerten Reaktions-Mechanismus, insbesondere bei den ausländischen Gästen, erklärt werden. Während Verpflegung und Bergbahnen im Ereignismonat ihre Verluste im Wesentlichen mit dem Ausbleiben von Tagesgästen belegen, zeigen die Übernachtungszahlen deutlich, dass während der Ereignisse zahlreiche Buchungen rückgängig gemacht wurden.

Tabelle 9.2. Mindereinnahmen für die Tourismusbranche in den Schweizer Bergkurorten im Lawinenwinter 1999, Nöthiger 2003, S. 133

Schaden [Mio. CHF]	Übernachtung	Verpflegung	Detailhandel	Bergbahnen	Übriges	Total
Feb. 1999	-11,3	-93,5	-36,8	-74,6	-16,2	-232,5
März 1999	-20,1	-9,7	-5,8	-5,2	-3,6	-44,4
Feb. 2000	-10,6	-5,7	-3,6	-3,2	-2,2	-25,4
Total	-42,1	-108,9	-46,2	-83,0	-22,0	-302,3

Die Verluste bei den Übernachtungen im Februar des Folgejahres 2000 sind immer noch fast gleich hoch wie im eigentlichen Ereignismonat 1999. Demgegenüber haben sich die übrigen Bereiche schon wieder merklich erholt, auch wenn die Verluste nach wie vor deutlich sichtbar sind. Es kann davon ausgegangen werden, dass sich diese Berechnungen auch auf die anderen Alpenländer übertragen lassen. Die Überlegungen dahinter sind

---

[1] Bergkurorte sind touristische Orte, die in der Bergzone über 1000 m ü. M. liegen. Dazu gehören in der Schweiz z.B. Davos, Zermatt, Wengen etc.

allgemeiner Natur und nicht spezifisch nur für die Schweiz. Es wurden aber bisher keine Vergleichsberechnungen angestellt.

9.2.4 Hagel

Hagel führt in der Schweiz durchschnittlich zu rund 50 Mio. CHF Schaden pro Jahr. Die Auswirkungen auf den Tourismus dürften vernachlässigbar sein.

9.2.5 Stürme

Am 26. Dezember 1999 traf der außergewöhnlich starke Orkan Lothar auf Westeuropa und richtete vor allem in Frankreich, Deutschland und der Schweiz enorme Schäden an. Lothar war für die Schweiz das Naturereignis mit den bis dahin größten Schäden aller Zeiten (WSL u. BUWAL 2001). Sie beliefen sich auf fast 1,8 Mrd. CHF und waren damit rund dreimal teurer als der Lawinenwinter 1998/99. Wald (750 Mio. CHF) und Gebäude (600 Mio. CHF) waren am stärksten betroffen. 14 Menschen starben während des Orkans, 15 weitere während der Aufräumarbeiten. Um diese Schäden anzurichten, reichten etwa zweieinhalb Stunden aus, in denen der Orkan vom Jura her kommend über die Schweiz hinweg fegte. Im Flachland wurden dabei Windspitzen von 140-170 km/h erreicht, auf den Bergen Spitzen bis zu 250 km/h. Mit diesen Geschwindigkeiten wurden vor allem im Flachland vielerorts Rekorde aufgestellt. Trotz aller Heftigkeit der Böen, blieben die mittleren Windgeschwindigkeiten im Rahmen eines starken Orkans, der in dieser Ausprägung für die Schweiz alle 10-15 Jahre erwartet werden muss.

In Bezug auf den alpinen Tourismus hatte der Orkan Lothar keine mit dem Lawinenwinter 1999 vergleichbaren Auswirkungen. Lothar wütete in ganz Mitteleuropa, nicht nur in den Alpenländern, weshalb es für potenzielle ausländische Feriengäste auch keinen Grund zur Annahme gab, dass Ferien, speziell in den Alpen, nicht möglich seien. In der Tabelle 9.3 wird dementsprechend sichtbar, dass der Orkan auf den Übernachtungstourismus keinen Einfluss hatte. In den Tagen nach dem Ereignis kam es aber noch zu einigen kleineren Stürmen und alle zusammen hielten Tagesgäste aus dem Alpenraum fern. Die Zeit zwischen Weihnachten und Neujahr ist aber für den Wintertourismus die umsatzstärkste Periode des Jahres, weshalb vor allem Bergbahnen (-39,3 Mio. CHF, entspricht -20%) und Gastronomie (-48,1 Mio. CHF, entspricht -18%) große Einbußen hinnehmen mussten. Dies erklärt auch, warum die Summe der Mindereinnahmen trotz der nicht vergleichbaren Ereignisse, mit 112 Mio. CHF einem guten Drittel der Mindereinnahmen aus dem Lawinenwinter entspricht (Tabelle 9.2), obwohl der Übernachtungstourismus nicht betroffen war. Bezeichnend für den Tagestourismus waren bereits im Folgemonat nach dem Ereignis keine Einbußen mehr zu spüren. Auch das nächste Jahr blieb unbeeinflusst.

Tabelle 9.3. Mindereinnahmen für die Tourismusbranche in den Schweizer Bergkurorten durch den Orkan Lothar vom 26.12.1999, Nöthiger (2003), S. 173

Schaden [Mio. CHF]	Übernachtung	Verpflegung	Detailhandel	Bergbahnen	Übriges	Total
Dez. 1999	-	-48,1	-17,5	-39,3	-7,6	-112,5
Jan. 2000	-	-	-	-	-	-
Dez. 2000	-	-	-	-	-	-
Total	-	-48,1	-17,5	-39,3	-7,6	-112,5

9.2.6 Trockenheit

Sofern nicht stark unästhetische Schäden an der Vegetation oder Waldbrände auftreten, ist die Sommertrockenheit in der Tourismusbranche eher als „Schönwetterperiode" anzusehen, welche etwa die österreichischen Badeseen besonders attraktiv für den Fremdenverkehr macht. Auch fördern warme Nächte den Umsatz der Gastronomie und Wanderungen im Gebirge versprechen Abkühlung. Somit sind keine relevanten negativen Auswirkungen erkennbar.

In Anbetracht der Spezialisierung der zentraleuropäischen Tourismusbranche auf alpinen und nordischen Skilauf, kann die Wintertrockenheit jedoch große Auswirkungen auf diesen Sektor haben. Um als „schneesicher" zu gelten, muss ein Schigebiet mindestens an 100 Tagen eine Schneedecke von 30-50 cm haben – in 7 von 10 Wintern. Schlechte Schneebedingungen führen zu Umsatzeinbußen von 20% und erhöhter Arbeitslosigkeit in den Wintersportzentren. Sollten die Temperaturen jedoch niedrig genug sein, lässt sich mit Kunstschnee und dem dafür benötigten hohen Investitionsaufwand der Schaden etwas mildern (Ammann u. Stöckli 2002, S. 60ff).

9.3 Adaptionsmaßnahmen in der Vergangenheit aufgrund von extremen Wetterereignissen

In der Vergangenheit hat sich der Umgang mit Naturgefahren in der Schweiz vor allem auf deren gezielte Bekämpfung konzentriert. Gefahrenabwehr stand im Vordergrund mit vorbeugenden Schutzmaßnahmen technischer Art, später kamen für einzelne Naturgefahren noch die Gefahrenkarten als Basis für raumplanerische Maßnahmen hinzu. Nur sehr vereinzelt, wie zum Beispiel für die Lawinen, wurden Warndienste für den Ereignisfall eingerichtet. Risikobasierte Konzepte und Maßnahmen existierten nur in Einzelfällen. Generell kann festgestellt werden, dass beim Lawinenschutz diese Philosophie einer integralen Schutzstrategie am weitesten entwickelt ist. Trat ein Ereignis ein, wurde versucht, das Schadenausmaß begrenzt zu halten. Die obligatorische Elementarschadenversicherung deckte umfassend die entstandenen materiellen Schäden. Maßnahmen zur Einschränkung der Auswirkungen auf den Tourismus blieben im Ereignisfall weitestgehend auf lokale Einzelinitiativen beschränkt.

Hochwasser

Der Hochwasserschutz ist in der Schweiz seit zwei Jahrhunderten von großer Bedeutung. Das Jahr 1987 brachte enorme Unwetterschäden und die Erkenntnis, dass auch mit maximalem Aufwand die ständig größer werdenden Sachwerte unserer Zivilisation nicht vollständig vor den Fluten geschützt werden können. Das Schweizer Bundesgesetz über den Wasserbau (Bundesgesetz 1991) trägt dieser Entwicklung Rechnung, so beispielsweise mit dem Anspruch, dass die Werke zum Hochwasserschutz unterhalten sein müssen (Art. 4) oder dass der Bund finanzschwachen Kantonen Unterstützung für Maßnahmen des Hochwasserschutzes bietet (Art. 6).

Die touristisch erschlossenen Berggebiete waren auch in der Vergangenheit vor allem von den Folgen dynamischer Überschwemmungen betroffen. Hier wurde Vorsorge mit Verbaumaßnahmen wie Geschiebesammlern, Uferschutz und Sperrentreppen getroffen.

Lawinen

Der Katastrophen-Lawinenwinter 1951 forderte in der Schweiz 98 Todesopfer. Dies war der Anstoß, in den nächsten fünf Jahrzehnten zwei Mrd. CHF in den Schutz von Siedlungen und Verkehrswegen mit technischen Maßnahmen zu investieren. Und obwohl der Alpenraum heutzutage durch den großen Bevölkerungsdruck, ein verändertes Freizeitverhalten von Einheimischen und TouristInnen viel intensiver genutzt wird, kamen im verheerenden Lawinenwinter 1999 markant weniger Menschen ums Leben. Dies war nur möglich dank einer Reihe von Maßnahmen:

- Technische Maßnahmen schützen Siedlungen und Verkehrswege durch Verbauungen im Anrissgebiet, Ablenk- oder Auffangdämme oder den Objektschutz wie Lawinengalerien.
- Biologische Maßnahmen wie Pflanzung und Pflege von Schutzwald. Gesunder Bergwald ist ein effizienter und kostengünstiger Schutz.
- Raumplanerische Maßnahmen haben zum Ziel, die Nutzung gefährdeter Gebiete langfristig zu sichern. Die Basis dazu sind Ereigniskataster und die Ausarbeitung von Gefahrenzonenplänen.
- Organisatorische Maßnahmen wie Sperrungen von Straßen und Evakuierung von Siedlungen oder die künstliche Auslösung basieren auf einer zuverlässigen, täglichen Lawinenwarnung mit einer guten räumlichen und zeitlichen Auflösung.

Als ein wichtiges Element zur Verbesserung der Sicherheit der SchneesportlerInnen und TouristInnen in den Skigebieten erweist sich das in der Schweiz vom SLF in Davos heute zweimal täglich herausgegebene Lawinenbulletin. In den Skigebieten sind zudem speziell ausgebildete Pistendienste für die Sicherheit der Gäste vor Lawinen auf den Pisten und bei der Benützung der Anlagen verantwortlich. In diesem Sinne bilden die Lawinen in der Schweiz die einzige Naturgefahr mit einer permanent wirksamen Warnung auch für touristische Kreise.

Stürme

Bei Sturmereignissen kommt der Frühwarnung vor der aufziehenden Gefahr entscheidende Bedeutung zu. Je früher und räumlich präziser die meteorologische Sturmwarnung ausfällt, desto früher können sich Menschen in Sicherheit bringen und ihr Hab und Gut schützen. In der Schweiz ist die MeteoSchweiz die vom Gesetzgeber beauftragte Institution für meteorologische Warnungen. Auf allen Schweizer Seen existiert eine Sturmwarnung für den Schiffsverkehr und den Wassersport.

9.4 Zukünftige Kernstrategien der Anpassung an extreme Wetterereignisse

Da mit dem jetzigen Stand an technischen Maßnahmen wohl die Grenzen des technisch und ökonomisch Machbaren und des ökologisch Vertretbaren erreicht wurde, müssen in Zukunft für sämtliche Naturgefahren auch die für den Ereignisfall wichtigen organisatorischen Maßnahmen wie Frühwarnung, Warnung und Alarmierung sowie Maßnahmen für ein effizientes Krisenmanagement (Information und Kommunikation, Front-Decision-Support Tools, etc.) entwickelt und gezielt eingesetzt und wirksam werden. Dies bedingt aber, dass z.B. die Gefahren-Mitteilungen bezüglich Ausmaß und Intensität eines Ereignisses verständlich kommuniziert werden und die Bevölkerung auch eigenverantwortlich ihr Verhalten darauf einstellen kann. Da zurzeit nicht mit einer Abnahme gefährlicher Naturprozesse zu rechnen ist, sondern für einzelne Naturereignisse bereits eine Zunahme stattfindet (Beispiel: gebietsweise Häufung niederschlagsinduzierter Naturereignisse durch vermehrten Starkregen, Houghton et al. 2001), erhalten die organisatorischen Maßnahmen, insbesondere auch im Tourismussektor, zusätzliches Gewicht. Nur durch eine rasche und offene Kommunikation mit den Gästen können in einer Krisensituation unbedachte Einzelaktionen, übereilte Evakuierungen beunruhigter Gäste und Folgeschäden im Tourismussektor vermieden werden.

Einheitliche Gefahren-Warnungen

In Anlehnung an die bei den Lawinen gebräuchliche fünfstellige Lawinengefahrenskala ist zukünftig zu überlegen, ob es nicht auch bei den Sturm- und Hochwasserwarnungen möglich wäre, das Verhalten der Bevölkerung zu beeinflussen mittels stufigen Skalen. Heute weiß wohl kaum jemand, wie man/frau sich bei einer Sturmwarnung mit Geschwindigkeiten bis zu 150 km/h zu verhalten hat.

Wichtig ist insbesondere, dass zukünftige Strategien zur Anpassung an extreme Wetterereignisse gesamthaft betrachtet werden und nicht auf die einzelnen Naturgefahren aufgesplittet werden. Für den Tourismussektor sind hier spezielle Anstrengungen nötig, muss doch auch gewährleistet werden, dass die ausländischen Gäste den Inhalt derartiger Gefahren-Warnungen richtig zu interpretieren vermögen und ihr Verhalten eigenverantwortlich an die vorherrschende Situation anpassen können. Hier besteht demnach auch Bedarf nach einer Vereinheitlichung auf europäischer Ebene.

Versicherungen

Im Tourismusbereich könnte zukünftig eine breitere Versicherungspalette Unterstützung bieten bei der Abdeckung bestimmter Risiken bzw. beim Risikotransfer. Die Möglichkeiten heute sind allerdings noch nicht vielfältig. Betriebsunterbrechungsversicherungen können z.B. nur genutzt werden, wenn die Ausfälle in Zusammenhang mit einem direkten Schaden stehen. Rückwirkungsschäden sind etwas flexibler. Sie erlauben beispielsweise auch, dass in der Versicherungs-Police die Sperrung einer Zufahrtsstraße als versicherbarer Tatbestand definiert werden kann. Die mangelnde Verbreitung dieser Versicherungen lässt sich vor allem mit der Höhe der Prämien erklären. Nicht zuletzt muss in der breiten Bevölkerung – auch bei den TouristInnen – aber eine gewisse Risikoakzeptanz gefördert werden. Bei allen Maßnahmen bleibt immer ein Restrisiko offen, das als solches auch angenommen werden muss.

Die Rolle einer guten Kommunikationsstrategie

Eine Minderung indirekter Kosten durch Naturkatastrophen lässt sich am besten erzielen, wenn die Kommunikation verbessert wird, was eine Professionalisierung der Öffentlichkeitsarbeit in allen Tourismusdestinationen bedeutet. Es folgen einige Auswertungen und Überlegungen zu dieser Aussage. Zunächst konnte mittels Befragungen festgestellt werden (Nöthiger 2003), dass die direkt betroffen Touristen in einer Katastrophenregion von den Ereignissen weniger aufgeschreckt und beängstigt werden, als diejenigen – potenziellen – Gäste, die über die Ereignisse nur aus den Medien erfahren. Diese Diskrepanz zwischen der Medienrealität und der gelebten Wirklichkeit lässt sich damit erklären, dass die Medien eine Nachricht nach ihrem Nachrichtenwert auswählen. Dieser ist groß, wenn über Tote und Sachschäden berichtet werden kann. Je weiter entfernt ein Medium sich vom Ereignisort befindet, desto größer muss der Nachrichtenwert sein, damit das Ereignis Aufnahme in die Sendung oder in die Zeitung findet. Auch wird bei der Erstellung von Nachrichten darauf Wert gelegt, dass Emotionen geweckt werden, um die ZuhörerInnen, LeserInnen oder ZuschauerInnen interessiert zu halten. Eine stark bildorientierte „Boulevard"-Berichterstattung wird daher stärker frequentiert und lässt oft starke, unerklärte Eindrücke zurück, die Unsicherheit hervorrufen. Dies kann bei den betroffenen Orten den Eindruck einer tendenziösen oder übertriebenen, schädigenden Berichterstattung hervorrufen. Andererseits muss aber auch beachtet werden, dass der Bekanntheitsgrad eines Ortes durch jede Art von Nachricht gesteigert wird. Mit tragischen Ereignissen wird auch immer ein gewisser Sensationstourismus generiert, der in seinem Ausmaß durchaus einen Teil der Mindereinnahmen kompensieren kann.

Eine Professionalisierung der Kommunikation muss dahin gehen, dass – vergleichbar mit vorsorglichen Schutzmaßnahmen gegen Naturgefahren zur Reduzierung der direkten Schäden – eine Strategie für die Information und Kommunikation in Krisenlagen bereitsteht. Das Ziel muss dabei sein, die Medien aktiv mit sachlich korrekter, aufbereiteter Information zu beliefern. Ein Ferienort, der auch in ruhigen Zeiten klar kommunizieren kann, dass für allfällige Krisensituationen vorgesorgt ist und so Vertrauen in die Offenheit der Kommunikation schaffen kann, hat schon einen Vorsprung erreicht. Dies wird am besten mit einer zentralen Kommunikationsstelle umgesetzt mit dem Vorteil, dass die MedienvertreterInnen im Falle eines Ereignisses wissen, wohin sie sich für Informationen wenden müssen. Nicht minder wichtig ist es, während des eigentlichen Ereignisses die Kommunikation zwischen beispielsweise Krisenstäben und direkt betroffenen Gästen und Einheimischen aufrecht zu erhalten bzw. zu etablieren. Hier kann auch von den BesitzerInnen touristischer Betriebe ein wesentlicher Beitrag geleistet werden. Die weitere Arbeit der Medienschaffenden muss nach Möglichkeit unterstützt und begleitet werden. Dies dient neben der weiteren Vertrauensbildung auch einer gewissen Kontrolle, so dass Fehlinformationen auch nicht versehentlich verbreitet werden. Parallel zur aktiven Information über das Ereignis, ist es wichtig, bei den Medien das Interesse für die normale Situation des Ortes zu wecken. Auch wenn eine Katastrophenberichterstattung natürlich nicht als Werbeplattform missbraucht werden darf, ist es möglich, gezielt die Situation nach der Regenerationsphase anzusprechen, um den Einbruch bei den Gästezahlen möglichst gering zu halten.

9.5 Handlungsmöglichkeiten der Politik

In der Schweiz kommt dem Tourismus eine zentrale Bedeutung zu. Trotzdem werden die Bedrohungen der Tourismusbranche durch Naturgefahren nur ansatzweise diskutiert, in der Regel nur in den Medien nach größeren Schadenereignissen. Der Umstand, dass Naturkatastrophen auch im touristischen Sektor zu massiven finanziellen Verlusten führen können, muss noch stärker ins allgemeine Bewusstsein gerückt werden. Die vom Bundesrat genehmigte Strategie der PLANAT „Sicherheit vor Naturgefahren" (vgl. Ammann 2003 u. Abschn. 9.4) kann hier hoffentlich einiges bewirken. Es bedingt aber auch, dass dieses Thema vermehrt Eingang in die

Forschung findet. Nur so können die erforderlichen Grundlagen für politische Entscheidungen entwickelt werden.

Literatur

Ammann WJ (2003) Integrales Risikomanagement von Naturgefahren. Jahrbuch 2003 DEF, Deutscher Geographentag Bern, S 143-155

Ammann WJ, Stöckli V (2002) Economic Consequences of climate change in alpine regions: impact and mitigation, in Steininger KW, Weck-Hannemann H (eds) Global environmental change in alpine regions – recognition, impact, adaptation and mitigation. Edward Elgar Publishing, Cheltenham

Bundesgesetz über den Wasserbau (1991) SR 721.100. 21.6.1991

BWG Bundesamt für Wasser und Geologie (2000) Hochwasser 1999. Analyse der Ereignisse. Biel

BWG Bundesamt für Wasser und Geologie (2002) Hochwasser 2000. Ereignisanalyse. Biel

Houghton JT, Ding Y, Griggs DJ, Noguer M, Van Der Linden PJ, Dai X, Maskell K, Johnson CA (eds) (2001) Climate Change 2001: The scientific basis: contribution of working group I to the third assessment report of the Intergovernmental Panel on Climate Change. Cambridge University Press, Cambridge New York

Nöthiger CJ (2003) Naturgefahren und Tourismus in den Alpen – Untersucht am Lawinenwinter 1999 in der Schweiz. Dissertation, Universität Zürich

Nöthiger CJ, Bründl M, Ammann WJ (2001) Die Auswirkungen der Naturereignisse 1999 auf die Bergbahn- und Skiliftunternehmen in der Schweiz. AIEST Tourism Review 56, St. Gallen: 23-32

SLF Eidg. Institut für Schnee- und Lawinenforschung (2000) Der Lawinenwinter 1999 – Ereignisanalyse. Davos

WSL Eidg. Forschungsanstalt für Wald, Schnee und Landschaft , BUWAL Bundesamt für Umwelt, Wald und Landschaft (Hrsg) (2001) Lothar. Der Orkan 1999. Ereignisanalyse. Birmensdorf, Bern

10 Katastrophenmanagement und Gesundheitsversorgung vor neuen Herausforderungen – Eine Perspektive des Österreichischen Roten Kreuzes

Peter Kaiser[1], Constanze Binder[2]

[1] Österreichisches Rotes Kreuz, Wien

[2] Human Dimensions Programme Austria, Universität Graz

10.1 Einleitung

Extreme Wetterereignisse beeinträchtigen häufig in erheblichem Maße die menschliche Gesundheit. Dies kann unmittelbar durch die Bedrohung menschlichen Lebens durch eintretende Katastrophen, wie z. B. im Falle von Hochwasser oder Lawinenabgängen der Fall sein. Häufig gehen jedoch auch indirekte bzw. längerfristige Beeinträchtigungen der menschlichen Gesundheit auf katastrophale extreme Wetterereignisse zurück. In allen Fällen ist der Umgang mit dem Ereignis und das Management der Katastrophe ein wichtiger Faktor um den Schaden an der menschlichen Gesundheit so gering als möglich zu halten. Im vorliegenden Kapitel sollen aus der Perspektive des Österreichischen Roten Kreuzes (ÖRK) die Auswirkungen von extremen Wetterereignissen auf die menschliche Gesundheit analysiert und bereits getätigte wie angedachte Adaptionsstrategien näher beleuchtet werden.

Das Betätigungsfeld des ÖRK ist sehr weit. Neben Rettungsdiensten und Gesundheits- bzw. sozialen Diensten allgemeiner Art übernimmt es, zusammen mit anderen Organisationen, zentrale Aufgaben im Katastrophenfall.[1]

Somit ist das ÖRK nicht nur stark von katastrophalen extremen Wetterereignissen betroffen sondern auch ein wichtiger Ansprechpartner wenn es um die Untersuchung notwendiger Anpassungsmaßnahmen in diesem Bereich und eine Verbesserung des Katastrophenmanagements geht.

---

[1] Für nähere Informationen zu den Betätigungsfeldern des Roten Kreuzes s. Rotes Kreuz Österreich (http://roteskreuz.at) und Red Cross International (http://www.icrc.org/).

In diesem Sinne sollen in einem ersten Schritt die Auswirkungen ausgewählter Extremereignisse näher untersucht werden, um im Anschluss bereits implementierte sowie geplante Adaptionsmaßnahmen zu beleuchten und hieraus Empfehlungen an die politischen EntscheidungsträgerInnen abzuleiten.

10.2 Auswirkungen von extremen Wetterereignissen

Im Folgenden werden die Auswirkungen einzelner extremer Wetterereignisse betrachtet. Getrennt wird zwischen unmittelbaren Wirkungen auf die Organisation des ÖRK an Hand von Beispielen vergangener katastrophaler Extremereignisse und kurz- bzw. langfristigen Schäden an der menschlichen Gesundheit im Allgemeinen.

10.2.1 Hochwasser und Muren

Auswirkungen auf das Österreichische Rote Kreuz am Beispiel des Hochwassers 2002

Der Schwerpunkt der Arbeit der Einsatzkräfte des ÖRK im Zuge des Hochwassers 2002 lag zunächst im Bereich Evakuierung und Notversorgung. Im weiteren Verlauf des Einsatzes wurden die vom Wasser aus ihren Häusern Vertriebenen mit Nahrung und trockener Kleidung versorgt. Außerdem kamen die psychosoziale Betreuung der Betroffenen sowie die nötig gewordene Verstärkung des Rettungsdienstes hinzu. Gegen Ende verlagerte sich der Einsatzschwerpunkt auf Logistik und Verteilung der Hilfsgüter, wobei die langfristige Wiederaufbauhilfe bis heute andauert. Insgesamt waren bundesweit über 6.300 MitarbeiterInnen im Einsatz, 311.000 Arbeitsstunden wurden freiwillig geleistet und 1.550 Personen wurden durch Kriseninterventionsteams betreut (ÖRK 2002a, S. 4).

Neben der Errichtung von Notunterkünften und Feldküchen wurde die Bereitstellung von Trinkwasser durch mobile Trinkwasseranlagen (TWA) sichergestellt. Der Schaden an Gebäuden und Material des ÖRK belief sich auf 513.000 EURO (ÖRK 2002b). Diese Kosten wurden den betroffenen Bundesländern direkt angerechnet.

Personenschäden

Das Hochwassers 2002 forderte in Österreich neun Todesopfer (ZENAR 2003a, S. 143) und zahlreiche Verletzte. Ein Vergleich mit Personenschäden im Laufe der neunziger Jahre lässt das extreme Ausmaß dieses Ereignisses erkennen (s. Tabelle 10.1).

Tabelle 10.1. Personenschäden durch Hochwasser und Muren in Österreich, BMLFUW (2001), S. 68

Personen-schäden	1990	1991	1992	1993	1994	1995	1996	1997	1998
Tote	3	6	-	-	2	4	-	1	-
Verletzte	2	6	-	-	2	1	-	-	-

Langfristige indirekte Auswirkungen

Neben den unmittelbaren physischen Auswirkungen derartiger Katastrophen, ist die psychische Belastung sowohl der direkt in eine Katastrophe Involvierten, als auch der HelferInnen und Angehörigen nicht zu unterschätzen. Sie kann zu erheblichen psychischen Folgestörungen, wie posttraumatischen Belastungsstörungen führen (Hausmann 2003, S. 61). So bestanden die Einsätze des Roten Kreuzes bei der Hochwasserkatastrophe 2002 zu einem erheblichen Teil aus Betreuungseinsätzen durch Kriseninterventionsteams (im Unterschied zu Sanitätseinsätzen[2]).

Eine weitere Quelle indirekter Gesundheitsgefährdung kann durch Schäden an Wasserversorgungs- und Abwasserentsorgungsanlagen und einer hiermit verbundenen Gefahr für die menschliche Gesundheit durch verschmutztes Trinkwasser entstehen. So berichteten im Zuge des Hochwassers 2002 rund 30 Gemeinden über eine Beeinträchtigung des Trinkwassers. In Oberösterreich wurde ein Austritt von 1,5 Mio. Liter Mineralölprodukten[3] gemeldet. Zudem entstanden in 167 Gemeinden und bei 46 Verbänden in Ober- und Niederösterreich Schäden an Abwasseranlagen (ZENAR 2003a, S. 145). Die Gefahr möglicher gesundheitlicher Langzeitfolgen durch Hochwasserkatastrophen aufgrund einer Beschädigung der Wasserinfrastruktur und somit einer verminderten Trinkwasserqualität sind in Österreich jedoch relativ gering. Dies ist unter anderem auf ein effizientes und gut ausgebautes System mobiler Trinkwasserversorgungsanlagen (TWA) zurückzuführen, wodurch, im Gegensatz zu vielen Entwicklungsländern, die Gefahr der Ausbreitung von Cholera- und Durchfallepidemien

---

[2] Unter Kriseninterventionseinsätzen wird die psycho-soziale Betreuung der betroffenen Bevölkerung verstanden, während bei Sanitätseinsätzen die medizinische Versorgung im Vordergrund steht.

[3] Die Tatsache, dass ein Liter Öl bis zu einer Mio. Liter Grundwasser kontaminieren kann, macht die Gefahr durch eine nicht fachgerechte Entsorgung deutlich (vgl. ZENAR 2003b, S. 111).

relativ gering ist. In der Praxis wird der Einsatz derartiger mobiler TWA jedoch durch unterschiedliche rechtliche Rahmenbedingungen und Verfahren zu deren Inbetriebnahme in den einzelnen Bundesländern verkompliziert.

10.2.2 Lawinen

Auswirkungen auf das Österreichische Rote Kreuz (ÖRK)

Während des Lawinenunglücks in Galtür 1999 lag der Haupteinsatzbereich des ÖRK, neben der Bereitschaft von Notarzttrupps, der medizinischen und psychischen Betreuung der Evakuierten in der Koordinierung der Einsatzkräfte und der Einschätzung der Bedrohung in anderen Landesteilen.

Personenschäden

Der Winter 1998/99 forderte alleine in Galtür und Valzur 38 Todesopfer und 22 Verletzte. So übersteigt die Zahl der Opfer dieser zwei Großlawinen die Opferzahlen der vorhergehenden Jahre deutlich (s. Tabelle 10.2).

Tabelle 10.2. Personenschäden durch Lawinen in Österreich, BMLFUW (2001), S. 69

Personen-Schäden	1990	1991	1992	1993	1994	1995	1996	1997	1998
Tote	5	10	2	8	-	5	2	2	-
Verletzte	9	14	-	12	-	-	-	3	-
Verschüttete	-	11	3	10	-	18	-	-	-

Langfristige und indirekte Schäden

Die Problematik der psychologischen Langzeitfolgen von Betroffenen, Angehörigen und Einsatzkräften nach Lawinenkatastrophen ist oft sehr schwerwiegend. Detaillierte Forschungsergebnisse über Psychologische Folgewirkungen (posttraumatische Belastungsstörungen) nach Lawinenkatastrophen im Speziellen sind bisher jedoch nicht bekannt[4].

---

[4] Näheres zu Untersuchungen über Posttraumatischen Belastungsstörungen (Post Traumatic Stress Disorder- PTSD) nach Katastrophen s. Wilson u. Raphael (1993).

10.2.3 Hagel

Hagel kann bei entsprechenden Korngrößen zu Verletzungen führen. Während derartige Fälle in Österreich bisher nicht dokumentiert wurden, wurden in den USA zwei Todesopfer durch Hagelschlag gemeldet (Bryant 1991, S. 129) und in Stuttgart wurden im Zuge eines extremen Hagelsturms 1972 sieben Tote gezählt (Schneider 1980, S. 270).

Das Rote Kreuz rechnet in Österreich nicht mit erheblichen Auswirkungen von Hagel auf die menschliche Gesundheit. Auch indirekte Schäden müssen nicht befürchtet werden, da etwaige Ernteausfälle durch Zukauf und Notreserven kompensiert werden können und so auf österreichischer Ebene nicht mit einer Nahrungsmittelverknappung zu rechnen ist. Aus diesem Grunde scheint Hagelschlag für das österreichische Katastrophenmanagement sowie den Gesundheitssektor vernachlässigbar.

10.2.4 Stürme

Im Vergleich zu anderen Extremereignissen ist die unmittelbare Bedrohung der menschlichen Gesundheit (z.B. durch fallende Äste) durch Sturm in Österreich eher gering einzuschätzen.

Während zu psychologischen Langzeitfolgen jüngster Katastrophen in Österreich noch keine Ergebnisse vorliegen, zeigte eine Studie nach dem Sturm „Tracy" in Brisbane (Australien) 1974, dass von den betroffenen Kindern gut zwei Drittel unter Angstneurosen und 10% unter diversen psychosomatischen Krankheiten und Verhaltensstörungen litten (Bryant 1991, S. 270).

10.2.5 Trockenheit und Dürre

Extreme Hitzeperioden in Gebieten, in welchen hohe Temperaturen nur höchst selten auftreten, können zu einer starken Zunahme der Sterberate vor allem unter alten und kranken Menschen führen (Kalkstein 2000, S. 650). So ergaben Studien für die USA und Kanada ein überproportionales Ansteigen der Todesfälle bei abrupten und signifikanten Temperaturerhöhungen (Smoyer et al. 2000, S. 882).

Durch Trockenperioden, wie sie im Sommer 2003 in Österreich und weiten Teilen Europas herrschten, ist in erster Linie ein erhöhtes Auftreten von Herz-Kreislaufzusammenbrüchen und Hitzschlägen festzustellen. So wurde in den österreichischen Medien von einer Erhöhung der Sterberate in Graz um 13% und über eine Zunahme der Rettungseinsätze aufgrund von Kreislaufkollaps um 32% in den heißesten Monaten Juli und August

2003 in Wien berichtet (Der Standard 2003). Diese erhöhte Anzahl an Notfällen konnte jedoch durch die vorhandenen Kapazitäten des ÖRK ohne Probleme versorgt werden. Wenn derartige Hitzeperioden öfter auftreten, können Kapazitätserweiterungen in manchen Gebieten notwendig werden. Die Kosten der getätigten Einsätze bzw. eines Ausbaus sind jedoch bundesweit schwer abschätzbar, da von Bundesland zu Bundesland unterschiedliche Regelungen existieren (der Rettungsdienst liegt im Kompetenzbereich der Bundesländer) und zusätzlich unterschiedliche Verträge mit den Sozialversicherungsträgern bestehen.

Was Gesundheitsschäden durch Wasser- bzw. Nahrungsmangel betrifft, besteht in Österreich kein akutes Risiko. Durch die großen Wasserreserven, vor allem in der Form von Grundwasser und Gletschern, ist der Trinkwasserbedarf auch in Hitzeperioden gesichert. Zudem können Gemeinden in ihrem Wirkungsbereich relativ schnell auf eine sich abzeichnende Wasserknappheit reagieren, indem der Trinkwassergebrauch für bestimmte Zwecke (z.B. Autowaschen) eingeschränkt wird. Langfristig kann sich diese vorteilhafte Situation jedoch beispielsweise durch ein Abschmelzen der Gletscher oder ein Absinken des Grundwasserspiegels verändern, womit sich die Trinkwasserversorgung im Falle von Hitzeperioden schwieriger gestalten könnte.

Durch Trockenheit bedingte Ernteausfälle stellen, aus in Abschn. 10.2.3 bereits angeführten Gründen, keine unmittelbare Bedrohung dar. Langanhaltende Trockenheit im Sommer kann jedoch zu erhöhtem Waldbrandrisiko, ausgelöst durch Blitzschlag oder menschliches Einwirken führen. Starke Winde können dies sogar noch verschärfen. Mit einer unmittelbaren Gefährdung der menschlichen Gesundheit durch Waldbrände ist nicht zu rechnen.

10.3 Adaptionsmaßnahmen in der Vergangenheit aufgrund von extremen Wetterereignissen

Im Katastrophenfall kann ein rascher und koordinierter Einsatz von Hilfskräften ein noch größeres Schadensausmaß verhindern. So wurde bereits in der Vergangenheit versucht, Erfahrungswerte zu berücksichtigen und das Management im Katastrophenfall zu verbessern. Verschiedene Kernbereiche des Katastrophenmanagements sollen im Folgenden kurz umrissen werden, bevor auf bereits implementierte Maßnahmen zur effizienteren Gestaltung desselben eingegangen wird.

10.3.1 Katastrophenmanagement im Überblick

Bei der Bedrohung durch Naturkatastrophen bildet ein effektives Katastrophenmanagement die Grundvoraussetzung zur Minimierung von Schäden an Personen und Sachwerten.[5] Vereinfacht lassen sich drei Schlüsselbereiche, die maßgeblichen Einfluss auf die Wirksamkeit der Katastrophenbewältigung bzw. -verhinderung haben, identifizieren:

Koordination der Einsatzkräfte und Kommunikation zwischen beteiligten Organisationen

Im Falle des ÖRK wird der Einsatz, ähnlich dem Bundesheer, stabshierachisch organisiert. Sogenannte Verbindungsoffiziere stellen die Koordination zwischen den Beteiligten sicher (Behörden, Bundesheer, Hilfs- und Rettungsorganisationen). Je nach Ausmaß der Katastrophe übernimmt die jeweils übergeordnete Ebene die Koordination (Bezirk, Land oder Bund). Nach den Katastrophenhilfsdienstgesetzen der österreichischen Bundesländer kann von behördlicher Seite her ein Ereignis zu einer Katastrophe erklärt werden, woraufhin der Bezirks- bzw. Landeshauptmann die behördliche Einsatzleitung und damit die Verantwortung über den Gesamteinsatz übernimmt. Dies geschah z.B. beim Hochwasser 2002. In solchen Fällen werden die Bewältigungsmaßnahmen wie Personaleinsatz, Materialverbrauch usw. der beteiligten Organisationen durch die jeweils betroffenen Bundesländer finanziert, während bei allen anderen Ereignissen die Organisationen selbst die Finanzierung übernehmen müssen.

Kommunikation und Information zwischen Einsatzkräften und Bevölkerung

Präventive Arbeit zum Katastrophenschutz wird unter anderem durch den Zivilschutzverband in Form von Schulungen, Beratungen oder Veranstaltungen in Zusammenarbeit mit Behörden und Einsatzorganisationen geleistet. Im Katastrophenfall läuft die externe Kommunikation (Bevölkerung, Medien) gesammelt über die Führungsstäbe bzw. BehördenvertreterInnen. Die Rolle der Berichterstattung im Ernstfall ist nicht zu unterschätzen. Eine deeskalierende Form der Berichterstattung ist notwendig, um einerseits keine Panik unter der Bevölkerung auszulösen und andererseits ein Gefühl der Sicherheit zu vermitteln. Die Berichterstattung läuft in Österreich in Zusammenarbeit mit dem Österreichischen Rundfunk (ORF) sehr gut. Ein Beispiel dazu war die höchst effiziente

---

[5] Für nähere Informationen zum Katastrophenmanagement im Zuge des Klimawandels s. Bader (1998), S. 272ff

Sachspendenaktion im Zuge der Hochwasserkatastrophe 2002, bei der Sachspenden im Wert von 72 Mio. EURO gesammelt und verteilt wurden.

Der Kommunikationsfluss von Einsatzstellen zu Wissenschaft

Es gibt eine Vielzahl an Institutionen, welche umweltrelevante Daten erheben und auswerten. So werden die Gefahrenzonenpläne (GZP) für den Bereich Wildbach und Lawine vom Forsttechnischen Dienst des österreichischen Lebensministeriums[6] erstellt. Die GZP im Bereich Flussbau liegen jedoch im Kompetenzbereich der einzelnen Bundesländer.

Durch diese Kompetenzverteilung ist es meist mit erheblichem Aufwand verbunden, die relevanten Daten zusammenzuführen. Die Verfügbarkeit aktueller Daten und deren Interpretation ist jedoch essentiell um Risiken richtig einzuschätzen und Präventivmaßnahmen setzen zu können. Probleme, welche sich durch Datenlücken und erschwerte Risikoeinschätzung für die einzelnen Regionen ergeben, erfordern baldige Lösungen.

10.3.2 Adaptionsmaßnahmen in der Vergangenheit

Auf Basis von Analysen vergangener Katastropheneinsätze wurden bereits einige Schwachpunkte im Einsatzablauf bzw. im Katastrophenmanagement identifiziert. Dies hatte bereits zahlreiche Adaptionsmaßnahmen in der Vergangenheit zur Folge.

Verbindungsoffizier

Aufgrund von Kommunikationsschwierigkeiten zur Behörde und zwischen den Einsatzorganisationen im Zuge des Einsatzes von Galtür wurde die Funktion des Verbindungsoffiziers geschaffen. Die nachträgliche Evaluierung des Hochwassereinsatzes 2002 führte zudem zu einer Überprüfung der Meldeketten im Hinblick auf den Ausfall von Beobachtungsdaten und lückenhafter Datenweitergabe (ZENAR 2003b, S. 136).

Mehrfachbesetzung der Stabsfunktionen

Durch eine Einfachbesetzung der Stabsfunktionen beim Katastropheneinsatz in Galtür kam es zu einer Überlastung der MitarbeiterInnen. Seither werden diese doppelt besetzt bzw. die Ablösen vorausschauend koordiniert.

---

[6] Das Lebensministerium ist zuständig für die Bereiche Land- und Forstwirtschaft, Umwelt und Wasserwirtschaft.

Standardisierte Hilfseinheiten

Aufgrund einer Überlastung durch die große Anzahl zu evakuierender Personen in Galtür wurden standardisierte Hilfseinheiten mit österreichweit einheitlichen Personal- und Materialressourcen geschaffen. Dadurch wurde die vorausschauende Planung für zukünftige Ereignisse wesentlich erleichtert.

Krisenintervention

Aufgrund fehlender Strukturen zur psychosozialen Betreuung in Galtür, wurde in Zusammenarbeit mit der Universität Innsbruck teilweise noch vor Ort eine Stabstelle für eineN leitendeN Psychologen/Psychologin geschaffen. Zudem ist seither die Krisenintervention für Betroffene, wie professionelle Unterstützung der Stressverarbeitung für die Einsatzkräfte, fixer Bestandteil der Arbeit des ÖRK.

Umgang mit den Medien

Aufgrund des unerwartet enormen Medieninteresses während des Einsatzes in Galtür und die wesentliche Rolle der Medien im Zuge der Katastrophenbewältigung, werden seither regelmäßige theoretische und praktische Schulungen zum Umgang mit den Medien für die Einsatzkräfte durchgeführt.

Informationskampagnen

Zur Information der Bevölkerung über Vorsorgemaßnahmen und die richtigen Verhaltensweisen, wie beispielsweise im Falle von Hitzeperioden, werden regelmäßige präventive Informationskampagnen über die Medien durchgeführt. Durch ein zusätzlich eingeführtes allgemeines Frühwarnsystem könnten derartige Informationsmaßnahmen zudem effektiver gestaltet und eine Vorbereitung der Bevölkerung sichergestellt werden (Kalkstein 2000, S. 651).

Internationale Forschungskooperation

Im Zuge der internationalen Zusammenarbeit zur Verbesserung des Hochwassermanagements wurde Mitte 2004 seitens der Internationalen Föderation der Rotkreuz- und Rothalbmondgesellschaften (IFRR) gemeinsam mit dem Österreichischen Roten Kreuz ein „Reference Center for Water and Sanitation" ins Leben gerufen. Diese Institution hat unter anderem die Aufgabe, in enger Zusammenarbeit mit dem bereits eingerichteten

„Climate Centre" der IFRR die weltweiten Auswirkungen des Klimawandels im Allgemeinen und von Hochwasser im Speziellen näher zu untersuchen, zukünftige Entwicklungen besser abzuschätzen und Anpassungsstrategien zu entwickeln (ÖRK 2004).

10.4 Zukünftige Kernstrategien der Anpassung an extreme Wetterereignisse

Die Grundlage für eine Verbesserung des Krisenmanagements beruht auf einem ständigen Prozess der Evaluierung vergangener Einsätze, der Identifizierung verbesserungsbedürftiger Bereiche auf Basis von Erfahrungswerten und der Erarbeitung konkreter Adaptionsstrategien.

So wurden neben den in Abschn. 10.3 angeführten, bereits erfolgreich implementierten Adaptionsmaßnahmen eine Reihe weiterer Bereiche identifiziert, in welchen zukünftige Adaptionsstrategien ansetzen könnten.

Plattform Wissenschaft – Einsatzkräfte

Ein Ziel ist eine engere Zusammenarbeit zwischen Wissenschaft und Einsatzkräften in Form einer Plattform zur Harmonisierung der relevanten wissenschaftlichen Daten, die der Erfassung, Messung und Voraussage von zukünftigen Extremereignissen dienen. Dies wird momentan in erster Linie für Hochwasserereignisse angedacht. Ein erster Ansatz zur Entwicklung derartiger Risikomodelle, kann in einem Projektvorschlag der Universität für Bodenkultur (ZENAR), gemeinsam mit dem ÖRK gesehen werden. Diese „Risk Map" stellt eine zentrale Verknüpfung der relevanten Risiken sowie ihre Abbildung in einem gemeinsamen, raumbezogenen Informationssystem dar (ÖRK u. ZENAR 2003).

Die Verfügbarkeit und Qualität der Niederschlags- und Abflussprognosen sowie die Kenntnis der Überflutungsdynamik wurden auch bei der unmittelbaren Krisenbewältigung während des Hochwassers 2002 als entscheidender Faktor erkannt (ZENAR 2003b, S. 136). Gerade Methoden der Fernerkundung können einen wichtigen Beitrag zum Verständnis von meteorologischen Extremereignissen und geomorphologischen Ereignissen liefern und so die Erstellung von Katastropheneinsatzplänen verbessern.

Kompatibles Funksystem

Bei vergangenen Katastrophen, wie jener in Galtür, wurde das Funk-Kommunikationssystem als Schwachstelle erkannt. Alarmierungssysteme über das GSM Netz sind Unsicherheiten aufgrund von Netzüberlastungen ausgesetzt. Eine Alternative wäre das digitale Bündelfunksystem „Digitalfunk BOS Austria", auf das alle beteiligten Einsatzorganisationen zurückgreifen könnten (BOS = Behörden und Organisationen mit Sicherheitsaufgaben, wie Bundesheer, Polizei, Feuerwehr, ÖRK etc.) und das eine Bundesländer übergreifende Kompatibilität der Funknetze sicherstellen würde. In diesem Jahr (2004) konnte ein Konsortium aus Motorola und Alcatel die Ausschreibung des Österreichischen Bundesministerium für Inneres (BMI) für ein digitales Bündelfunksystem für sich entscheiden. Im Zuge eines nationalen, länderübergreifenden Katastrophenmanagements wird ein österreichweit einheitliches Funksystem erhebliche Vorteile bringen (Arbeitsgruppe TETRA 2003). In der Folge könnte ein derartiges Funksystem mit Nachbarländern harmonisiert werden, um grenzüberschreitende Katastropheneinsätze zu erleichtern.

Frühwarnsysteme

Eine wichtige Herausforderung stellt die Entwicklung eines „European Early Warning-Systems", für eine grenzüberschreitende Zusammenarbeit im Rahmen der Vorhersage und Bewältigung von Katastrophen dar (DRK 2002, S. 5). Von Seiten des Joint Research Centre der Europäischen Union[7] werden bereits Initiativen in diese Richtung (wie z.B. das Projekt LISFLOOD[8]) gestartet, Schwierigkeiten bereitet jedoch oft die große Zahl an qualitativ äußerst unterschiedlichem Datenmaterial, was die Vergleichbarkeit schwierig macht.

Ausbildung zum/zur KatastrophenmanagerIn

Um die Schulung und Weiterbildung der Einsatzkräfte zu verbessern, wurden Ausbildungsmodelle im Bereich des Katastrophen- und Risikomanagements entwickelt. Durch Kooperation mit Ländern, wie beispielsweise Frankreich, welche bereits Erfahrungen auf dem Gebiet der „Katastrophenschulung" gesammelt haben, kann hierbei auf eine breite internationale Erfahrung zurückgegriffen werden.

Stärkung des Risikobewusstseins der Bevölkerung

Eine Erhöhung des Risikobewusstseins sowie eine Förderung präventiver Schutzmaßnahmen kann unter anderem durch eine aktive, sachliche Informations- und Kommunikationspolitik auch in „Nicht-Krisenzeiten" er-

---

[7] Für nähere Informationen: http://www.jrc.it.
[8] Projekt zur Etablierung eines Katastrophenfrühwarnsystems der Europäischen Union.

reicht werden. Ein Beispiel hierfür ist die Gesundheitsredaktion der österreichischen Presseagentur APA, welche die Bevölkerung durch regelmäßige präventive Informationskampagnen über Vorsorgemaßnahmen und die richtigen Verhaltensweisen im Falle von Hitzeperioden aufklärt. Durch derartige Vorsorgemaßnahmen kann viel Schaden abgewendet werden.

10.5 Handlungsmöglichkeiten der Politik[9]

Für die konkrete Umsetzung zahlreicher Adaptionsstrategien ist neben Verbesserungen im Bereich der Einsatzkräfte und der Einbindung der Betroffenen selbst auch eine aktive Unterstützung von Seiten der Politik notwendig.

Harmonisierung der Katastrophenhilfsdienstgesetze der Bundesländer in Österreich

Die Katastrophenhilfe befindet sich in Österreich im Kompetenzbereich der Bundesländer, wodurch in den neun unterschiedlichen „Katastrophenhilfsdienstgesetzen" der Bundesländer eine Vielzahl verschiedener Standards und Vorschriften bezüglich der Schadensbegutachtung, der rechtlichen Stellung der Einsatzkräfte bis zu unterschiedlichen Definitionen des Begriffes Katastrophe existieren. Im Ernstfall verursacht dies häufig Komplikationen. So wurde beispielsweise die Erhebung der Bedürftigkeit der Betroffenen im Zuge der ORF Hochwasser Soforthilfe 2002, durch unterschiedliche Vorgangsweisen in der Auszahlung und Erfassung der Gelder aus den Katastrophenfonds der einzelnen Bundesländer, verzögert. Eine Harmonisierung der Katastrophenhilfsdienstgesetze der Bundesländer würde derartige Schwierigkeiten beseitigen.

Verbesserung der Kompetenzverteilung der Behörden im Katastrophenfall

Durch Verbindungsstäbe bzw. Verbindungsoffiziere wird der Kommunikationsfluss der einzelnen beteiligten Hilfsorganisationen untereinander, bzw. zur Behörde hergestellt und koordiniert. Probleme entstehen häufig durch mangelnde Erfahrungen auf Seiten der BehördenvertreterInnen, bzw. durch unklare Kompetenzzuteilungen, wodurch sich die Kommunikation zur und innerhalb der Behörde häufig als schwierig erweist. Hinzu-

---

[9] Die hier angeführten Forderungen und Handlungsfelder der Politik spiegeln in erster Linie Forderungen des ÖRK wider.

kommen die häufig von Bundesland zu Bundesland unterschiedlichen rechtlichen Rahmenbedingungen. Die Einrichtung eines/einer behördlichen Katastrophenmanagers/-managerin würde im Katastrophenfall zu einer Vermeidung von Komplikationen in der Kommunikation zwischen Behörden und Einsatzkräften beitragen.

Schaffung einer Katastrophenkarenz

Ein Charakteristikum von Notfalleinsätzen ist der hohe Anteil freiwilliger und ehrenamtlicher MitarbeiterInnen. So verfügt das ÖRK landesweit über mehr als 46.000 ehrenamtliche MitarbeiterInnen, welche im Jahr 2002 mehr als 12 Mio. Arbeitsstunden freiwillig leisteten (ÖRK 2002a, S. 33). Um den Einsatz Freiwilliger zu ermöglichen bzw. zu erleichtern ist die Schaffung einer Katastrophenkarenz in Zusammenarbeit mit der Bundesregierung, ArbeitnehmerInnen und ArbeitgebervertreterInnen dringend notwendig.

Vereinheitlichung rechtlicher Rahmenbedingungen

In der Praxis wird beispielsweise der Einsatz mobiler Trinkwasseraggregate (TWA) durch unterschiedliche rechtliche Rahmenbedingungen der Länder kompliziert. Die gesetzlich vorgesehenen Verfahren, welche bei der Trinkwasserabgabe im Katastrophenfall durchlaufen werden müssen, sind meist von Bundesland zu Bundesland verschieden und mit erheblichem Aufwand verbunden. Eine Vereinheitlichung und eine effizientere und raschere Gestaltung dieser Prozesse würden im Notfall kostbare Zeit sparen und Ressourcen für andere Einsatzfelder freimachen.

Absetzbarkeit von Spenden an humanitäre Organisationen

Das österreichische Steuerrecht sieht in gewissem Umfang eine Abzugsfähigkeit für Spenden für wissenschaftliche Zwecke vor, während diese Möglichkeit für Spenden im humanitären Bereich in der Regel nicht gegeben ist. Ein Vorteil wäre der zusätzliche finanzielle Anreiz, mehr zu spenden, wodurch gerade in Zeiten rückläufiger Zuwendungen der öffentlichen Hand, eine neue Spendenklientel angesprochen werden könnte (ÖRK 2002c).

Literatur

Arbeitsgruppe TETRA (2003) Positionspapier des Österreichischen Roten Kreuzes zu einem einheitlichen Funkstandard. Unveröffentlichtes Hintergrundpapier

Bader S (1998) Klimarisiken – Herausforderungen für die Schweiz. Wissenschaftlicher Schlussbericht des nationalen Forschungsprogramms „Klimaänderungen und Naturkatastrophen" NFP 31, Hochsch.-Verl. ETH, Zürich

BMLFUW Bundesministerium für Land- und Forstwirtschaft, Umwelt und Wasserwirtschaft (2001) Österreichischer Waldbericht 1998. http://gpool.lfrz.at/gpool/main.cgi?catid=13733&rq=cat&catt=fs&tfqs=catt, Stand: Juli 2004

Bryant EA (1991) Natural hazards. Cambridge University Press

DRK Deutsches Rotes Kreuz (2002) DRK-Position zum Thema „Gesundheit in Notfällen, Katastrophen und bewaffneten Konflikten". http://www.drk.de/regionalkonferenz/pdf/positions/gesundheit_nothilfe.pdf, Stand: Juli 2004

Hausmann C (2003) Handbuch Notfallpsychologie und Traumabewältigung – Grundlagen, Interventionen, Versorgungsstandards. Facultas, Wien

Kalkstein LS (2000) Saving lives during extreme weather in summer – Interventions from local health agencies and doctors can reduce mortality. British Medical Journal (BMJ) 321: 650-651

ÖRK Österreichisches Rotes Kreuz (2002a) Leistungsbericht 2002. Wien

ÖRK Österreichisches Rotes Kreuz (2002b) Interner Einsatzbericht des ÖRK. Wien

ÖRK Österreichisches Rotes Kreuz (2002c) Absetzbarkeit von Spenden an humanitäre Organisationen. Positionspapier, Wien

ÖRK Österreichisches Rotes Kreuz (2004) Reference Center for Water and Sanitation. Internes Konzeptpapier, Wien

ÖRK Österreichisches Rotes Kreuz, ZENAR Zentrum für Naturgefahren und Risikomanagement (2003) Evaluation of the floods in Central Europe 2002. Unveröffentlichtes Hintergrundpapier

Schneider G (1980) Naturkatastrophen. Enke Verlag, Stuttgart

Smoyer KE, Kalkstein LS, Greene S, Ye H (2000) The impacts of weather and pollution on human mortality in Birmingham, Alabama and Philadelphia, Pennsylvania. International Journal of Climatology 20: 881-897

Der Standard (2003) Rekordhitze fordert Tribut in den Städten. 22.8.2003, Wien

Wilson JP, Raphael B (1993) International handbook of traumatic stress syndromes. Plenum Series on Stress and Coping, Kluwer Academic Publishers, New York

ZENAR Zentrum für Naturgefahren und Risikomanagement (2003a) Kurzfassung der Ereignisdokumentation Hochwasser August 2002. Universität für Bodenkultur Wien

ZENAR Zentrum für Naturgefahren und Risikomanagement (2003b), Ereignisdokumentation Hochwasser August 2002, Wien

11 Land- und Forstwirtschaft: Bedrohung oder Umstellung

Arno Mayer[1], Josef Stroblmair[2], Eva Tusini[3]

[1] Landeskammer für Land- und Forstwirtschaft Steiermark, Graz

[2] Österreichische Hagelversicherung, Wien

[3] Human Dimensions Programme Austria, Universität Graz

11.1 Einleitung

Die Land- und Forstwirtschaft in Österreich ist von den Auswirkungen der Wetterextreme von allen Wirtschaftssektoren besonders intensiv betroffen. Von der österreichischen Gesamtfläche von 83.858 km² entfallen auf die rund 217.500 Betriebe 73.870 km². Davon werden 33.740 km² landwirtschaftlich und 32.600 km² forstwirtschaftlich genutzt. Rund 49% (98.954) der land- und forst-wirtschaftlichen Betriebe Österreichs befinden sich im Berggebiet (BMLFUW 2003).

Extreme Wetterereignisse, wie z.B. Starkniederschläge, Hagel, Stürme oder Trockenheit, stellen ein unberechenbares Risiko dar und können zu Produktionsausfällen von 0-100% führen.

11.2 Auswirkungen von extremen Wetterereignissen

Die Schadensbilanz 2002 der Österreichischen Hagelversicherung zeigt ein Jahr der vielfältigen Katastrophen für die Landwirtschaft aufgrund zahlreicher extremer Wetterereignisse (beginnend mit großflächigen Frostschäden im Winter, über Dürreschäden beginnend mit Mai gefolgt von Sturm- und Hagelschäden).

Die biologische Landwirtschaft ist in der Regel noch stärker betroffen als die konventionelle. Obgleich biologische Landwirtschaft Lösungen anbieten kann, die in Richtung Milderung der Auswirkungen des Klimawandels und extremer Wetterereignisse gehen (u. a. durch extensivere Bewirtschaftung), kann der konventionelle Landwirt kurzfristiger und gezielter in den Produktionskreislauf eingreifen. Beispielsweise kann nach einer langen Dürreperiode der Nährstoffgehalt von extensiv/biologisch bewirtschafteten Flächen mit Mineraldünger rasch aufgebessert werden und in Verbindung mit Niederschlag erholt sich das Grünland viel schneller als ohne diesen Dünger.

In der Forstwirtschaft sind auch durch extreme Ereignisse relativ geringe Schäden entstanden. Es ist aber darauf hinzuweisen, dass – selbst wenn kleine Flächen im alpinen Bereich geschädigt oder zerstört werden – dies eine große Auswirkung haben kann. Weniger unmittelbar für die Forstwirtschaft, sondern vielmehr dadurch, dass z. B. neue Lawinenanbruchgebiete entstehen können und dies innerhalb kürzester Zeit ganze Siedlungen gefährden könnte.

11.2.1 Hochwasser und Muren

Generell sind die Sektoren Land- und Forstwirtschaft relativ unempfindlich auf Hochwasser. So sind beispielsweise vom Gesamtschaden des Hochwassers in Sachsen 2002 nur 1,3% auf Land- und Forstwirtschaft gefallen, den Hauptanteil trugen Wohngebäude, Gewerbe- und Industriebauten sowie die Infrastruktur davon (Beyer u. Müller 2003, S. 2 u. 5).

Landwirtschaft

Passend zu der geringen Betroffenheit der beiden Sektoren Land- und Forstwirtschaft zeigt die Statistik der Österreichischen Bundesforste (ÖBF, s. Tabelle 11.1 und Abschn. Forstwirtschaft), dass die Landwirtschaft von 1993 bis 1998 nicht besonders stark von Hochwasser betroffen war.

Tabelle 11.1. Hochwasserschäden in der Landwirtschaft, 1993-1998, BMLFUW (oJ), Tabelle 74f

Jahr	Landwirtschaftliche Flächen [ha]		Landwirtschaftliche Gebäude [ha]	
	Zerstört	Beschädigt	Zerstört	Beschädigt
1993	15	224	1	42
1994	5	111	4	29
1995	15	105	5	27
1996	8	164	-	23
1997	19	292	-	68
1998	25	111	1	14

Eine Ausnahme bildete das Hochwasser 2002 in Österreich, das eine vergleichsweise hohe Auswirkung auf den Sektor Landwirtschaft hatte. Das Gesamtschadensausmaß wird auf über 3 Mrd. EURO geschätzt, der Anteil der Schäden von land- und forstwirtschaftlichen Kulturen war erheblich, allein in Oberösterreich waren rund 12.700 Hektar landwirtschaftliche Nutzfläche mit 11 Mio. EURO Schaden betroffen.

Die Schäden an der Landwirtschaft entstehen, neben den üblichen Schäden an der Infrastruktur und an Gebäuden, hauptsächlich durch Erosion von Ackerflächen und dem umgekehrten Effekt – der Ablagerung von Schlamm.

Neben Hochwasser und Murenabgängen führen Starkniederschläge[1] zu Verschlämmung der Böden, damit verbundene Aufgangsschäden der Jungpflanzen und Verschlechterung des Pflanzenwachstums.

Lang anhaltende Niederschläge über mehrere Wochen haben darüber hinaus negative Wirkung auf die Kornqualität durch Auswuchs (Keimung auf der reifen Pflanze). Die höhere Feuchte des Erntegutes verursacht zusätzliche Trocknungskosten. Die Verstärkung des Winterregens führt zu mehr Auswaschung von Nährstoffen, vor allem an Stickstoff, wodurch – regional unterschiedlich – die Grundwasserbelastung erhöht wird.

Neben diesen direkten Auswirkungen kommt es auch zu indirekter Schädigung des Bodens, da bei feuchter Witterung der Bodendruck besonders hoch ist.

Neben oben aufgezählten Wirkungen muss im Zusammenhang mit Starkniederschlägen auch die Erosion genannt werden.

Die Quantifizierung der Schäden auf der betroffenen Ackerfläche (sog. Onsite-Schäden[2]) erfolgt durch die Bewertung der Ertragsverluste (durch Abnahme der Bodenfruchtbarkeit und Qualitätsminderung der Erntefrüchte) und des zusätzlichen Zeit- und Arbeitsaufwandes (neuerliche Ansaat, Bodenbearbeitung und der Mehrkosten für Düngemittel und Pflanzenschutzmittel). Darüber hinaus kommt es zu einer Veränderung der Regelungs- und Lebensraumfunktion des Bodens (Mayer 1998).

Forstwirtschaft

Eine spezielle Gefährdung der Wälder durch Hochwässer oder Muren wird in der Literatur nicht besonders hervorgehoben. Eine forstwirtschaftliche Relevanz der Problematik ist vielleicht in Hinblick auf die Anpassungsstrategien gegeben – etwa bei Schutzwäldern und der Dammbefestigung (Deutsch et al. 2000, S. 168). Im Rahmen des Jahrhunderthochwassers

---

[1] Man spricht von Starkniederschlägen, wenn in fünf Minuten mehr als fünf Liter pro Quadratmeter oder in 60 Minuten mehr als 17 Liter pro Quadratmeter fallen (Hagel 2003).
[2] Im Gegensatz dazu versteht man unter Offsite-Schäden jene Schäden außerhalb der betroffenen Erosionsfläche (z. B. Reinigen von Straßen und Gebäuden, Instandsetzung von Bahngleisen, die unterspült werden, etc.)

2002 erlitten die ÖBF einen Schaden von insgesamt 4,8 Mio. EURO – 80% davon betrafen die Forstinfrastruktur, also Forststraßen und -brücken. Der Rest betraf Gebäude der ÖBF und Waldflächen.

Zusammenfassend kann man sagen, dass die Waldflächen selbst nicht sehr stark unter Hochwasser leiden – betroffen sind jedoch die Verkehrsflächen und Gebäude.

Tabelle 11.2. Hochwasserschäden am Wald, 1993-1998, BMLFUW (oJ), Tabelle 74

Jahr	Forst [ha]		Holz [fm]	
	Zerstört	Beschädigt	Zerstört	Beschädigt
1993	27	215	1.080	115
1994	8	40	420	1.548
1995	11	30	1.990	3.246
1996	9	39	201	325
1997	14	65	937	2.127
1998	7	40	490	530

11.2.2 Lawinen

In einer Statistik zwischen 1993 und 1998 wurden durch Lawinen nur 1994 ein und 1993 vier Hektar landwirtschaftlich genutzte Flächen beschädigt. Die landwirtschaftliche Nutzung von Lawineneinzugsgebieten ist hauptsächlich auf Viehweiden beschränkt (BMLFUW oJ, Tabelle 74).

Auch in der Forstwirtschaft wurden im selben Zeitraum kaum Sachschäden registriert. Die Extremwerte waren 400 (1998) bzw. 200 (1993) Festmeter (fm) vernichtetes Holz. Lawinenschäden sind für die Forstwirtschaft, mit durchschnittlich 1,09 Mio. EURO jährlich (Luzian 2002, S. 40), somit eher vernachlässigbar (BMLFUW oJ, Tabelle 74). Umso extremer ist der Winter 1998/99 einzustufen, bei dem allein in Tirol 700 ha Wald vernichtet wurden und 85.000 fm Schadholz anfielen. Die Summe der von 1967-1993 in ganz Österreich verwüsteten Forstflächen betrug im Vergleich dazu nur 800 ha (Luzian 2002, S. 42).

11.2.3 Hagel

In den letzten Jahren waren nahezu alle Regionen Österreichs von schweren Hagelunwettern betroffen. Die Hagelsaison 2003 hat außergewöhnlich früh und heftig begonnen. Bis zum Stichtag 30. Juni 2003 haben sich im Vergleich zum Vorjahr die Schadensmeldungen mehr als verdoppelt. Waren es im Jahr 2002 noch rund 4.200, wurden bis Ende Juni 2003 der Österreichischen Hagelversicherung bereits mehr als 9.000 Schadensfälle gemeldet. Aufzeichnungen der Österreichischen Hagelversicherung belegen, dass die Anzahl der Hageltage im Juni, Juli und August am höchsten ist. In diesen Monaten ist statistisch an jedem zweiten Tag mit Hagel zu rechnen.

Tabelle 11.3. Waldschäden durch Sturm (bzw. bis 1999 durch Sturm, Schnee, Lawinen, Rutschungen und Rauhreif), BMLFUW (o.J.), Tabelle 12

Jahr	Gesamtfläche [ha]	Reduzierte Fläche [ha]	Schadholzanfall [efm][a]
1990	k.a.	45.361	7.480.569
1991	99.027	11.309	2.194.215
1992	88.799	6.216	1.073.703
1993	212.633	11.207	1.793.883
1994	164.821	9.889	2.669.319
1995	225.070	20.256	1.606.297
1996	341.986	28.660	3.122.003
1997	196.912	13.229	2.006.110
1998	120.715	8.015	1.371.245
1999	112.928	7.905	1.552.231
2000	[b]92.680	[b]6.560	[b]1.563.604
2001	[b]38.629	[b]3.339	[b]737.035

[a] Erntefestmeter
[b] Bis 1999 wurden die Positionen „Schäden durch Sturm" und „Schäden durch Schnee, Lawinen und Raureif" zusammen erhoben. Erst ab 2000 werden die Schäden explizit für Sturm dargestellt. Im Verhältnis zu den Positionen „Schäden durch Schnee, Lawinen, Rauhreif" im Jahr 2000 (19.580 ha, 2.806 ha, 614.898 efm) und 2001 (16.398 ha, 1.091 ha, 269.168 efm) zeigen sich deutlich höhere Sturmschäden, die wahrscheinlich auch auf die noch gemeinsam erfolgten Schadensmeldungen bis 1999 umlegbar sind.

11.2.4 Stürme

Seit etwas mehr als drei Dezennien ist zu beobachten, dass Waldschäden durch Sturm – z.T. auch durch Schnee – auffallend zunehmen: Die Schadenshöhen und deren Frequenz nehmen nachweislich zu (besonders seit dem Sturmschaden 1966/67 als in der Obersteiermark und in Niederösterreich an die 4 Mio. Festmeter (fm) aufzuarbeiten waren. Nach dem bisherigen Extrem von 1,8 Mio. fm im Jahr 1990 (ca. 50% der damaligen Jahresholzernte in der Steiermark) fielen Mitte November 2002 rund 4 Mio. fm Schadholz (27% der österreichischen Holzernte in 2002) durch einen Föhnsturm mit Spitzengeschwindigkeiten von 180 km/h an. Betroffen waren die vorwiegend Wälder Salzburgs, Tirols und der Steiermark. Damit aus solchen Kalamitäten nicht eine Borkenkäfer-Massenvermehrung – wie üblich nach zwei Jahren – folgt, bedarf es größter Anstrengungen in mehrfacher Hinsicht: Raschestmögliche Aufarbeitung des Schadholzes und sorgfältiges Monitoring der Entwicklung der Schädlinge (ÖBF 2003). Tabelle 11.3 zeigt Sturmschäden am Wald.

Bei der Schadenserhebung sollte nicht nur auf die beschädigte Fläche ein Augenmerk gelegt werden, sondern es sollten auch die betroffenen Baumarten erhoben werden, vor allem hinsichtlich ihres Zustandes. Dadurch könnte man Hinweise erhalten, dass solche Windwurfkatastrophen auch falsche Bewirtschaftung verstärkt werden könnten.

11.2.5 Trockenheit

Landwirtschaft

Grundsätzlich muss zwischen Sommer- und Wintertrockenheit unterschieden werden. Beide Arten der Niederschlagsarmut haben große Auswirkungen auf die Landwirtschaft. In Österreich sind aufgrund des hohen Anteils an alpinen Gebieten die Auswirkungen von Trockenheit in den Produktionsgebieten des Voralpengebietes, des Alpenvorlandes und des östlichen und südöstlichen Flach- und Hügellandes besonders drastisch, da diese Flächen mit hoher Produktion insgesamt nur einen kleinen Teil des Bundesgebietes ausmachen. Während die Auswirkungen von Hochwassern, Muren und Lawinen regional eng begrenzt bleiben, werden die Dürreschäden zu einem latenten, besorgniserregenden Problem für große Teile Österreichs. So waren in den Jahren 2000-2003 aufgrund der ungewöhnlichen Dürre jeweils zumindest 60% der Ernte stark gefährdet.

- Sommertrockenheit

Trockenheit ist ein Risiko, dass vor allem durch sein großflächiges Auftreten zu Ertragsausfällen in der Landwirtschaft führen kann. Auch wenn die Jahresniederschlagssummen nicht abnehmen, zeigt sich aber eine ungünstige Entwicklung in der Niederschlagsverteilung. Lang anhaltende Trockenperioden werden immer wieder von Extremereignissen unterbrochen. In der Landwirtschaft sind die Auswirkungen von Trockenheit u.a. Ertragsausfälle durch die mangelhafte Keimung und schlechtem Feldaufgang, geringe Bestockung bei Getreide, die Notreife oder die Schmachtkornbildung. Tabelle 11.4 zeigt die Ernteergebnisse von 1999 bis 2002 im Vergleich.

Tabelle 11.4. Vergleich der Ernteergebnisse (in Tonnen/Hektar) im Normaljahr 1999 und den Trockenperioden 2000-2002 in Österreich, Nitsche (2003)

Fruchtart	1999	2000	2001	2002
Weizen	**5,43**	**4,47**	5,24	4,97
Roggen	3,90	**3,48**	**4,17**	3,63
Hafer	**4,29**	**3,56**	4,08	3,64
Wintergerste	**5,39**	4,98	5,23	**4,79**
Sommergerste	**4,42**	**3,15**	4,23	3,97
Körnermais	9,60	**9,86**	**8,71**	9,68
Kürbiskerne	**0,87**	**0,60**	0,61	0,62
Kleegras	**9,00**	**7,11**	7,76	8,19
Heu/Wiesen	**7,37**	**6,02**	6,25	6,61

Die höchsten bzw. niedrigsten Ernteergebnisse für die einzelnen Fruchtarten sind fett hervorgehoben.

Die Erträge deuten teilweise auf Trockenzeiten hin: Körnermais 2001, Kürbiskerne in der Südsteiermark 2000 bis 2002, Gras in der Steiermark. 2001, Weizen, Roggen, Hafer und Gerste in Niederösterreich 2000 bzw. Gerste, Weizen und Roggen in Niederösterreich 2002 zeigten zwar deutliche Ertragsminderungen, wurden aber durch Mehrerträge in anderen Bundesländern in der Statistik überdeckt. Aufgrund der Vielgestaltigkeit der österreichischen Produktionsgebiete war bis dato insgesamt mit einer ausreichenden Versorgung mit Futter und Lebensmitteln zu rechnen.

- Wintertrockenheit

Zusätzlich zur Trockenheit im Sommer verstärken mangelnde Winterniederschläge und ausbleibende Winterfeuchtigkeit die Dürreproblematik. Auch überwinternde Ackerkulturen benötigen eine Schneedecke zum Schutz vor starken Frösten. Durch fehlende Schneedecken machten im Frühjahr 2003 großflächige Frostschäden einen Wiederanbau von Kulturen notwendig.

Zusätzlich zum Extremereignis Wintertrockenheit kommt durch den Klimawandel (Erhöhung der Durchschnittstemperatur) der Effekt der verringerten Schneedeckendauer hinzu. Dieser Umstand kann zur massiven Beeinträchtigung in der Kulturführung von Wintergetreide führen.

Forstwirtschaft

- Sommertrockenheit

Trockenheit schädigt und tötet Jungbäume oder Keimlinge, stört das Wachstum des Waldes und macht ihn anfällig für Schädlinge und Krankheiten. In Kombination mit erhöhter Gewitterhäufigkeit ist zusätzlich mit einer verstärkten Brandgefahr zu rechnen. Im Waldbericht sind Zahlen zu den Flächenverlusten von Waldbränden in Österreich angegeben, diese belaufen sich auf meist 50-100 ha jährlich. In den USA rechnet man mit einer fünfundzwanzig- bis fünfzigprozentigen Zunahme der durch Waldbrände geschädigten Flächen, in Kanada mit einem Zuwachs von 30% (CCIUS 2001, S. 500). Was in Verbindung mit längeren heißen und trockenen Perioden noch auftreten kann, ist eine erhöhte Ozonbelastung, welche zu Zellschädigungen und damit einer Reduktion des jährlichen Wachstums um 5 bis 10% führen kann (CCIUS 2001, S. 495).

- Wintertrockenheit

Mangelnder Niederschlag führt bei frostempfindlichen Baumsorten zu Schäden, was besonders im Obstbau als Problem gilt. Als positiver Effekt kann die Verringerung der Schneedeckenlast genannt werden.

11.3 Adaptionsmaßnahmen in der Vergangenheit aufgrund von extremen Wetterereignissen

In diesem Kapitel soll zuerst ein Überblick über die finanziellen Maßnahmen bei Ernteverlusten gegeben werden. Diese gelten – je nach Voraussetzung im jeweiligen Land – für alle Wetterextreme. Danach werden – eingehend auf die einzelnen Ereignisse – spezifische Anpassungsmaßnahmen beschrieben.

11.3.1 Finanzielle Maßnahmen bei Ernteverlusten

Prinzipiell können staatliche Maßnahmen, Private-Public-Partnership und rein private Maßnahmen unterschieden werden.

Staatliche Maßnahmen

Die Unterstützung durch den Staat hat den Vorteil, dass dieser das Risiko im Falle einer Naturkatastrophe besser kalkulieren kann. Ein weiterer Aspekt ist die Beschaffung des Kapitals: der Staat kann das Kapital mit der niedrigsten Verzinsung bereitstellen. Gemäß Art 92 Abs 2b EWG-Vertrag sind Zahlungen aus öffentlichen Mitteln für nicht versicherbare Ernteschäden statthaft. Es gibt jedoch Grenzen: Der Schaden muss mindestens 30% der durchschnittlichen Bruttogesamtmenge der Erzeugung betragen. Ist dieses Kriterium erfüllt, kann der Schaden bis zu 100% ersetzt werden. In

Österreich gibt es den Katastrophenfonds, der im Falle von nicht versicherbaren Risiken wie Lawinen, Hochwasser, Erdrutsch etc. die Entschädigung übernimmt.

Private-Public Partnership

Dieser Art von finanziellen Maßnahmen ist die Förderung von Ernteversicherungsprämien zuzuordnen. Ernteversicherung als agrarpolitisches Instrument zur Stabilisierung landwirtschaftlicher Einkommen ist gut etabliert, eine übergreifende Mehrgefahrenversicherung ist jedoch gemäß Erfahrungen nur mit einer Stützung der Prämien zu realisieren. Die „Forderung nach Förderung" ist politisch ein heikles Thema, da die Subventionierung der landwirtschaftlichen (Über-)produktion und der nicht nachhaltige Ressourcen-Einsatz die Landwirtschaft zunehmend in das Kreuzfeuer der Kritik kommen ließ. Auch die Liberalisierung der Agrarpolitik hat zur Folge, dass nicht versicherte Ernteausfälle durch Naturereignisse nicht mehr aus öffentlichen Budgets bezahlt werden.

Durch die starke Betroffenheit der Landwirtschaft von atmosphärischen Naturkatastrophen kann ein Einsatz öffentlicher Mittel zur Prämienunterstützung gerechtfertigt werden. Im Falle eines Schadens würde die Direktzahlung aus dem Katastrophenfonds entfallen, da ein Rechtsanspruch auf Entschädigung durch die Versicherung entsteht.

In Österreich werden die Prämien für die Hagelversicherung bei allen Kulturen und die Frostversicherung bei Wein und Ackerkulturen staatlich gefördert.

Private Versicherungssysteme

Im Rahmen der Mehrgefahrenversicherung für die Risiken Sturm und Trockenheit bei bestimmten Kulturen, Überschwemmung, Verwehung, stauende Nässe, Auswuchs bei Getreide, Schneckenfraß und Krähenfraß bei bestimmten Kulturen können sich Landwirte bei der Österreichischen Hagelversicherung privat versichern. Wie auch bei der Form des Public-Private Partnership hat der Landwirt bei Abschluss einer Versicherung einen Rechtsanspruch, die Notwendigkeit von Risiko-Management und Eigenverantwortung wird zunehmend erkannt.

Die obigen Ausführungen treffen auf Österreich zu. Eine vergleichende Gegenüberstellung mit Systemen in ausgewählten Ländern findet sich im Anhang.

11.3.2 Hochwasser und Muren

Um sich gegen Ernteverluste durch Hochwasser und Murenabgänge zu schützen, kann sich einE LandwirtIn bei der Österreichischen Hagelversicherung im Rahmen einer Mehrgefahrenversicherung versichern lassen. Daneben kann er aber auch die Bewirtschaftungssysteme (z. B. Drainagesysteme) anpassen. Eine weitere Anpassungsstrategie ist die Meidung überschwemmungsgefährdeter Zonen, sogar die Abwanderung aus solchen Zonen wird vorgeschlagen (Spaling 1995, S. 279ff).

Durch die Anlage von Winterbegrünungen, Erosionsschutzstreifen, Wahl der Bearbeitungsrichtung und durch humusfördernde pflanzenbauliche Maßnahmen wird versucht, das Wasserhaltevermögen des Bodens zu erhöhen, um die Schlagwirkung (und dadurch die Bodenerosion) durch Starkniederschläge zu verringern.

11.3.3 Hagel

Durch die Betroffenheit der Landwirtschaft durch Hagel wurden zahlreiche Anpassungsmaßnahmen gefunden, um so das Risiko des Ernteausfalles zu reduzieren.

Versicherung

Mit der Einführung von staatlich bezuschussten Hagelversicherungen wurde der finanzielle Schaden vor allem in den traditionell stark hagelgefährdeten Gebieten (z.B. östliche Steiermark) eingrenzbar. Die Prämienhöhe richtet sich je nach der Hagelgefährdung in den jeweiligen Gemeinden. Durch breite Absicherung (Mehrgefahrenversicherung) konnte die Gefahrengemeinschaft in den vergangenen Jahren permanent vergrößert werden. So ist es möglich, das Risiko zu streuen und die Prämien stabil zu halten.

Hagelschutznetze

In Österreich sind rund 60% der Intensivobstanlagen mit sog. Hagelschutznetzen ausgestattet. In der Steiermark sind rund 3.300 ha der insgesamt 5.500 ha Obstproduktion derartig geschützt.

Hagelabwehr

Die präventive Hagelabwehr beruht darauf, dass in hagelträchtigen Gewitterzellen zu den natürlich vorhandenen Kondensationskernen zusätzlich eiskeimfähige Verbindungen (in diesem Fall Silberjodid, AgJ) eingebracht werden, mit dem Ziel, die vermehrte Ausbildung kleinerer Hagelkörner zu erreichen. Im günstigsten Fall schmelzen kleine Hagelkörner und treffen am Boden als schwere Tropfen auf, bzw. weisen "AgJ-Hagelkörner" eine weichere, schneematschartige Struktur auf (Hagelabwehr 2003).

11.3.4 Stürme

Bei Stürmen sind vor allem Versicherungen und bauliche Maßnahmen relevant.

Versicherung

Die Österreichische Hagelversicherung bietet im Rahmen der Mehrgefahrenversicherung auch Deckung von Ernteschäden durch Sturm an. Sturmschäden an Gebäuden werden auch durch die normale Haushaltsversicherung gedeckt.

Bauliche Maßnahmen

Winderosion ist ein bedeutender Faktor, der die Bodenfruchtbarkeit vor allem auf leichten sandigen und schluffigen Böden nachhaltig beeinträchtigt. Durch die Anlage von Windschutzgürtel und Hecken wird versucht, die Windgeschwindigkeit und damit den Abtrag von wertvollen Bodenbestandteilen zu vermindern. So wurden z.B. in Niederösterreich im Jahr 2001 in 60 Gemeinden 310 solche sog. Bodenschutzanlagen mit insgesamt 90 km Länge und einer Gesamtfläche von 65 ha errichtet.

In diesem Zusammenhang gewinnt auch die sog. konservierende Bodenbearbeitung (Minimal-Bodenbearbeitung), bei der auf das Umbrechen des Ackerbodens mittels Pflug verzichtet wird und Saatgut mit Spezialsämaschinen direkt durch die Reste des Vorfruchtbestandes in den Boden eingebracht wird, an Bedeutung. Dadurch wird das Verwehen von Saatgut und Boden durch Wind und Stürme vermindert.

11.3.5 Trockenheit

Generell kann man sich gegen Trockenheit versichern lassen, aber es gibt auch pflanzenbauliche und technische Anpassungsmaßnahmen. Diese werden in diesem Abschnitt kurz beschrieben.

Versicherung

Die Österreichische Hagelversicherung versichert seit 1995 über das Risiko Hagel hinaus auch unter anderem Trockenheit. Seit dem Jahr 2000 ist auch die Hauptkultur Getreide gegen Trockenheit versicherbar. An einem Versicherungsmodell für Dürreschäden im Grünland wird intensiv gearbeitet.

Sorten- und Kulturartenwahl

Adaptionsmaßnahmen sind hier im Bereich der Sortenwahl bzw. der Kulturartenwahl möglich. Durch Einkreuzung von mediterranen Herkünften und durch Selektion auf trockenresistente Genotypen wird im Getreide- und Maisbereich an diesen neuen Herausforderungen gearbeitet. Beispielsweise wird im interuniversitären Forschungszentrum für Agrarbiotechnologie (IFA) Tulln gemeinsam mit der Saatzucht Gleisdorf an trockenheitsresistentem Ölkürbis durch die Einkreuzung mit afrikanischem und vorderasiatischem Genmaterial gearbeitet.

Durch die verstärkte Ausbildung einer Wachsschutzschicht bei heißer, trockener Witterung zeigen gebräuchliche österreichische und deutsche Pflanzenschutzmittel und -kombinationen keine Wirkung gegen Unkräuter. Daher ergibt sich für österreichische ExpertInnen zusehends die Notwendigkeit mit italienischen, französischen und spanischen WissenschafterInnen zusammenzuarbeiten.

Technische Maßnahmen

Technischen Möglichkeiten wie Beschattungs-, und Bewässerungseinrichtungen können aufgrund des hohen finanziellen Einsatzes nur beschränkt im agrarischen Bereich verwendet werden (vor allem bei der Saatgutproduktion).

Ein beispielgebendes Projekt ist die Reaktivierung des Mühlbaches in der südöstlichen Steiermark. Hier wurde vom Amt der Steiermärkischen Landesregierung und dem Wasserverband Radkersburg ein mit Mitteln der Europäischen Union (INTERREG) kofinanziertes, zukunftsweisendes Bewässerungsprojekt initiiert, das eine Ausleitung von ausreichend Wasser aus dem steirischen Hauptfluss, der Mur, ermöglicht, um einige hundert Hektar landwirtschaftliche Kulturen entlang des 21 km langen Mühlbaches in Trockenzeiten bewässern zu können.

11.4 Zukünftige Kernstrategien der Anpassung an extreme Wetterereignisse

Neben der Weiterentwicklung und Implementierung der in Abschn. 11.3 genannten Anpassungsstrategien geben die Vertreter des Wirtschaftssektors Land- und Forstwirtschaft folgende Kernstrategien für die Zukunft an:

Größere Gefahrengemeinschaften zur Risikoverminderung

Durch die Vergrößerung der versicherten Fläche bei der Österreichischen Hagelversicherung kann eine breitere Risikostreuung erzielt werden. Vor allem durch die Mehrgefahrenversicherung, die neben Hagel auch Schäden durch Frost, Trockenheit, Überschwemmungen und andere elementare Ereignisse abdeckt, können kurzfristig die Auswirkungen von extremen Wetterereignissen abgefedert werden.

Prävention statt Adaption

Die Politik hat das Problem der Erderwärmung erkannt und sich weltweit zu einer Allianz zusammengefunden. Die Auswirkungen der Klimaerwärmung sind von derartigem Umfang, dass kurative Maßnahmen an geschädigten Kulturen nur eine untergeordnete Rolle spielen können. Das Problem muss also an den Wurzeln angepackt werden.

Im Kyoto-Protokoll verpflichten sich die Industrieländer in völkerrechtlicher, verbindlicher Weise zur Reduktion von Treibhausgasen. Das wichtigste Treibhausgas ist CO_2. Mit der Ratifikation dieses Vertrages im Frühjahr 2002 hat sich Österreich verpflichtet seine Treibhausgasemissionen bis 2010 gegenüber 1990 um 13% zu senken, dass bedeutet eine Reduzierung von 62,3 Mio. auf 56 Mio. Tonnen im Jahr 2011. Dieser Reduktionsbedarf von 6,3 Mio. Tonnen CO_2 Emissionen pro Jahr entspricht 2,3 Mrd. Liter Öl (Jauschnegg 2002).

11.5 Handlungsmöglichkeiten der Politik

Um manche Kernstrategien der Zukunft implementieren zu können, brauchen die betroffenen Sektoren Unterstützung von der Politik. Jene Bereiche, bei denen die Sektoren Land- und Forstwirtschaft Möglichkeiten zur Hilfestellung sehen, werden im Folgenden aufgelistet.

Investitionsförderung

Eine aktuelle politische Forderung an Bund und Länder betrifft die Förderung von Investitionen für zusätzliche Bewässerungsanlagen und Wasserversorgungseinrichtungen, die auf Grund der Erfahrungen der letzten Jahre unbedingt notwendig sind um seitens der Landwirtschaft die Versorgungssicherheit mit ausreichenden und qualitativ hochwertigen Nahrungsmitteln für die Bevölkerung gewährleisten zu können.

Einhaltung des Kyoto-Protokolls

Um die Kriterien des Kyoto-Protokolls (s. Abschn. 11.4) zu erfüllen, muss eine deutliche Trendwende erfolgen. Vor allem im Energiesystem sind massive Änderungen notwendig (Jauschnegg 2002), darüber hinaus müssen weitere Anstrengungen zur Energieeinsparung bei allen Verbrauchern (Industrie, Verkehr und private Haushalte) unternommen werden. Der entschlossene Umbau des Steuersystems würde die Arbeit verbilligen und eine riesige Investitionswelle im Zusammenhang mit der Technologie für erneuerbare Energieträger auslösen. Nach Angaben des Weißbuches der Europäischen Union könnten durch den Kurswechsel 500.000 bis 900.000 neue Arbeitsplätze entstehen (Kopetz 2000).

Geeignete Instrumente der Risikobewältigung zur Verfügung stellen

Der Staat erkennt zunehmend, dass dem/der LandwirtIn als UnternehmerIn Riskmanagement in Eigenverantwortung erträglich gemacht werden muss. Die Landwirtschaft ist der Wirtschaftssektor, der durch Naturkatastrophen stark gefährdet ist. Hagel, Frost, Sturm, Trockenheit, Überschwemmung und andere Elementarschäden können innerhalb kürzester Zeit die gesamte Ernte eines Betriebes vernichten und damit seine Existenz gefährden. Eine Kombination aus Eigenvorsorge und Unterstützung durch staatliche Förderungen (z.B. Prämiensubvention) führt den Landwirt zu unternehmerischem Handeln.

Literatur

Beyer B, Müller S (2003) Schadensausgleich und Wiederaufbau im Freistaat Sachsen. Sächsische Staatskanzlei

BMLFUW Bundesministerium für Land- und Forstwirtschaft, Umwelt und Wasserwirtschaft (2003) Österreichs Land- und Forstwirtschaft, Umwelt und Wasserwirtschaft 2003. Wien

BMLFUW Bundesministerium für Land- und Forstwirtschaft, Umwelt und Wasserwirtschaft (oJ) Waldbericht 1997-99 und Datensammlung 2001-2002. http://gpool.lfrz.at/gpool/main.cgi?catid=13733&rq=cat&catt=fs&tfqs=catt, Stand: Juli 2004

CCIUS Climate Change Impacts on the United States (2001) National assessment synthesis team of the US global change research program. Washington

Deutsch M, Pörtge KH, Teltscher H (Hrsg) (2000) Beiträge zum Hochwasser / Hochwasserschutz in Vergangenheit und Gegenwart, Erfurter geogr. Studien 9: 7-44

Hagel (2003) Homepage der österreichischen Hagelversicherung. http://www.hagel.at, Stand: Juli 2004

Hagelabwehr (2003) Homepage der österreichischen Hagelabwehr. http://www.hagelabwehr.com, Stand: Juli 2004

Jauschnegg H (2002) 7 Schritte für den Klimaschutz 2002. Landeskammer für Land- und Forstwirtschaft Steiermark, Graz

Kopetz H (2000) Kurswechsel für Land- und Energiewirtschaft in Europa – Zukunft Grüne Energie. Österreichischer Agrarverlag, Leopoldsdorf

Luzian R (2002) Die österreichische Schadenslawinen-Datenbank – Aufbau: erste Ergebnisse. Mitteilungen der Forstlichen Bundesversuchsanstalt 175, Wien

Mayer K (1998) Bodenerosion im Tertiärhügelland der Steiermark. Dissertation, Universität für Bodenkultur Wien

Nitsche G (2003) Ernteergebnisse: Normaljahr und Trockenperioden in Österreich. unveröffentlichte Tabelle, Landeskammer für Land- und Forstwirtschaft Steiermark, Graz

ÖBF Österreichische Bundesforste (2003) Bericht zum Geschäftsjahr 2002. Wien

Spaling H (1995) Analyzing cumulative environmental effects of agricultural land drainage in Southern Ontario, Canada, Agriculture. Ecosystem and Environment 53: 279-292

Anhang: Ernteversicherungssysteme in anderen Ländern

Die folgende Aufstellung gibt einen Überblick über ausgewählte Länder und deren Versicherungssysteme für Ernteversicherungen. Die Prozentzahlen in Klammer geben jeweils den Anteil der landwirtschaftlich genutzten Fläche an der Gesamtfläche an.

– In *Deutschland* (48%) gibt es Sonder- und Notstandsprogramme bei außergewöhnlichen Naturkatastrophen, die per Einzelgesetz erlassen werden. Das Risiko Hagel ist privat versicherbar.

– In *Spanien* (40%) leistet das staatliche Rückversicherungs-Konsortium Ad-hoc-Zahlungen für nicht versicherbare, außergewöhnliche Naturkatastrophen. Es besteht weiters die Möglichkeit, eine freiwillige Versicherung für die Risiken Hagel, Frost, Sturm, Regen, Dürre und Pflanzenkrankheiten bei landwirtschaftlichen Kulturen abzuschließen. Dabei werden durchschnittlich 55% der Prämien subventioniert und der Staat gewährt Rückversicherungsschutz.

– Staatliche Garantiefonds wurden für nicht versicherbare Naturkatastrophen in *Frankreich* (55%) eingerichtet. Der Landwirt zahlt 50 % in Form von Aufschlägen zu landwirtschaftlichen Versicherungen. Auf privatwirtschaftlichem Wege können Hagel- und Zusatzgefahrenversicherungen für Hagel bei allen Kulturen, Sturm bei Mais, Raps und Sonnenblume und Ackerbohne sowie Frost bei Wein abgeschlossen werden.

– In Gemeinden, in denen Gefahren bzw. Kulturen nicht versicherbar sind gibt es in *Italien* (51%) eine direkte Kalamitätenhilfe für die Risiken Starkregen, Überschwemmunge, Sturm, Frost, Reif, Hagel und Dürre. In einem Private-Public-Partnership gibt es Hagel- und Zusatzgefahrenversicherungen für Hagel, Frost, Wind und Trockenheit mit einer Prämiensubvention.

– In den *USA* (45%) gibt keine rein staatlichen Systeme, jedoch eine Vielzahl von Public-Private-Partnerships. Bei Abschluss einer Ernteversicherung (u. a. für Dürre, Nässe, Frost, Hagel, Sturm, Überschwemmungen) gibt es verschiedene Entschädigungsvarianten. Die Prämien werden staatlich gefördert, die Entschädigungszahlung richtet sich nach dem Durchschnittsertrag oder nach dem Marktpreis der Kultur

12 Versicherungen: Erweiterung der Aufgabenbereiche in verbessertem Gesamtrahmen

Thomas Hlatky[1], Josef Stroblmair[2], Eva Tusini[3]

[1] Grazer Wechselseitige Versicherung, Graz
[2] Österreichische Hagelversicherung, Wien
[3] Human Dimensions Programme Austria, Universität Graz

12.1 Einleitung

Die Versicherungswirtschaft macht sich seit etwa zwei Jahrzehnten verstärkt Sorgen wegen der rapide zunehmenden Schadensbelastung aus Naturkatastrophen. Ein Großteil dieser Schäden wurde von atmosphärischen Extremereignissen wie Stürmen, Überschwemmungen und Hagelunwettern verursacht. Die wissenschaftliche Absicherung des Zusammenhangs zwischen den Umwelt- und Klimaveränderungen und den Katastrophentrends steht noch aus, dennoch steht fest, dass Schäden auf das Neunfache (inflationsbereinigt) und die versicherten Schäden sogar auf das Sechzehnfache gestiegen sind. Die Versicherungswirtschaft bietet trotz dieser ungünstigen Schadenstrends ein breites Spektrum von Deckungen gegen Elementarschäden an, sie versucht aber gleichzeitig zur Schadensvorsorge zu motivieren. Ihre eigenen Schadenspotenziale versucht sie durch den Einsatz von modernen geowissenschaftlichen Methoden zu ermitteln (Berz 2001, S. 75f).

12.2 Auswirkungen von extremen Wetterereignissen

12.2.1 Hochwasser und Mure

Der Verband der Österreichischen Versicherungsunternehmen hat 2001 in den Allgemeinen Bedingungen für die Versicherung zusätzlicher Gefahren zur Sachversicherung (AECB) Überschwemmungen als „Überflutung des Grund und Bodens des Versicherungsortes durch Witterungsniederschläge, Kanalrückstau infolge von Witterungsniederschlägen oder durch Ausuferung von oberirdisch stehenden oder fließenden Gewässern" definiert. Nicht versichert sind Schäden durch vorhersehbare Überschwemmungen und Schäden, die ausschließend durch das Ansteigen des Grundwasserspiegels verursacht werden. Als vorhersehbar gelten Überschwemmungen, wenn sie im langjährigen Mittel häufiger als einmal in zehn Jahren auftreten (VVO 2001a, S. 4).

Vermurung entsteht durch eine „Massenbewegung von Erdreich, Wasser, Schlamm und anderen Bestandteilen, die durch naturbedingte Wassereinwirkung ausgelöst wird" (VVO 2001a, S. 5).

Als Beispiel für Überschwemmungen kann hier das Augusthochwasser 2002 genannt werden. Die Gesamtschäden für alle Überschwemmungsereignisse in Mitteleuropa (alle betroffenen Länder) beliefen sich auf 18,5 Mrd. EURO, davon waren 3,1 Mrd. EURO versichert. Für die drei am schlimmsten betroffenen Länder s. Tabelle 12.1. Im Gegensatz zu Sturmschäden ist der Anteil der versicherten Schäden bei Überschwemmungen üblicherweise verhältnismäßig gering. Dies liegt an der eingeschränkten Deckung dieses Risikos. Ein Großteil der Schäden entstand hier an öffentlichen Einrichtungen wie Straßen, Bahnlinien, Deichen, Gewässerbetten und Brücken sowie anderen Infrastruktureinrichtungen (Münchener Rück 2003, S. 20).

Für eine Wiederkehrperiode von 100 Jahren wird in Deutschland der durch Überschwemmung verursachte Marktschaden auf 3 Mrd. EURO geschätzt (Berz 2002, S. 15). Dies übertrifft allein den versicherten Schaden des Hochwasserereignisses 2002.

Tabelle 12.1 Schäden Augusthochwasser 2002, in Mrd. EURO, Münchener Rück (2003), S. 20

	volkswirtschaftlich	versichert
Deutschland	9,2	1,8
Tschechien	3,0	0,9
Österreich	3,0	0,4

Ein extremes Ereignis war zweifelsohne die Sturm- und Flutkatastrophe in Bangladesh 1970, bei der 300.000 Opfer zu verzeichnen waren. Die Schadenszahlen hierfür sind nicht erfasst worden. In Europa hat die Sturm- und Überschwemmungskatastrophe 1987 (u.a. in Frankreich, Großbritannien) einen versicherten Schaden von etwa 4,7 Mrd. USD verursacht (Swiss Re 2003a, S. 34).

12.2.2 Lawinen

Lawinen stellen in Österreich nur ein lokales Problem, wenn auch häufig auftretend, dar. Die Wildbach- und Lawinenverbauung hat sämtliche bekannten Lawinenkegel in Österreich dokumentiert. Entsprechende Gefahrenzonenpläne sind vorhanden, von Ausnahmen abgesehen (Galtür) ist von keiner großen Belastung für die Versicherungswirtschaft zu sprechen.

12.2.3 Hagel

In Europa verlaufen Hagelzüge unter dem Einfluss des Golfstromes vorwiegend von Südwesten nach Osten. Österreich befindet sich europaweit in einem Hagelzentrum (Münchener Rück 2000).

Hagel stellt in Österreich eine der häufigsten Schadensursachen in gewissen Versicherungssparten dar (primär echte Ernteversicherung in der Hagelversicherung, Kaskoversicherung im Kraftfahrzeugbereich). In Deutschland wird der Marktschaden für einen „Jahrhunderthagel" auf 3 Mrd. EURO geschätzt (Berz 2002, S. 15).

Für die Österreichische Hagelversicherung brachte das Jahr 2002 mit 21.100 Schadensmeldungen (+50% im Vergleich zum Vorjahr) deutlich mehr Schäden als das Jahr davor. Insgesamt sind in der Landwirtschaft durch Wetterkapriolen Schäden in der Höhe von 45 Mio. EURO entstanden. Die Entschädigungszahlungen der Österreichischen Hagelversicherung waren mit 34 Mio. EURO wesentlich höher als im Jahr 2001, wobei bereits 75% der Ackerflächen versichert sind.[1] Die Hagelsaison 2003 hat außergewöhnlich früh und heftig begonnen. Bis zum Stichtag 30. Juni 2003 haben sich im Vergleich zum Vorjahr die Schadensmeldungen mehr als verdoppelt. Waren es im Jahr 2002 noch rund 4.200, wurden 2003 bis Ende Juni der Österreichischen Hagelversicherung bereits mehr als 9.000 Schadensfälle gemeldet.

12.2.4 Stürme

Der Verband der Versicherungsunternehmen Österreichs definiert in den Allgemeinen Bedingungen für Sturmversicherung (VVO 2001b) Sturm folgendermaßen: „Sturm ist eine wetterbedingte Luftbewegung, deren Geschwindigkeit am Versicherungsort mehr als 60 km/h bewegt. Für die

---

[1] Schadenszahlen beziehen sich auf die gesamten Schäden, die durch die Österreichische Hagelversicherung versichert sind, darunter auch Trockenheit, Frost, Überschwemmung, Verwehung, Stauende Nässe und Sturm bei Mais.

Feststellung der Geschwindigkeit ist im Einzelfall die Auskunft der Zentralanstalt für Meteorologie und Geodynamik maßgebend."

Die Versicherungswirtschaft ist durch das Ereignis Sturm besonders stark betroffen, denn eine Sturmdeckung ist bereits in der Haushaltsversicherung eingeschlossen. Die Risikostreuung bei Sturm ist demnach entsprechend hoch.

Das Schadenspotenzial europäischer Winterstürme ist besonders groß. Die Swiss Re schätzt es mit 35 Mrd. USD höher ein als das Schadenspotenzial für Erdbeben in Japan (30 Mrd. USD) (Swiss Re 2003b, S. 39). Ähnliche Größenordnungen schätzt die Münchener Rückversicherung für eine Wiederkehrperiode von 100 Jahren: wahrscheinliche Marktschäden für Stürme in Europa werden auf 20 Mrd. EURO geschätzt (Berz 2002, S. 8).

12.2.5 Trockenheit

Bezüglich der Auswirkungen von Trockenheit gibt es nur Schätzungen. Die Hitzeperiode in Europa 2003 hat einen Gesamtschaden (nicht versichert) von 10,7 Mrd. EURO verursacht (Swiss Re 2004, S. 27). Durch Dürre- und Hitzewellen gibt es neben Schäden (durch Brände) an Gebäuden oder an der Infrastruktur (Gebäudesetzungen, Straßenbeschädigungen) auch gesundheitliche Auswirkungen bis hin zu Todesfällen. Die genaue Zurechenbarkeit eines Schadens zum Extremereignis ist jedoch äußerst schwierig, deswegen soll hier eine monetäre Bewertung der versicherten Schäden unterbleiben.

12.3   Adaptionsmaßnahmen in der Vergangenheit aufgrund von extremen Wetterereignissen

12.3.1 Hochwasser und Muren

Traditionell bestehen in Österreich seit mehr als hundert Jahren Hochwasserschutzverbauungen. Wie sich insbesondere am Beispiel der Bundeshauptstadt Wien gezeigt hat, sind einzelne dieser Maßnahmen historisch gesehen mit großem Weitblick errichtet worden und haben ihre Funktionalität unter Beweis gestellt. Dadurch wurden seitens der Versicherungswirtschaft erheblich geringere Schadenszahlungen erforderlich, womit wiederum ein geringeres Prämienniveau für die Versicherung von Elementarsparten ermöglicht wird. Durch Veränderung der Versicherungsgewohnheiten wurden einige Naturkatastrophen (Hochwasser, Murenabgänge, Lawinen) in den letzten 10-15 Jahren in den allgemeinen Sachversicherungsbestand übernommen. Teilweise wurden jedoch ungenügende Risikoprüfungen oder nicht ausreichend fundierte Kalkulationsgrundlagen verwendet, sodass die Schadensergebnisse in den letzten Jahren aus dem Titel „Naturkatastrophen/extreme Wetterereignisse" stark angestiegen sind. Weltweit werden bereits mehr als zwei Drittel aller Versicherungsleistungen aus diesem Titel erbracht.

12.3.2 Hagel

Seit 1995 wird der Versicherungsschutz in der Mehrgefahrenversicherung, die neben Hagel zehn weitere Risiken, wie z. B. Trockenheit, Frost, Sturm und Überschwemmung versichert, kontinuierlich ausgeweitet. In Österreich sind seit 2003 erstmals eine Mio. Hektar landwirtschaftliche Nutzfläche hagelversichert und davon bereits über 50% mehrgefahrenversichert, d.h. über das Risiko Hagel hinaus abgesichert. Die Prämienhöhe richtet sich nach der Hagelgefährdung in den jeweiligen Gemeinden. Durch breite Absicherung der landwirtschaftlichen Produktionsflächen konnte die Gefahrengemeinschaft in den vergangenen Jahren permanent vergrößert werden. Nur so war es überhaupt möglich, das Risiko zu streuen und die Prämien trotz Zunahme der Schäden stabil zu halten.

12.3.3 Stürme

Für verschiedene Eintrittswahrscheinlichkeiten werden verschiedene Zonen ausgewiesen. Je nach Lage des zu versichernden Objektes herrscht ein gewisses Risiko, die Prämien werden entsprechend angepasst. Tabelle 12.2 soll das Schema verdeutlichen.

Tabelle 12.2. Tagesmaxima der Windgeschwindigkeit in 10 m Höhe für verschiedene Wiederkehrperioden in m/s

Zone	30 Jahre	50 Jahre	100 Jahre
II	43,2	44,3	46,0
III	38,6	39,6	41,4
IV	34,6	35,8	37,7

12.3.4 Trockenheit

Die Österreichische Hagelversicherung versichert Dürreschäden im Rahmen der Mehrgefahrenversicherung. Ersetzt werden Schäden, die durch mangelnden Niederschlag an den Fruchtarten Getreide (Weizen, Gerste, Roggen, Hafer, Triticale, Dinkel), Körnererbse, Kartoffel, Mais (Körner- und Silomais), Sojabohne, Sonnenblumen und Ölkürbis im Erstanbau entstehen, ausgenommen Emmerweizen, Saat-, Grün- und Zuckermais. Die Landwirte haben auf das erhöhte Gefahrenpotenzial und das erweiterte Produktangebot reagiert, was die Flächenzuwächse der letzten Jahre zeigen (Hagel 2003).

12.4 Zukünftige Kernstrategien der Anpassung an extreme Wetterereignisse

Die zukünftige Versicherbarkeit gegen Naturkatastrophen im weiteren Sinn wird enorm stark von der individuellen Risikobeurteilung abhängen. Beispielsweise wird die Versicherbarkeit von Bauwerken in Bauverbotszonen (roten oder orangen Zonen ausgewiesenen Bauverbotsflächen laut Gefahrenzonenplänen etc.) zukünftig nicht mehr oder nur gegen außerordentlich hohe Prämienzuschläge möglich sein. Damit wird es zwangsläufig zu einer besseren Risikoselektion bzw. dem Erzielen risikoadäquater Prämien kommen und mittelfristig eine dauerhafte Versicherbarkeit gegen die meisten Naturkatastrophen sichergestellt werden können. Derzeit wird im österreichischen Versicherungsverband intensiv an der Erstellung eines Naturkatastrophen-Zonierungssystems gemeinsam mit dem Lebensministerium gearbeitet. Mit Fertigstellung dieses Systems wird es möglich sein, sowohl Einzelrisikoprüfungen und entsprechende Tarifierungen vorzunehmen, als auch sogenannte Kumulberechnungen[2] für die Bildung von Großschadensrückstellungen zu treffen. Dies ist nicht nur für die Versicherungswirtschaft, sondern auch für die öffentliche Hand von elementarer Bedeutung.

Versicherungen können sich durch Produktanpassung, Vergrößerung der Pufferkapazität und Verringerung der Schadensanfälligkeit anpassen.

– Produktanpassung
  Wird die Prämie erhöht, um gestiegene Schadenszahlungen zu finanzie-

---

[2] Kumul: Anhäufung von Risiken, welche durch das gleiche Schadensereignis betroffen werden können oder Anhäufung von Beteiligungen durch Rückversicherungsverträge am gleichen Risiko (Swiss Re 2002, S. 33). Kumulkontrolle: Rechnerischer Zusammenzug aller in einer kumulexponierten Branche (vor allem Naturgefahren wie Erdbeben, Sturm und Überschwemmung) gezeichneten Risiken zwecks Vermeidung einer Überschreitung der sich selbst gesetzten Zeichnungskapazität (Swiss Re 2002, S. 13).

ren, so wird das Risiko zurück zum Versicherten verschoben. Weiters können auch Eingrenzungen der Deckung durchgeführt werden. Dabei kann die Versicherungssumme begrenzt oder Selbstbehalte (Franchisen, je nach Gefährdungsgrad)[3] erhöht werden. Daneben ist auch der Ausschluss besonders exponierter Gebiete, Sektoren oder Kategorien der Versicherten eine Möglichkeit, das Risiko der Versicherungen zu verkleinern.

– Vergrößerung der Pufferkapazität
Um das Insolvenzrisiko der Versicherungen zu reduzieren, kann der rückversicherte Anteil vergrößert werden. Die Versicherungen sind sich jedoch auch ihres steigenden Risikos bewusst. Mit Alternativen Risiko-Transfer-Mechanismen (ART) wird versucht, das Versicherungsrisiko in den Kapitalmarkt zu streuen. Ein Beispiel dafür sind so genannte Katastrophenanleihen (Cat Bonds). Eine Deckung aus dieser Anleihe wird hier bei einem vorab genau definierten Ereignis ausgelöst (z. B. „Sturm in Europa") (Swiss Re 2004, S. 15f). Eine weitere Option ist eine verstärkte Zusammenarbeit mit Regierungen (s. Abschn. 12.5), die auch von der Seite des Versicherungssektors gefordert wird.

– Verringerung der Schadensanfälligkeit
Unter dem Sammelbegriff des Risiko-Managements werden Maßnahmen wie die Gefahrenzonierung oder Bauvorschriften verstanden. Versicherungsunternehmen können dieses Risiko-Management implementieren, indem sie ihre Information zur Verfügung stellen oder „ungemanagete" Risiken ausschließen (Tol 1999, S. 336). Daneben können Versicherungen auch Lobbying betreiben oder ihre Reserven nutzen, um in Risiko-Management zu investieren.

12.5 Handlungsmöglichkeiten der Politik

Insbesondere im Bereich der Risikobeurteilung ist es unverzichtbar, dass sämtliche bereits vorhandenen risikorelevanten Informationen bei Bundesbehörden, Landesbehörden oder auf kommunaler Ebene (Geobasisdaten, Hochwasseranschlagslinien HQ 30, HQ 100[4], Gefahrenzonenpläne, Flä-

---

[3] Selbstbehalt als Franchise: Schäden unterhalb der Franchise werden nicht vergütet; übersteigt der Schaden die Franchise, so wird der Schaden ohne Abzüge vergütet (Swiss Re 2003a, S. 26)
[4] Hochwasser-Quotient, gibt die Wiederkehrwahrscheinlichkeit eines Hochwassers an (z. B.: HQ 30 bedeutet, dass an einer bestimmten Stelle eines Flusses Hochwasser alle 30 Jahre auftritt)

chenwidmungspläne mit Gefahrenzonenausweisungen, digitale Flussnetze, digitale Höhenmodelle u. ä.) uneingeschränkt (da es sich um im öffentlichen Interesse erstellte Daten handelt) der Privatwirtschaft, den Haushalten und insbesondere der Versicherungswirtschaft zur Verfügung gestellt werden. Dies kann nur durch einen politischen Grundkonsens erfolgen. In der Folge ist insbesondere im Bereich der überörtlichen Raumordnung verstärkt auf integrierte Ansätze Wert zu legen, in denen sämtliche Aspekte des menschlichen Siedlungsbaus, des Verkehrswesens, der Infrastruktur sowie insbesondere des Naturkatastrophenschutzes mit vorhandenen regionalen lokalen oder überörtlichen wirtschaftlichen Interessen gemeinsam betrachtet werden. Entsprechende Kompetenzbereinigungen auch auf Bundesverfassungsebene sind wahrscheinlich erforderlich.

Die Errichtung von Einkaufszentren in ausgewiesenen Hochwasserabflussflächen (wie jüngst in der Steiermark erfolgt) sind heute nur durch die weitgehend unkoordinierte Vorgangsweise verschiedener Behörden bzw. oftmals aufgrund fehlender klarer Kompetenzen gegen heftigen Widerstand der zuständigen Bundes- oder Landesbehörden möglich. Es ist im Interesse der Versicherungwirtschaft, auch in Zukunft in der Lage zu sein, im Sinne einer großen Risikogemeinschaft, Elementarereignisse zu versichern. Schäden aus Starkniederschlägen, Hochwässern, Murgängen, Lawinen, Hagelstürmen oder Trockenheit stellen für die einzelnen BürgerInnen sehr oft existenzbedrohende Risken dar, die nur durch eine Risikogemeinschaft, wie sie typischerweise eine Versicherung (oder auch der Staat) darstellt, getragen werden können.

Abschließend soll hier erwähnt werden, dass Zonierungskarten für Naturkatastrophen – auch für Hochwasser – beinahe flächendeckend vorhanden sind, es fehlt jedoch die Integration aller Naturkatastrophen; ebenso ist der öffentliche Zugang weitgehend beschränkt. Schwierig ist es auch, einen statischen Datensatz laufend aktuell zu halten. Hier besteht die Forderung an die Bereitsteller von Daten, diese Datenplattform „up-to-date" zu halten und somit die Verwendbarkeit für die Privatwirtschaft – und damit für die Versicherungswirtschaft – sicher zu stellen.

Eine staatliche Regulierung ist auf alle Fälle vonnöten, da die Versicherungswirtschaft im eigenen Interesse Informationen effizient verwendet, jedoch nicht in der Lage ist, eine Risikostreuung bzw. einen Risikoausgleich (im sozialen Sinne) zu bewirken. In Österreich kann sich – bei aktuellem Stand – nur eine geringe Anzahl von Einzelpersonen gegen Naturkatastrophen versichern. Es gibt jedoch keinen Schutz für die Bevölkerung und damit steht man vor einem Verteilungsproblem. Um aus diesem Zustand herauszukommen, wird eine Regulierung benötigt, die jedoch nicht hauptsächlich auf privatwirtschaftliche Lösungen ausgerichtet sein muss (vgl. zu unterschiedlichen Systemen Kap. 7).

Literatur

Berz G (2001) Naturkatastrophen und Klimaänderung – Befürchtung und Handlungsoptionen der Versicherungswirtschaft. Die Versicherungsrundschau 4: 75-80

Berz G (2002) Wirtschaftliche Aspekte des Klimawandels durch anthropogene Einflüsse. In: Ministerium für Wirtschaft und Mittelstand, Energie und Verkehr des Landes Nordrhein-Westfalen (Hrsg) Tagungsband. Klimaschutzkongress NRW", Düsseldorf

Hagel (2003) Homepage der Österreichischen Hagelversicherung. http://www.hagel.at, Stand: Juli 2004

Münchener Rück (2000) Welt der Naturgefahren. CD-ROM der Forschungsgruppe Geowissenschaften, München

Münchener Rück (2003) Topics – Jahresrückblick Naturkatastrophen 2002, München

Swiss Re Schweizerische Rückversicherungs-Gesellschaft (2002) Einführung in die Rückversicherung. Zürich

Swiss Re Schweizerische Rückversicherungs-Gesellschaft (2003a) Sigma. Natur- und Man-made-Katastrophen im Jahr 2002: Belastung durch hohe Flutschäden. Zürich.

Swiss Re Schweizerische Rückversicherungs-Gesellschaft (2003b) Naturkatastrophen und Rückversicherung. Zürich

Swiss Re Schweizerische Rückversicherungs-Gesellschaft (2004) Sigma, Natur- und Man-made-Katastrophen im Jahr 2003: Zahlreiche Todesopfer, vergleichsweise moderate Versicherungsschäden. Zürich

Tol RSJ (1999) Analytical review of weather insurance. In: Downing TE, Olsthoorn AJ, Tol RSJ (eds) Climate, change and risk. Routledge, London New York

VVO Verband der Versicherungsunternehmen Österreichs (2001a) Allgemeine Bedingungen für die Versicherung zusätzlicher Gefahren zur Sachversicherung, Wien

VVO Verband der Versicherungsunternehmen Österreichs (2001b) Allgemeine Bedingungen für die Sturmversicherung, Wien

13 Energie und Wasser: Sicherung der Versorgung

Otto Pirker[1], Evelyne E. Wiesinger[2]

[1] Verbund Austrian Hydro Power, Wien
[2] Human Dimensions Programme Austria, Universität Graz

13.1 Einleitung

Wasser und Energie sind in alpinen Ländern untrennbar miteinander verbunden. In Österreich beispielsweise werden 70% des Stromangebots mittels Wasserkraft erzeugt. Extreme Niederschlagsereignisse, Lawinen, Hagel, Stürme und Trockenheit können sowohl den Erzeugungseinheiten (Kraftwerkn) als auch den Verteilsystemen (Stromleitungen) großen Schaden zufügen. Durch das Fehlen von Energie können hohe Einbußen für die gesamte Volkswirtschaft sowie für einzelne Wirtschaftssektoren entstehen.

Ebenso ist auch die Wasserver- und -entsorgung von meteorologischen Einflüssen betroffen. Mitteleuropa ist von Natur aus ein wasserreiches Gebiet. Extreme Wetterereignisse können jedoch Einfluss auf die hygienischen Bedingungen und auf die Verfügbarkeit von Trinkwasser haben.

In der Vergangenheit wurden Anstrengungen unternommen, die Strom- und Wasserversorgung vor Unwettern zu sichern. Handlungsbedarf in Wirtschaft und Politik ist dennoch vorhanden, um die sichere Bereitstellung von Energie und Trinkwasser zu gewährleisten.

Das vorliegende Kapitel greift auf Daten und Beispiele aus Österreich (Austrian Hydro Power, ZENAR (2003)), aus der Schweiz (WSL und BUWAL (2001), SLF (2000)), sowie aus Deutschland und Frankreich (Münchener Rück (2000), Beyer und Müller (2003)) zurück. Im Folgenden werden zunächst die Auswirkungen einzelner Ereignisse beschrieben und die, bereits in der Vergangenheit getätigten, Adaptionsmaßnahmen vorgestellt. Abschließend werden mögliche zukünftige Strategien zur Verbesserung von Notfallsituationen präsentiert.

13.2 Auswirkungen von extremen Wetterereignissen

13.2.1 Hochwasser und Muren

Der Waldbericht des österreichischen Bundesministeriums für Land-, Forstwirtschaft, Umwelt und Wasserwirtschaft (BMLFUW oJ) zeigt auf, welche Schäden Hochwasser auf die Energie- und Wasserversorgung in der Vergangenheit hatten. Auf die Monetarisierung der Schäden wurde im Waldbericht leider verzichtet.

Tabelle 13.1. Wirkungen von Hochwasser auf die Energie- und Wasserinfrastruktur in Österreich, BMLFUW (oJ), Tabelle 74

Jahr		1993	1994	1995	1996	1997	1998
Energieleitungen [lfm]	Zerstört	2.800	160	300	-	200	141
	Beschäd.	303	145	570	45	330	373
Wasserkraftanlagen	Zerstört	1	-	1	1	2	1
	Beschäd.	2	7	6	5	3	36
Wasserleitungen [lfm]	Zerstört	40	380	576	270	416	820
	Beschäd.	290	290	620	185	2.455	410
Kanalisation [lfm]	Zerstört	-	10	200	-	30	280
	Beschäd.	-	100	1.250	40	1.920	236

Im Weiteren werden die potentiell gefährdeten Bereiche einzeln betrachtet.

Stromerzeugung

Die Art der Zerstörung, die durch Überflutung entstehen kann, ist vielfältig. Da Wasserkraftwerke bei Hochwasser an vorderster Front stehen, müssen sie für extreme Hochwasser ausgelegt sein. Folgende Schäden an Kraftwerksanlagen sind möglich:

- Zerstörung von Gebäuden und Anlagenteilen durch den Strömungswiderstand des Wassers bzw. durch Geschiebe (mechanische Schäden)
- Beschädigung der elektrischen Einrichtungen durch Überflutung
- Geschiebeanlandungen

Zu Beschädigungen kommt es auch, wenn im Bereich der Dämme andere Bauwerke entstehen, die im Extremfall die Hochwassersituation verschärfen, wie es während des Hochwassers 2002 in der Nähe des Kraftwerks Wallsee-Mitterkirchen passiert ist. Die Aist uferte aus und floss rechtsufrig ins Hinterland. An der Rampe der Bundesstraße B3 staute sich das Wasser und führte zu einem Überströmen des Dammes von der Landseite in das Flussbett. Dabei wurde der Damm zerstört (ZENAR 2003, S. 93).

Stromverteilung

Durch das Hochwasser 2002 wurden Umspannwerke teilweise gänzlich überflutet. Probleme bei der Stromverteilung entstanden auch durch geflutete Transformatoren-Stationen, unterspülte Kabelmasten und Kabelleitungen sowie überflutete Kabelkästen. Ebenso wurden Hausanschlüsse und Zähleinrichtungen Opfer des Hochwassers (ZENAR 2003, S. 92).

Die monetär bewerteten Schäden von Kraftwerksanlagen und Energieinfrastruktur sind in der Hochwasserschadensbilanz dem Bereich Unternehmensvermögen zugerechnet und somit in der Statistik nicht extra ausgewiesen (ZENAR 2003, S. 117).

Wasserversorgung und Abwasserentsorgung

Durch das Eindringen von verschmutztem Wasser in die Trinkwasserleitungen kam es im August 2002 in einigen Gebieten zu einer Beeinträchtigung der Trinkwasserqualität. Mineralölprodukte durch Leckagen an Öltanks verstärkten die Verschmutzung noch mehr. Folgekosten ergaben sich durch die Entsorgung von verseuchtem Wasser in Höhe von 3 Mio. EURO (Stalzer 2003, S. 6). Schäden im Abwassersystem entstanden durch die Verschlammung von Kanalrohren und die Überflutung von Kläranlagen (ZENAR 2003, S. 93).

Die Hochwasserschäden vom August 2002 betrugen für die Siedlungswasserwirtschaft insgesamt 41 Mio. EURO. Bezogen auf den Gesamtschaden in Österreich ergibt das einen Anteil von 2% (ZENAR 2003, S. 120). Etwa drei Viertel davon entfielen auf Kanalisations- und Kläranlagen und rund ein Viertel auf den Wasserversorgungsbereich (Stalzer 2003, S. 4). Beim Hochwasser 2002 in Sachsen, Deutschland machten Schäden an Kanal- und Abwassersystemen rund 2% des Gesamtschadens von 6,2 Mrd. EURO aus (Beyer u. Müller 2003, S. 12).

13.2.2 Lawinen

Umfassende Analysen liegen hier für die Schweiz vor, weshalb die Betrachtung der quantitativen Lawinenschäden beispielhaft für diesen geografischen Fokus erfolgt. Im Allgemeinen gehen Lawinen in – bezüglich der Energie- und Wasserwirtschaft – eher infrastrukturschwachen Gebieten ab.

Stromversorgung

Schäden durch Lawinenabgänge umfassen Leitungsschäden und die Zerstörung von Wasserfassungen und Kraftwerksgebäuden. Durch die Lawinengefahr muss man auch mit höheren Aufwänden für die Aufrechterhaltung des Betriebes rechnen. Dazu zählen die Annahme von Störungsmeldungen und deren Behebung sowie die Schneeräumung. Kosten werden weiter verursacht durch Geräte und Fahrzeuge, die im Katastrophenfall zum Einsatz kommen, wie z.B. Notstromaggregate (SLF 2000, S. 238).

Stromverteilung

Auch Bodenleitungen sind vor Lawinen nicht vollkommen sicher. Im Schweizer Kanton Glarus wurden durch den Schneedruck Verankerungseisen von Dreibeinböcken in die Leitung gedrückt. Leitungsunterbrechungen und diesbezügliche Ertragsentgänge für die Stromversorger waren die Folge.

Die durch SLF (2000) erhobenen Schäden[1] für den schweizerischen Energiesektor liegen – ohne Einberechnung von Verlusten durch entgangenen Stromverkauf – bei 24 Mio. CHF (ca. 16,5 Mio. EURO). Zusätzlich kann man mit Folgekosten für die Erhöhung der Sicherheitsmaßnahmen in der Höhe von 7 Mio. CHF (ca. 4,8 Mio. EURO) rechnen. Das entspricht einem Anteil von ca. 5% am Gesamtschaden verursacht durch den Lawinenwinter 1999 (SLF 2000, S. 239ff).

13.2.3 Hagel

Es besteht wenig Grund zur Annahme, dass Hagel für die Infrastruktur relevant ist. Eine Ausnahme bilden extreme Hagelstürme wie in Stuttgart 1972, wo die Suspension aus Hagelkörnern, heruntergeschlagenen Blättern und Regenwasser, gleich einer Schlammlawine, Abwasserkanäle verstopfte. Energieleitungen waren hier nicht betroffen (Schneider 1980, S. 270).

---

[1] Das SLF erhebt keinen Anspruch auf Vollständigkeit, es kann aber davon ausgegangen werden, dass ein Großteil der Schäden erhoben wurde und die Daten daher als repräsentativ betrachtet werden können (SLF 2000, S. 238).

13.2.4 Stürme

Stürme zerstören im Allgemeinen Pflanzen, Bauten und Gegenstände, die in die Höhe ragen und einen starken Luftwiderstand bieten. Schäden entstehen, wenn überhaupt, an überirdischen kommunalen Versorgungsleitungen. Bezugnehmend auf die Studie von WSL und BUWAL (2001) war während der Winterstürme 1999 in der Schweiz mit Ausnahme von drei Kantonen die Stromversorgung schwer gestört. Bei den beiden am stärksten betroffenen Energieproduzenten waren rund ein Drittel der Kunden zeitweise ohne Stromversorgung. (WSL u. BUWAL 2001, S. 291)

Stromerzeugung

Die Hauptschäden der Orkane „Anatol", „Lothar" und „Martin"[2] wurden unter anderem an Dächern und Fassaden verursacht. Eine genaue Schadensbilanz für Immobilien von Energiedienstleistungsunternehmen liegt nicht vor. Electricité de France beklagte unversicherte Schäden an Kraftwerken in Höhe von mehreren Mrd. französischen Franc (Münchener Rück 2000, S. 13).

Stromverteilung

Störungen der Stromversorgung können durch auf Leitungen gestürzte Bäume oder durch direkt vom Orkan geknickte Masten sowie zerstörte Relais- und Transformatoren-Stationen entstehen (WSL u. BUWAL 2001a, S. 2). Die Statistik des schweizerischen Energieversorgers AEW Energie in Tabelle 13.2 verdeutlicht die hohe Anzahl von Betriebsunterbrechungen im Sturmjahr 1999/2000 im Vergleich zu 2000/01.[3]

Tabelle 13.2. Statistik der Betriebsunterbrechungen des schweizerischen Energieunternehmens AEW Energie AG (AEW 2002)

Art der Unterbrechung	1999/2000 [Anzahl]	2000/2001 [Anzahl]
Kurze Unterbrüche bis 0,3 Sekunden	127	55
Unterbrüche bis 1 Minute	24	18
Länger dauernde Unterbrüche	76	22
Total Störungen	227	95

---

[2] Diese Orkane richteten 1999 in Nord- und Mitteleuropa einen volkswirtschaftlichen Schaden von 18,4 Mrd. EURO an (Münchner Rück 2003).
[3] Das Geschäftsjahr von AEW Energie beginnt jeweils am 1. Oktober.

Die Winterstürme 1999 legten in weiten Teilen Europas in über 5 Mio. Haushalten die Stromversorgung lahm. In Frankreich dauerte es teilweise Wochen bis die Stromversorgung wieder hergestellt war (Münchener Rück 2000, S. 13). Welche Auswirkungen der Ausfall einzelner Hochspannungsleitungen haben kann, zeigte die Unterbrechung einer Leitung über den Lukmanierpass im September 2003.[4]

Allein die Schadenssumme für die Instandsetzung der Stromleitungen in der Schweiz nach dem Orkan „Lothar" lag bei geschätzten 56 Mio. CHF, was einem Anteil von ca. 3% an dem gesamten, durch die Winterstürme, entstandenen Aufwand entspricht. (ca. 35 Mio. EURO, WSL u. BUWAL 2001a, S. 2).

Indirekte Folgeschäden, verursacht durch Betriebsunterbrechungen aufgrund der Stromausfälle, sind in der Literatur nicht monetarisiert. Betroffene Bereiche waren EDV-Anlagen, Kühlanlagen, Licht, Heizungen usw. (WSL u. BUWAL 2001a, S. 2).

13.2.5 Trockenheit

Nicht nur in unserer industrialisierten Zeit bedeutet Wassermangel ebenso Energiemangel. War infolge langer Dürreperioden wenig Wasser vorhanden standen die Mühlen still und Mehl und Brot wurden teuer. Hungersnöte waren die Folge (Pfister 2000, S. A-10).

Stromverteilung

Langanhaltende Trockenheiten können eine deutliche Änderung im Wasserhaushalt bewirken. Probleme treten beispielsweise auf, wenn Flüsse zu wenig Wasser führen, um den Betrieb von Wasserkraftwerken und kalorischen Kraftwerken (Kühlwasser) zu gewährleisten. Von tiefen Wasserständen zuerst betroffen sind die Laufkraftwerke. Besonders im Süden Österreichs, an den Flüssen Mur und Enns, gab es im Sommer 2003 Erzeugungseinbrüche bis zu 50% (Der Standard 2003a). Der Verlust der Energiewirtschaft ist in einem solchen Fall auf einen vorübergehenden Produktionsengpass zurückzuführen, nicht jedoch auf Schaden am Anlagekapital.

---

[4] Durch den Ausfall am Lukmanierpass und der anschließenden Abschaltung einer Leitung im Misox kam es zum größten Blackout der italienischen Stromversorungsgeschichte, bei dem 57 Mio. ItalienerInnen ohne Strom waren (FAZ 2003).

Damit es nicht zu Versorgungsengpässen kommt, wird Strom vermehrt durch Speicherkraftwerke produziert. Zufluss zu den Speichern kommt von den, bei hohen Temperaturen stark abschmelzenden Gletschern.

Erschwerend kam im Hitzesommer 2003 zu dem sinkenden Stromangebot auch eine um 10% gestiegene Stromnachfrage hinzu. Primär verantwortlich dafür waren Klimaanlagen und Ventilatoren (Der Standard 2003b).

Wasserversorgung

Österreich entnimmt mit 2,6 Mrd. m^3 Wasser nur etwa 3% des vorhandenen Angebots (BMLFUW 2001). Nur sind Angebot und Nachfrage meist nicht am selben Ort zu finden. Speziell in Ostösterreich kommt es bei Trockenheit immer wieder zu Engpässen in der Wasserversorgung. Im Sommer 2003 mussten viele Haushalte per Tankwagen mit Trinkwasser versorgt werden, weil Hausbrunnen versiegten (Kleine Zeitung 2003).

Trotz regionaler Verbundnetze verfügt die Trinkwasserversorgung beim heutigen hohen Wasserverbrauch kaum über Reserven und ist daher empfindlich auf anhaltende Trockenheiten. Anders als Nahrungsmittel und Strom kann Trinkwasser nicht kurzfristig über große Distanzen importiert werden (OcCC 2000). Um die Situation zu entschärfen wird der Bau großer Wasserleitungsprojekte angedacht (z.B. vom Norden in den Süden der Steiermark).

Wintertrockenheit ist höchstwahrscheinlich im Hinblick auf das Schadenspotenzial vernachlässigbar. Die fehlende isolierende Schneedecke könnte u.U. zum Einfrieren von kommunalen Wasserleitungen führen, der Effekt erscheint in Mitteleuropa jedoch keine allzu große Relevanz zu besitzen.

13.3 Adaptionsmaßnahmen in der Vergangenheit aufgrund von extremen Wetterereignissen

Schutzbauten

Mitteleuropa war in der Vergangenheit schon oft von Hochwasser betroffen. Angesichts der katastrophalen Bilder vom August 2002 fällt es schwer zu glauben, dass es noch schlimmer hätte kommen können. Doch viele, teils vor Jahrzehnten erstellte Schutzbauten[5] trotzten den Wassermengen und verhinderten noch größeren Schaden (Stalzer 2003, S. 5). Die wasserbaulichen Anlagen werden schon in der Planung auf bisher bekannte Extremereignisse ausgelegt. Dank dieser vorausschauenden Strategie können die Kraftwerke bei prognostizierten Extremsituationen ohne Probleme geführt werden.

Zufluss- und Lawinenvorhersagemodelle

Für die großen Flüsse (z.B. Donau) funktionieren die Zuflussvorhersagemodelle auch im Hochwasserfall gut. Die Prognosefrist aufgrund von meteorologischen Vorhersagen liegt bei 96 Stunden.

Problematisch wird es bei Extremereignissen wie dem Hochwasser 2002, die in einzelnen Regionen alle Maximalwerte von bisherigen Statistiken deutlich übertreffen. Die Wasserwirtschaft betreibt diesbezüglich Forschung und Entwicklung. Beispielsweise gibt es Niederschlags-Abfluss Modelle (NA), die neben dem Niederschlag auch das Rückhaltevermögen der Umgebung und den Vorbefeuchtungsgrad in ihre Modellierung mit einbeziehen. Grundsätzlich gibt es eine Reihe von operationellen Abflussvorhersagen[6], allerdings werden sie praktisch nur an Flüssen mit Kraftwerksketten (z.B. Donau, Salzach, Enns) eingesetzt (ZENAR 2003, S. 130).

Besonders von Lawinen betroffen sind die Speicher in alpinen Regionen. Schon in der Vergangenheit wurden für die Dimensionierung von Lawinenverbauungen und die Gefahrenschutzplanung Simulationsmodelle erstellt (Schaffhauser u. Sauermoser 1998). Die numerisch arbeitenden Modelle ermöglichen die Vorhersage von Lauflänge und räumlicher Entwicklung von Lawinenabgängen.

Siedlungswasserwirtschaft

Aus Sicht der Siedlungswasserwirtschaft führten die Hochwasserereignisse 2002 eindringlich vor Augen, dass – insbesondere bei Anlagen in hochwassergefährdeten Bereichen – technische Kriterien für eine gute Absicherung überprüft werden müssen und z.B. eine Minimierung des Hochwassereinflusses auf Brunnenschutzgebiete erreicht werden sollte. Weiter

---

[5] Z.B. für Österreich: Rückhaltebecken im Wald-, Most- und Weinviertel, mobiler Hochwasserschutz in Krems und Stein oder Schutzvorkehrungen bei Bächen in Oberösterreich.
[6] Vgl. u.a. Wilke u. Rademacher (2002).

bestätigte sich die Notwendigkeit einer möglichst umfassenden, vorausschauenden Planung der Trinkwassernotversorgung in Katastrophenfällen. Die Hochwassersicherheit ist bei allen Abwasseranlagen generell zu überprüfen und eine Beschreibung der Störfallanalyse ist durchzuführen. Für Kanalanlagen und Kläranlagen wurden Empfehlungen an die Betreiber erarbeitet. Hinsichtlich der Gebäudetechnik sind Optimierungen in Anbetracht des Hochwassers unbedingt notwendig (z.B. hochwassersichere Aufstellung von Öltanks, ZENAR 2003, S. 148).

13.4 Zukünftige Kernstrategien der Anpassung an extreme Wetterereignisse

Trotz erheblicher Anstrengungen in der Vergangenheit führt der Extremfall immer wieder vor Augen, dass es noch weitere Möglichkeiten zur Verbesserung gibt.

Katastrophenschulung und Kommunikation

Bei der Einsatzplanung für Kraftwerke sollen Personalschulungen für den Hochwasserfall durchgeführt werden. Zwischen den verschiedenen Kraftwerksgesellschaften besteht noch Koordinationsbedarf für die zu setzenden Handlungen bei Hochwasser.

Eine schweizerische Studie erläutert auch die Bedeutung von Kommunikation zwischen Stromproduzenten und Öffentlichkeit (WSL u. BUWAL 2001, S. 4).

Forschung und Entwicklung

Zurzeit gibt es keine Zuflussvorhersagemodelle für Speicherkraftwerke im alpinen Bereich.

Noch viele weitere Forschungsfragen sind zu klären, z.B. was passiert mit der Stromversorgung, wenn immer längere oder noch stärkere Hitzeperioden im Sommer auftreten oder wie wirken sich mögliche Klimaszenarien auf das regionale Abflussgeschehen aus?

Sicherheitsüberlegungen für den Katastrophenfall

Nach dem Hochwasser 2002 überlegt man mancherorts (z.B. Umspannwerk Rosenburg) die Umsiedelung der Energieinfrastruktur. Bei Anlagen, die am selben Ort bleiben, soll zumindest die Hochwassersicherheit erhöht werden.

Eine Schwachstelle bei Hochwasser sind die Längsdämme. An diesen treten immer wieder Schäden auf. Handlungsbedarf besteht hinsichtlich der schwierigen Zustandserfassung der Dämme. Durch Kontrollen und ständige Wartung kann man früh genug auf Leckagen reagieren.

Versorgungssicherheit

Für die Aufrechterhaltung der Versorgungssicherheit fordert die österreichische Energiewirtschaft den 380-kV-Ringschluss in Südostösterreich. Im Fall einer Stromunterbrechung, z.b. durch Sturm, kann dann die Versorgung von der anderen Seite aufrechterhalten werden.

Die Wasserversorgung durch Hausbrunnen ist in einer Reihe von Gebieten, z.B. in Österreich im Osten, bei Dürre nicht gesichert. Den angesprochenen Problemen bei lang anhaltenden Trockenperioden (s. Abschn. 13.2.5, wie z.B. Sommer 2001 und 2003) kann durch eine bessere Verteilung der Wasserressourcen entgegen gewirkt werden. Eine Wasserleitung, die trockene Gebiete, wie z.B. Ostösterreich versorgt, kann hier Ausgleich schaffen.

Koordination und Vorhersage

Als Reaktion auf den Dammbruch im Bereich des Donaukraftwerks Wallsee-Mitterkirchen sollen in Zukunft Baumaßnahmen, die in räumlicher Verbindung mit Bauten der Wasserwirtschaft stehen, mit Bauträgern im Hinterlandbereich koordiniert werden.

Mit dem Einsatz von Vorhersagemodellen für Lawinen im Bereich der Speicher können die Zufahrtswege für das Betriebspersonal sicherer gestaltet und Schäden vermieden werden.

13.5 Handlungsmöglichkeiten der Politik

Die Erhaltung der Retentionsräume muss verstärkt von der Lokalpolitik betrieben werden. Auch wenn Retentionsräume über Jahre nicht gebraucht werden, rechtfertigt das keine Baubewilligung in diesem Bereich.

In diesem Zusammenhang steht auch die Umsetzung der EU-Wasserrahmenrichtlinie. Diese geht weg von nutzungsorientierter Wasserwirtschaft hin zu gewässerökologischer Wasserwirtschaft. Hochwasserschutz funktioniert am besten als Mischung aus Retentionsräumen und baulichen Vorkehrungen.

Die Gewässerbetreuung beinhaltet auch Maßnahmen für den Hochwasserschutz. In der EU-Wasserrahmenrichtlinie ist nach dem Verursacherprinzip der/die NutzerIn einer Gewässerstrecke verpflichtet einen ökologisch guten Zustand zu erhalten bzw. herzustellen. Die Gewässerbetreuung kann somit für die Energiewirtschaft zu einem großen Kostenfaktor werden. Im Rahmen der Strommarktliberalisierung kann es bei der Wasserkraft zu Verzerrungen des Strompreises kommen, da diese Maßnahmen auch finanziert werden müssen. Der/die GesetzgeberIn ist in diesem Fall gefordert, keine relative Benachteiligung der Energie aus Wasserkraft zuzulassen (Internalisierung externer Kosten anderer, z.B. fossiler Energieformen).

Literatur

AEW Energie (2002) Geschäftsbericht 2000/2001. Aarau
Beyer B, Müller S (2003) Schadensausgleich und Wiederaufbau im Freistaat Sachsen. Sächsische Staatskanzlei
BMLFUW Bundesministerium für Land- und Forstwirtschaft, Umwelt und Wasserwirtschaft (2001) Wasserversorgung in Österreich. Pressemitteilung, Wien
BMLFUW Bundesministerium für Land- und Forstwirtschaft, Umwelt und Wasserwirtschaft (oJ) Waldbericht 1997-99 und Datensammlung 2001-2002. http://gpool.lfrz.at/gpool/main.cgi?catid=13733&rq=cat&catt=fs&tfqs=catt, Stand: August 2003
Der Standard (2003a) Hitze und Trockenheit lassen heimische Stromversorger kalt. 5.8.2003, Wien
Der Standard (2003b) Italien brütet dem Notstand entgegen. 15.7.2003, Wien
FAZ Frankfurter Allgemeine Zeitung (2003) Italien: Stromausfall forderte fünf Menschenleben, 29.9.2003, Frankfurt
Kleine Zeitung (2003) Osten ist Dürre-Hochburg. 15.8.2003, Graz
Münchener Rück (2000), Winterstürme in Europa (II), München
OcCC Beratendes Organ für Fragen der Klimaänderung (2000) Trockenheit in der Schweiz, Workshopbericht, Bern
Pfister C (2000) Dürre im Schweizer Mittelland seit 1525. Historisches Institut der Universität Bern
Schaffhauser H, Sauermoser S (1998) Practical experience with the Austrian powder avalanche simulation model in hazard zoning. In: Hestnes E (ed) 25 years of snow and avalanche research, Voss 12-16 May. Oslo, pp 229-233
Schneider G (1980) Naturkatastrophen. Enke Verlag, Stuttgart
SLF Eidgenössisches Institut für Schnee- und Lawinenforschung Davos (Hrsg) (2000) Der Lawinenwinter 1999. Ereignisanalyse, Davos
Stalzer W (2003) Bestandsaufnahme und Beurteilung der gesamten Hochwasserfolgen. Symposium des ÖWAV Österreichischen Wasser- und Abfallwirtschaftsverbands, Wien

Wilke K, Rademacher S (2002) Operationelle Wasserstands- und Durchflussvorhersagen im Rheingebiet. Österr. Wasser- und Abfallwirtschaft 54/9-10: 154-162
WSL Eidgenössische Forschungsanstalt für Wald, Schnee und Landschaft, BUWAL Bundesamt für Umwelt, Wald und Landschaft (2001) Lothar – der Orkan 1999. Ereignisanalyse. Birmensdorf, Bern
ZENAR Zentrum für Naturgefahren und Risikomanagement (2003), Ereignisdokumentation Hochwasser August 2002, Wien

Teil C
Schlussfolgerungen

14 Zusammenfassung der wirtschaftssektoralen Analysen: Gefährdungen, Anpassungen und politische Forderungen

Christian Steinreiber, Erik Schaffer

Human Dimensions Programme Austria, Universität Graz

Die Kap. 9 bis 13 im Teil B dieses Buches haben die sehr unterschiedlichen Dimensionen der Betroffenheit der einzelnen Wirtschaftsbranchen aufgezeigt. Dieses Kapitel vergleicht die individuelle Sensibilität gegenüber extremer Wetterereignisse und fasst die zugehörigen Problemlösungsstrategien sowie die Forderungen der Wirtschaftsbranchen an die Politik zusammen.

14.1 Gefährdungspotenzial für einzelne Wirtschaftsbranchen

Ein für alle betrachteten Wirtschaftssektoren besonders relevantes Wetterereignis gibt es nicht. Hochwasser ist noch am ehesten als solches zu bezeichnen, da es mit Ausnahme der Forstwirtschaft für alle anderen Branchen einen bis zu sehr relevanten Risikofaktor darstellt. Dem gegenüber stehen das Hagel- und das Dürrerisiko, die nur für die Landwirtschaft und die Versicherungswirtschaft zu hohen Schäden führen können.

Lawinen sind naturgegebenermaßen nur in den alpinen Regionen von Bedeutung. Dort stellen sie aber für den Tourismus, die Forstwirtschaft und die Gesundheitsversorgung eine große Gefahr dar. Demgegenüber können Stürme fast überall vorkommen, was eine leichtere Risikoverteilung für Versicherungen ermöglicht.

In Diskussion mit den einzelnen AutorInnen der Kap. 9 bis 13 wurde eine Matrix erstellt, die in Tabelle 14.1 wiedergegeben wird, welche die subjektive Betroffenheit der einzelnen Branchen hinsichtlich der betrachteten extremen Wetterereignisse darstellt. Gleichzeitig wird als zweiter Parameter das Vorhandensein aussagekräftiger Daten aus der Wirtschaftsbranche hinsichtlich der einzelnen Wetterereignisse abgebildet.

Tabelle 14.1. Sensibilität der Wirtschaftssektoren gegenüber extremen Wetterereignissen und Datenverfügbarkeit

Sektor	Tourismus	Gesundheitsv.[a]	Landwirtschaft	Forstwirtschaft	Versicherung	Energie, Wasser
Lawinen	III/ j	III/ j	I/ j	III/ j	II/ j	I/ j
Hochwasser	II/ j	III/ j	II/ j	I/ j	III/ j	III/ j
Hagel	0/ n	I/ n	III/ n	0/ n	III/ j	0/ n
Sturm	II/ j	II/ n	II/ n	III/ j	III/ j	I/ n
Sommertrockenheit	0/ n	II/ n	III/ j	I/ n	III/ j	II/ n
Wintertrockenheit	III/ j	0/ n	II/ n	0/ n	0/ n	0/ n

[a] *Gesundheitsv*...Gesundheitsversorgung.
Kategorien der Sensibilität: *0* (so gut wie) kein Schaden, *I* vernachlässigbar geringer Schaden, *II* sensibel, *III* sehr sensibel
Datenlage: *j*...Sektorendaten zu dem Wetterereignis vorhanden, *n*...kaum/keine Daten vorhanden

Der Vergleich der Wirtschaftsbranchen in Tabelle 14.1 zeigt eine besonders hohe Vulnerabilität der Versicherungsbranche und der Land- und Forstwirtschaft. Die Versicherungswirtschaft ist deswegen stark betroffen, da sie als Dienstleistungsunternehmen für viele der anderen Wirtschaftssektoren ein zentraler Bestandteil von deren Risikomanagement ist. Der wirtschaftliche Erfolg der Land- und Forstwirtschaft ist wiederum sehr stark vom Klima und den Wetterereignissen abhängig.

Gleichzeitig ist der Vergleich des Gefährdungspotenzials schwierig, da die Verfügbarkeit an Daten sehr stark zwischen den einzelnen Branchen variiert. Es ist anzunehmen, dass für die Erforschung und Aufzeichnung von eher unwichtigen Naturgefahren weniger Ressourcen zur Verfügung stehen und daher auch weniger dazu publiziert wird. Insofern kann das Fehlen von Daten durchaus auch als Hinweis auf die Geringfügigkeit des Schadenspotenzials eines extremen Wetterereignisses gedeutet werden.

Abschließend sei noch angemerkt, dass die Qualität und die Kompatibilität der verwendeten Daten bzw. deren Quellen nicht ausreichend sind, um eine quantitative Abschätzung des ökonomischen Schadenspotenzials durchzuführen. Die Tabelle 14.1 stellt die Größenordnung der Effekte der einzelnen extremen Wetterereignisse auf die Sektoren zumindest näherungsweise dar.

Bei der Behandlung von Ereignissen, deren Ausmaß aufgrund der Seltenheit und fehlenden langen Messreihen nicht erwartet werden konnte, könnte die Tabelle 14.1 aber anders aussehen. So könnte ein solches unerwartet extremes Hagelunwetter oder ein extrem schwerer Sturm in nahezu allen Sektoren aufgrund fehlender Vorbereitung darauf schwere Schäden anrichten.

14.2 Anpassung an extreme Wetterereignisse in der Vergangenheit

Natürliche und menschliche Systeme haben sich seit jeher an Veränderungen der Klimabedingungen angepasst. Viele soziale und ökonomische Systeme (z.B. Land- und Forstwirtschaft, Siedlungswirtschaft, Industrie etc.) haben sich dahingehend entwickelt, sich an geringfügige Abweichungen im Rahmen der statistischen Wahrscheinlichkeitsverteilung anzupassen, kaum jedoch an sehr seltene, extreme Wetterereignisse.

In der Vergangenheit hat sich der Umgang mit Naturgefahren vor allem auf vorbeugende Schutzmaßnahmen technischer Art konzentriert. So haben z.B. viele, teils vor Jahrzehnten getätigte Schutzbauten (z.B. Rückhaltebecken) beim Hochwasser 2002 in Mitteleuropa noch größeren Schaden verhindert.

Verstärkte Risikoforschung für mehrere Naturgefahren führte zu einer besseren Risikoschätzung in Form von Gefahrenkarten als Basis für raumplanerische Maßnahmen. In den letzten 15 Jahren wurden die meisten Naturkatastrophen (Hochwasser, Muren, Lawinen) von den Versicherungen in den allgemeinen Sachversicherungsbestand übernommen. Teilweise wurden jedoch ungenügende Risikoprüfungen angewandt, mit dem Ergebnis, dass die Schadensergebnisse durch Naturkatastrophen stark anstiegen.

Für die Landwirtschaft sind im Rahmen der Mehrgefahrenversicherung zahlreiche Risiken gemeinsam versicherbar.

Vieles hat sich im Katastrophenmanagement, also im direkten Umgang mit Katastrophen, verbessert. Zur Information der Bevölkerung über Vorsorgemaßnahmen und die richtigen Verhaltensweisen werden präventive Informationskampagnen über die Medien durchgeführt. Nur für einzelne wenige Naturgefahren (z.B. Lawinen) wurden Warndienste für den Ereignisfall eingerichtet. Mit der Einsetzung von Verbindungsoffizieren, Mehrfachbesetzung von Stabsfunktionen und standardisierten Hilfseinheiten wird ein effizienterer Einsatz der verschiedenen Einsatzkräfte ermöglicht. Außerdem wird die psychosoziale Betreuung für Betroffene wie auch für die Einsatzkräfte zum fixen Bestandteil.

14.2.1 Hochwasser und Muren

Der Hochwasserschutz ist im Alpenraum seit Jahrhunderten von großer Bedeutung. Dies erfolgte ursprünglich nicht nur zum Schutz vor den Fluten, sondern auch zum Gewinn fruchtbaren Ackerlandes. Das Hochwasser 2002 zeigte, dass Gewässerregulierungen auch mit maximalem Aufwand die Sachwerte nicht vollständig vor Schäden schützen können. In vielen Fällen erwies sich die Aufgabe wichtiger Gewässerretentionsräume, aufgrund einer sich in Sicherheit fühlenden Bevölkerung, als großer Fehler.

Für die Anlagen der Energiewirtschaft an großen Flüssen (z.B. die Donau) funktionieren die Zuflussvorhersagemodelle auch im Hochwasserfall gut. Problematisch wird es bei Extremereignissen wie dem Hochwasser 2002, die in einzelnen Regionen alle Maximalwerte von bisherigen meteorologischen Statistiken deutlich übertreffen. Die Wasserwirtschaft betreibt diesbezüglich Forschung über die Auswirkungen der verschiedenen Klimaszenarien auf das Abflussgeschehen.

Aus Sicht der Siedlungswasserwirtschaft zeigten die Hochwasserereignisse 2002, dass besonders der Hochwassereinfluss auf Brunnenschutzgebiete minimiert werden sollte. Weiters bestätigte sich die Notwendigkeit einer möglichst umfassenden, vorausschauenden Planung der Trinkwassernotversorgung in Katastrophenfällen. Die Hochwassersicherheit ist bei allen Abwasseranlagen generell zu überprüfen und eine Beschreibung von Störfallanalysen ist durchzuführen. Hinsichtlich der Gebäudetechnik sind Optimierungen in Anbetracht des Hochwassers unbedingt notwendig (z.B. hochwassersichere Aufstellung von Öltanks).

Die Überschwemmungsschäden der Landwirtschaft konnten durch eine Anpassung der Bewirtschaftungsmethoden (z.B. Drainagensysteme) gesenkt werden. Durch die Anlage von Winterbegrünungen und Erosionsschutzstreifen, durch die Wahl der Bearbeitungsrichtung quer zum Hang, durch die Wiederanlage von Hecken und weitere humusfördernde pflanzenbauliche Maßnahmen wird versucht, das Wasserhaltevermögen des Bodens zu erhöhen und dadurch die Bodenerosion durch Starkniederschläge zu reduzieren.

14.2.2 Hagel und Dürre

Hier wurden aufgrund der großen Betroffenheit vor allem für die Landwirtschaft versicherungstechnische Anpassungen getroffen. So gibt es in Österreich, Deutschland und anderen Ländern eigene Hagelversicherungen. Umfasste der Versicherungsschutz vorerst nur Hagelschäden, so wurde dieser z.B. in Österreich seit 1995 zu einer Mehrgefahrenversicherung ausgedehnt. Durch eine breite Absicherung der landwirtschaftlichen Produktionsflächen und die damit verbundene Risikostreuung konnten die Prämien trotz Zunahme der Schäden stabil gehalten werden. Dürreschäden werden dabei nur für einzelne Fruchtarten ersetzt.

Hinsichtlich dieser beiden Naturgefahren wurden auch zahlreiche technische Maßnahmen gesetzt. So sind in Österreich rund 60% der Intensivobstanlagen mit Hagelschutznetzen ausgestattet. Weiters sind Beschattungs- und Bewässerungseinrichtungen zu nennen, die aufgrund des hohen finanziellen Einsatzes jedoch nur beschränkt im agrarischen Bereich verwendet werden können (z.B. bei der Saatgutproduktion). Die präventive Hagelabwehr beruht darauf, bei hagelträchtigen Gewitterzellen die Ausbildung kleinerer Hagelkörner zu erreichen.

14.2.3 Lawinen

Obwohl der Alpenraum heutzutage durch den großen Bevölkerungsdruck und ein verändertes Freizeitverhalten viel intensiver genutzt wird, kamen im Lawinenwinter 1999 weniger Menschen ums Leben als beim Vergleichswinter 1951 (allein in der Schweiz 98 Personen). Im Alpenraum wurde bereits kurz nach dem Zweiten Weltkrieg eine integrale Risikostrategie an technischen, raumplanerischen, biologischen und organisatorischen Maßnahmen umgesetzt.

Als ein wichtiges Element zur Verbesserung der Sicherheit der TouristInnen in den Skigebieten erweist sich die Kommunikation über die Lawinengefahr. In den Skigebieten sind zudem speziell ausgebildete Pistendienste für die Sicherheit der Gäste vor Lawinen auf den Pisten und bei der Benützung der Anlagen verantwortlich. In diesem Sinne bilden die Lawinen im Alpenraum die einzige Naturgefahr mit einem auch für TouristInnen permanent wirksamen Warnsystem.

14.2.4 Stürme

Bei Sturmereignissen kommt der Frühwarnung entscheidende Bedeutung zu. Je früher und räumlich präziser die Sturmwarnung ausfällt, desto früher können sich Menschen in Sicherheit bringen und ihr Hab und Gut schützen.

Da Sturmschäden überall vorkommen können, stellte deren Versicherbarkeit schon in der Vergangenheit kaum Probleme dar. Regionen werden nach ihren Sturmeintrittswahrscheinlichkeiten zoniert, an der sich die Versicherungsprämie des Gebäudes richtet.

Bei der Landwirtschaft spielt die Vermeidung der Winderosion eine große Rolle, da sonst die Bodenfruchtbarkeit vor allem auf leicht sandigen und schluffigen Böden nachhaltig beeinträchtigt wird. Gegenmaßnahmen können die Pflanzung von Windschutzgürtel und Hecken sowie eine Minimal-Bodenbearbeitung sein, bei dem auf das Umbrechen des Ackerbodens mittels Pflug verzichtet wird.

14.3 Zukünftige Kernstrategien der Anpassung an extreme Wetterereignisse

Die großen Schadensereignisse der letzten Jahre haben im Alpenraum zur Erkenntnis geführt, dass ein *totaler* Schutz vor Naturgefahren technisch nicht machbar und ökologisch nicht mehr vertretbar ist. Andererseits haben u.a. die steigenden Bedürfnisse der Gesellschaft (Mobilität, Versorgung etc.), eine immer dichtere Besiedlung und die stetige Wertsteigerung von Gebäuden und Infrastrukturanlagen zu einem immer größeren Risikopotenzial und zu größeren Folgeschäden bei Katastrophenereignissen geführt. Dazu kommen die Unsicherheit aufgrund schwer einschätzbarer Risikoanhäufungen bzw. möglicher Klimaveränderungen und eine hiermit verbundene mögliche Intensivierung von Naturkatastrophen.

Die Reduktion dieser Risiken auf ein erträgliches Maß stellt eine anspruchsvolle Aufgabe für unsere Gesellschaft dar. Zukünftig muss es bei Anstrengungen primär um den Schutz von Leib und Leben gehen. Risiken, die von Naturgefahren ausgehen, dürfen dabei nicht separat, sondern müssen im Rahmen eines integrierten Risikomanagements mit weiteren technischen, ökologischen, wirtschaftlichen und gesellschaftlichen Risiken abgeglichen werden. Diese können separat betrachtet gegensätzliche Ansprüche haben. Die Sicherheit und der Schutz der Bevölkerung sollte in diesem Gesamtkontext und im Sinne der Nachhaltigkeit beurteilt und gewährleistet werden. In der Schweiz wurden von der Plattform Naturgefahren in den letzten zwei Jahren eine Vision und eine Strategie zur Sicherheit vor Naturgefahren (PLANAT 2002) erarbeitet. Diese neue Naturgefahrenpolitik der Schweiz spricht in diesem Zusammenhang auch von einer „Abkehr von der reinen Gefahrenabwehr und einem Zuwenden zu einer modernen Risikokultur". Dabei zeigt sich immer deutlicher, dass ein risikogerechter Mitteleinsatz nicht möglich ist, wenn die verschiedenen Risiken nicht quantifiziert und miteinander verglichen werden können.

Ein wichtiger Teil dieses Risikomanagements stellt die Verbesserung der Kommunikationswege und -formen dar. Momentan gibt es nur für die aktuelle Lawinengefahr eine leicht verständliche Skala mit Verhaltensregeln.

Für die einzelnen Wirtschaftsbranchen werden im Folgenden die Schwerpunkte zukünftiger Anpassungsmaßnahmen identifiziert.

14.3.1 Energie- und Wasserwirtschaft

Katastrophenschulung

Es sollen vermehrt Personalschulungen für den Hochwasserfall durchgeführt werden. Zwischen den Kraftwerksgesellschaften besteht noch Koordinationsbedarf für die zu setzenden Handlungen im Hochwasserfall.

Forschung & Entwicklung

Zurzeit gibt es keine zuverlässigen Zuflussvorhersagemodelle für die Speicherkraftwerke im alpinen Bereich. Weitere zukünftige Forschungsfragen sind z.B. die Auswirkungen auf die Stromversorgung, wenn immer stärkere Hitzeperioden, und damit ein höherer Kühlbedarf, im Sommer auftreten.

Sicherheitsüberlegungen

Nach dem Hochwasser 2002 überlegt man die Aussiedelung der Energieinfrastruktur aus Risikogebieten (z.B. Umspannwerk Rosenburg, Niederösterreich). Eine weitere Schwachstelle bei Hochwasser sind die Längsdämme. Handlungsbedarf besteht hinsichtlich ihrer schwierigen Zustandserfassung.

Koordination

Als Reaktion auf den Dammbruch beim Donaukraftwerk Wallsee-Mitterkirchen im Sommer 2002 sollen in Zukunft Baumaßnahmen, die in räumlicher Verbindung mit Bauten der Wasserwirtschaft stehen, mit Bauträgern im Hinterlandbereich koordiniert werden.

Ausbau der Versorgungsnetze

Für die Aufrechterhaltung der Versorgungssicherheit auch im Katastrophenfall fordert die Energiewirtschaft den Ausbau der Versorgungsnetze, damit im Fall einer Stromunterbrechung (z.B. durch Sturm) die Versorgung von mehreren Seiten aufrechterhalten werden kann.

Anders als Nahrungsmittel kann Trinkwasser nicht kurzfristig im Katastrophenfall über große Distanzen transportiert werden. Um die Situation bei Hitzeperioden zu entschärfen wird der Bau großer Wasserleitungsprojekte angedacht.

14.3.2 Versicherung

Verbesserte Risikobeurteilung und -selektion

Die zukünftige Versicherbarkeit gegen Naturkatastrophen wird stark von der individuellen Risikobeurteilung abhängen. Derzeit wird im österreichischen Versicherungsverband an der Erstellung eines Naturkatastrophen-Zonierungssystems gearbeitet. Mit Fertigstellung dieses Systems wird es möglich sein, sowohl Einzelrisikoprüfungen und entsprechende Tarifierungen als auch gezieltere Großschadenrückstellungen vorzunehmen. Dies ist nicht nur für die Versicherungswirtschaft, sondern auch für die öffentliche Hand von elementarer Bedeutung. Damit wird es zwangsläufig zu einer besseren Risikoselektion (ev. durch Versicherungsausschluss in Risikogebieten) bzw. dem Erzielen risikoadäquater Prämien (z.B. mit Selbstbehalt etc.) kommen und mittelfristig eine dauerhafte Versicherbarkeit gegen die meisten Naturkatastrophen sichergestellt werden können.

14.3.3 Land- und Forstwirtschaft

Versicherung

Kurzfristig können die Auswirkungen von extremen Wetterereignissen durch die Mehrgefahrenversicherungen (z.B. der Österreichischen Hagelversicherung) abgefedert werden.

Öffentliche Geldmittel

Die Landwirtschaft ist der Wirtschaftssektor, der durch Naturkatastrophen am stärksten gefährdet ist. Hagel, Frost, Sturm, Trockenheit, Überschwemmung und andere Elementarschäden können innerhalb kürzester Zeit die gesamte Ernte eines Betriebes vernichten und damit seine Existenz gefährden. Hierdurch kann auch der Einsatz öffentlicher Mittel zur Förderung der Eigenvorsorge gerechtfertigt werden.

Agrartechnische Maßnahmen

Hinsichtlich heißer und trockener Sommer wurden Adaptionsmaßnahmen im Bereich der Sortenwahl bzw. der Kulturartenwahl gesetzt. Im Bereich des Pflanzenschutzes ergibt sich auch zunehmend die Notwendigkeit auf

Erfahrungen aus südlicheren Ländern mit heißeren und trockeneren Verhältnissen zurückzugreifen.

14.3.4 Tourismus

Gefahren-Warnungen

In Zukunft müssen organisatorische Maßnahmen wie Frühwarnung und Alarmierung bezüglich Ausmaß und Intensität eines Ereignisses noch verständlicher kommuniziert werden, da TouristInnen aufgrund fehlender Kenntnis der Gegend sonst schnell überfordert werden. Nur durch eine rasche und offene Kommunikation mit den Gästen können in einer Krisensituation unbedachte Einzelaktionen, übereilte Evakuierungen beunruhigter Gäste und Folgeschäden im Tourismussektor vermieden werden.

In Anlehnung an die Lawinengefahrenskala sollen auch für Sturm- und Hochwasserwarnungen ähnliche Klassifizierungen angedacht werden. Aufgrund ausländischer TouristInnen besteht hier großer Bedarf nach einer Vereinheitlichung auf internationaler Ebene.

Versicherungen für Tourismusbetriebe

Betriebsunterbrechungsversicherungen für den Tourismusbereich umfassen bis dato nur Ausfälle, die im Zusammenhang mit einem direkten Schaden stehen. Es sollten vielmehr auch Rückwirkungsschäden (z.B. Einnahmenverlust durch Sperrung einer Zufahrtsstraße) versicherbar sein. Die bisher mangelnde Verbreitung dieser Versicherungsform lässt sich mit der Prämienhöhe erklären. Nicht zuletzt muss in der breiten Bevölkerung – auch bei den TouristInnen – aber eine gewisse Risikoakzeptanz gefördert werden. Bei allen Maßnahmen bleibt immer ein Restrisiko offen, das als solches auch angenommen werden muss und als solches versicherbar sein sollte.

Die Rolle einer guten Kommunikationsstrategie

Eine Professionalisierung der Kommunikation muss dahin gehen, dass eine Strategie für die Information und Kommunikation in Krisenlagen bereitsteht. Das Ziel muss dabei sein, die Medien aktiv mit sachlich korrekter, aufbereiteter Information zu beliefern. Ein Ferienort sollte auch in ruhigen Zeiten klar kommunizieren können, dass für allfällige Krisensituationen vorgesorgt ist und so Vertrauen in die Offenheit der Kommunikation geschaffen wird. Dies kann am besten mit einer zentralen Kommunikationsstelle umgesetzt werden.

14.3.5 Gesundheitsversorgung und Katastrophenmanagement

Engere Zusammenarbeit zwischen Einsatzkräften und Forschung

Als Antwort auf das Hochwasser 2002 soll in Österreich eine Plattform zwischen Wissenschaft und Einsatzkräften entstehen. Das Ziel ist eine Harmonisierung der relevanten wissenschaftlichen Daten zur Erfassung, Messung und Voraussage von zukünftigen Extremereignissen.

Kompatibles Funksystem

Im Zuge vergangener Katastrophen wurde das Funk-Kommunikationssystem aufgrund von möglichen Netzüberlastungen als Schwachstelle erkannt. Eine Alternative stellt z.B. ein digitales Bündelfunksystem dar, auf das alle beteiligten Einsatzorganisationen zurückgreifen könnten. In weiterer Folge könnte ein derartiges Funksystem mit Nachbarländern harmonisiert werden, um grenzüberschreitende Katastropheneinsätze zu erleichtern.

Frühwarnsysteme

Von Seiten des Joint Research Centre der Europäischen Union werden bereits Initiativen in Richtung eines European Early Warning-Systems für eine grenzüberschreitende Zusammenarbeit im Rahmen der Vorhersage und Bewältigung von Katastrophen gesetzt. Probleme bereitet momentan noch die schwierige Vergleichbarkeit der Daten der einzelnen Länder.

Ausbildung zum/zur KatastrophenmanagerIn

Ausbildungen zum/zur KatastrophenmanagerIn gibt es schon in einzelnen Ländern, so z.B. in Frankreich. Die Erfahrungswerte dieser Länder sollen Ausgangspunkt für eigene Ausbildungsmodelle für das Katastrophen- und Risikomanagement in anderen Ländern sein.

Stärkung des Risikobewusstseins der Bevölkerung

Dies kann u.a. durch eine aktive und sachliche Informations- und Kommunikationspolitik via Medien auch in Nicht-Krisenzeiten erfolgen. Durch eine Art „Früh-Warnsystem" könnten Informationsmaßnahmen zudem effektiver gestaltet und eine Vorbereitung der Bevölkerung sichergestellt werden.

14.4 Handlungsmöglichkeiten der Politik

Aus der Analyse der Auswirkungen extremer Wetterereignisse auf die einzelnen Wirtschaftsbranchen und der anschließenden Betrachtung bereits getätigter und möglicher Anpassungsmaßnahmen ergeben sich konkrete Anforderungen an die Politik. Der hier angeführte Forderungskatalog wurde direkt von den VertreterInnen der einzelnen Wirtschaftssektoren entwickelt.

14.4.1 Allgemeine politische Maßnahmen

Umsetzung des Kyoto-Protokolls

Die prognostizierten Auswirkungen der Klimaerwärmung sind von derartigem Umfang, dass kurative Maßnahmen in den einzelnen Wirtschaftsbranchen nur eine untergeordnete Rolle spielen können. Das Problem muss also in internationaler Zusammenarbeit ursachenorientiert angegriffen werden. Ein wesentlicher Schritt hierzu besteht in der Umsetzung der Reduktionsverpflichtungen aus dem Kyoto-Protokoll. Mit der Ratifikation dieses Protokolls haben sich Österreich, Deutschland und die Schweiz verpflichtet, ihre Treibhausgasemissionen bis 2010 gegenüber 1990 um 13% (Österreich), 21% (Deutschland) bzw. 8% (Schweiz) zu senken. Um diese Trendwende zu schaffen ist eine massive Änderung im Energiesystem notwendig.

Förderung der wissenschaftlichen Forschung als Grundlage politischer Entscheidungen

Durch eine Intensivierung der Forschung auf dem Gebiet der Extremereignisse, deren Entwicklung und Risikoeinschätzung, kann die Grundlage für politische Entscheidungen gelegt werden, um zukünftige gesamtgesellschaftliche negative Auswirkungen in Grenzen zu halten. In der Schweiz ist aus Forschungsergebnissen eine vom Bundesrat genehmigte Strategie über die „Sicherheit vor Naturgefahren" zustande gekommen.

Bereitstellung sämtlicher risikorelevanter Informationen

Insbesondere im Bereich der Risikobeurteilung ist es unverzichtbar, dass sämtliche bereits vorhandenen risikorelevanten Informationen bei Bundes- und Landesbehörden oder auf kommunaler Ebene uneingeschränkt der Privatwirtschaft und insbesondere der Versicherungswirtschaft zur Verfügung gestellt werden, da es sich um im öffentlichen Interesse erstellte Daten handelt. Dies kann nur durch einen politischen Grundkonsens erfolgen.

Förderung des öffentlichen Problembewusstseins hinsichtlich der Bedrohung durch Naturkatastrophen

Auf Basis der wissenschaftlichen Forschungsergebnisse betreffend extreme Wetterereignisse muss ein Problem- und Risikobewusstsein in der Bevölkerung geschaffen werden. Dies kann durch breit angelegte Informationskampagnen erreicht werden.

14.4.2 Fiskalische und ordnungspolitische Maßnahmen

Integrierte Raumplanung

Im Bereich der überörtlichen Raumordnung muss verstärkt auf integrierte Ansätze geachtet werden, in denen sämtliche Aspekte des Siedlungsbaus, des Verkehrswesens, der Infrastruktur sowie insbesondere des Naturkatastrophenschutzes mit vorhandenen lokalen, regionalen oder überörtlichen Interessen gemeinsam betrachtet werden. Dies könnte beispielsweise in Österreich entsprechende Kompetenzbereinigungen auf der Bundesverfassungsebene erforderlich machen.

Die Erhaltung der Gewässerretentionsräume muss verstärkt von der Lokalpolitik betrieben werden. In diesem Zusammenhang steht auch die Umsetzung der EU-Wasserrahmenrichtlinie. Die EU-Wasserrahmenrichtlinie geht weg von nutzungsorientierter Wasserwirtschaft hin zu einer gewässerökologischen Wasserwirtschaft. Hochwasserschutz funktioniert am besten als Mischung aus Retentionsräumen und baulichen Vorkehrungen.

Kostenverteilung der Gewässerbetreuung

In der EU-Wasserrahmenrichtlinie ist nach dem Verursacherprinzip der/die NutzerIn einer Gewässerstrecke verpflichtet, Maßnahmen für den Hochwasserschutz zu ergreifen, die einen großen Kostenfaktor darstellen können. Im Rahmen der Strommarktliberalisierung kann es deswegen bei der Wasserkraft zu Verzerrungen des Strompreises kommen. Der/die GesetzgeberIn ist in diesem Fall gefordert, keine relative Benachteiligung der Energie aus Wasserkraft zuzulassen (Internalisierung externer Kosten anderer, z.B. fossiler Energieformen).

Förderung der Eigenvorsorge

Eine aktuelle politische Forderung an Bund und Länder betrifft die Förderung von Investitionen für zusätzliche Bewässerungsanlagen und Wasserversorgungseinrichtungen. Dadurch könnte seitens der Landwirtschaft die Versorgungssicherheit mit ausreichenden und qualitativ hochwertigen Nahrungsmitteln für die Bevölkerung gewährleistet werden.

Die Landwirtschaft ist der Wirtschaftssektor, der durch Naturkatastrophen am stärksten gefährdet ist. Dieses Faktum rechtfertigt daher auch den Einsatz öffentlicher Mittel zur Förderung der Eigenvorsorge durch den Abschluss von Versicherungen und führt dadurch den Landwirt zum unternehmerischen Handeln.

14.4.3 Maßnahmen zur Sicherung der Versorgung im Katastrophenfall

Harmonisierung der Katastrophenhilfsdienstgesetze der Bundesländer in Österreich

Die Katastrophenhilfe befindet sich am Beispiel Österreich gezeigt im Kompetenzbereich der neun Bundesländer, wodurch in den neun unterschiedlichen Katastrophenhilfsdienstgesetzen eine Vielzahl unterschiedlicher Standards und Vorschriften bezüglich der Schadensbegutachtung, rechtlichen Stellung der Einsatzkräfte bis zu unterschiedlichen Definitionen des Katastrophenbegriffs existieren. Dies verursacht häufig Komplikationen, z.B. beim Hochwasser 2002 in Österreich durch die unterschiedliche Berechnung der Bedürftigkeit in den betroffenen Bundesländern. Eine Harmonisierung der Katastrophenhilfsdienstgesetze der Bundesländer würde derartige Schwierigkeiten beseitigen.

Finanzierung der Krisenintervention durch die öffentliche Hand

Bund, Länder und Sozialversicherungsträger sollen verstärkt die Krisenintervention finanzieren, da diese Dienstleistungen einen wesentlichen Beitrag zur Erhaltung und Wiederherstellung der Gesundheit der Betroffenen darstellen.

BehördlicheR KatastrophenmanagerIn

Durch Verbindungsstäbe bzw. Verbindungsoffiziere wird die Zusammenarbeit der einzelnen beteiligten Hilfsorganisationen untereinander, bzw. mit den Behörden hergestellt und koordiniert. Ein Problem liegt häufig bei einer klaren Kompetenzzuteilung, wodurch sich die Kommunikation zur und innerhalb der Behörde häufig als schwierig erweist. Die Einrichtung eines behördlichen Katastrophenmanagers würde im Katastrophenfall zu einer Vermeidung von Komplikationen in der Kommunikation zwischen Behörden und Einsatzkräften beitragen.

Schaffung einer Katastrophenkarenz

Ein Charakteristikum von Notfalleinsätzen ist der hohe Anteil Freiwilliger und ehrenamtlicher MitarbeiterInnen. Um den Einsatz Freiwilliger zu ermöglichen bzw. zu erleichtern ist die Schaffung einer Katastrophenkarenz in Zusammenarbeit mit Bundesregierung und Sozialpartnern dringend notwendig.

14.5 Schlussfolgerung und Überleitung

Dieses Kapitel hat einen Überblick über die Betroffenheit der Wirtschaftssektoren gegeben und Möglichkeiten aufgezeigt, auf die neu entstehenden bzw. erst seit kurzem bewusst wahrgenommenen Risiken durch Naturgefahren zu reagieren. Dies wurde durch die Kooperation mit VertreterInnen dieser Wirtschaftsbranchen vor allem aus deren Sichtweise durchgeführt.

Um die Schadenspotenziale genauer zu quantifizieren und darauf basierende ökonomisch effiziente Gegenstrategien zu entwickeln, ist der heutige Wissenstand aber in vielen Fällen noch zu gering. Das folgende Kap. 15 behandelt die Frage des notwendigen Forschungs- und des bestehenden Handlungsbedarfes.

15 Forschungsbedarf und Ausblick

Erik Schaffer[1], Christoph Ritz[2]

[1] Human Dimensions Programme Austria, Universität Graz
[2] ProClim-, scnat - Akademie der Naturwissenschaften Schweiz, Bern

15.1 Einleitung

Die Erforschung der Zusammenhänge zwischen dem Klimawandel und der Veränderung der Häufigkeit und Intensität extremer Wetterereignisse insgesamt und im Alpenraum speziell ist ein noch junges Forschungsgebiet. Die sozioökonomische Bewertung extremer Wetterereignisse ist ebenfalls noch mit größten Schwierigkeiten verbunden. Einerseits mangelt es an Datenmaterial aus genügend langen Zeitreihen. Andererseits gestaltet sich die Bewertung der ökonomischen Auswirkungen von bereits geschehenen Unwetterkatastrophen schon bei der Wahl der Indikatoren als problematisch. Die ausreichend genaue Einschätzung von potentiellen wirtschaftlichen Schäden durch einen Anstieg extremer Wetterereignisse ist heute noch nicht möglich. Man verfügt weder über ausreichende Kenntnisse bezüglich der Ausmaße des globalen Klimawandels noch über das Wissen, wie sich durch diesen die Häufigkeit von extremen Wetterereignissen verändert. Allerdings gibt es keinen Grund zur Annahme, dass der Klimawandel keine zusätzlichen Gefahrenpotenziale für die Bevölkerung und die Wirtschaft im Alpenraum birgt.

Dieses Kapitel will einen Überblick über den bestehenden Forschungsbedarf zu einer zuverlässigeren Risikoabschätzung geben, und zieht dafür Beispiele aus der Problematik von Hochwasser und Starkniederschlägen heran. Des Weiteren wird ein Überblick über den Wissensstand in der Klimawandelforschung und dessen Bedeutung für die Forschungsfragen dieses Buches gegeben.

15.2 Unsicherheiten

Neben den Unsicherheiten über die globalen Effekte (z.B. den Anstieg des Jahresmittels der Temperatur) des anthropogen bedingten Klimawandels, die Emissionsentwicklung der Zukunft und die regionalen Auswirkungen des Klimawandels entstehen bei der Abschätzung von ökonomischen Schäden noch weitere Probleme. Der folgende Abschnitt zeigt dies am Beispiel von Starkniederschlägen.

15.2.1 Extreme Wetterereignisse sind nicht automatisch Katastrophen

Extreme Wetterereignisse haben schon immer stattgefunden. Sie gehören zum alpinen Klima und haben über Jahrtausende unsere Landschaft geformt und die charakteristische Struktur unserer Gebirgstäler und Flussläufe gestaltet. Auch in den letzten Jahrhunderten sind Naturkatastrophen in historischen Aufzeichnungen dokumentiert. Diese Ereignisse sind meist nicht aufgrund der absoluten Größenordnung so genannt, sondern weil sie in einer bestimmten Region sehr selten sind und wir uns darauf nicht durch Vorkehrungen eingestellt haben. Diese Aufzeichnungen sind jedoch nur sehr unregelmäßig und beziehen sich zudem meist nur auf Ereignisse, welche für die betroffenen Regionen außergewöhnliche Dimensionen aufwiesen. Das bedeutet, dass man historische Quellen nur bedingt verwenden kann, um auf eine Veränderung der Häufigkeit und Intensität von Naturkatastrophen zu schließen.

Zusätzlich ist das Ausmaß der Schäden nicht zwingend mit den meteorologischen Daten korreliert. Gründe dafür sind einerseits die lokalen Eigenheiten (speziell Besiedlungsdichte, Bewuchs und Untergrund) der betroffenen Gebiete sowie das Ausmaß der Anpassung an derartige Extremereignisse. MeteorologInnen registrieren extreme Wetterereignisse anhand meteorologischer Parameter, nicht in Hinblick auf ihre sozioökonomischen Auswirkungen. Derselbe Starkniederschlag, der in einem wenig besiedelten Gebiet mit guter Entwässerung keinen Schaden verursacht, kann in dichtbesiedeltem Gebiet Millionenschäden verursachen. Abb. 15.1 zeigt links die Häufigkeit (obere Kurve) und die Pro-Kopf-Schäden (senkrechte Linien) durch schwere Regenfälle von den Dreißigern bis in die Neunzigerjahre in den USA. Man kann keinen klaren Zusammenhang zwischen den meteorologischen und den volkswirtschaftlichen Daten erkennen.

Um das Gefahrenpotenzial für ein bestimmtes Extremereignis in einer bestimmten Region abzuschätzen, bedarf es aufwändiger Analysen der örtlichen Gegebenheiten. Notwendig sind hier etwa Kenntnisse über die Boden- und Vegetationsverhältnisse, den Wert der Bauten, die vorhandenen Wirtschaftsformen und die Bevölkerungsdichte. Weiters sind oft zusätzliche Informationen gefragt, z.B. über den Wildbachverbau oder die Existenz von Schutzwäldern in gebirgigen Regionen oder die Bebauung von potenziellen Überschwemmungsgebieten.

15.2.2 Bewertungsprobleme

Wie bewertet man die Schäden eines Hochwassers aus volkswirtschaftlicher Sicht? Eine Beschränkung auf den Sachschaden alleine ist nicht sinnvoll. Einerseits gibt es auch Schäden auf sozialer und psychologischer Ebene (Traumatisierung), die nur schwer monetär zu quantifizieren sind, andererseits schlagen sich die zur Sanierung notwendigen Bau- und Aufräumarbeiten positiv im Bruttoinlandsprodukt (BIP) nieder. Der mittelfristige Schaden – etwa durch den Verlust von Arbeitsplätzen – darf auch nicht vernachlässigt werden.

Der nahe liegende Ansatz, den volkswirtschaftlichen Schaden als empirische Funktion der Extremwetterereignisse darzustellen, führt zu keinem sinnvollen Ergebnis. In den USA zum Beispiel stieg der Schaden durch Hochwasser in USD pro Kopf und Jahr zwischen 1932 und 1997 um 1,65% pro Jahr, die Schäden am Sachvermögen sanken jedoch leicht – um 0,49% jährlich. Insofern liefert der Indikator „Pro Kopf Schaden" (per capita losses) ein widersprüchliches Bild zum Indikator „Schaden in Prozent des Sachvermögens" (losses per million tangible wealth), s. dazu Abb. 15.1 (Pielke u. Downton 2000, S. 3628 u. 3630). Die Wahl der Indikatoren stellt also ein nicht zu unterschätzendes Problem dar. Man kann keinen einfachen Zusammenhang zwischen den Niederschlagsdaten und den ökonomischen Schäden erkennen, und die Richtung des langfristigen Trends hängt vom jeweiligen Indikator ab. Die Unterschiede erklären sich aus dem Wachstum der Bevölkerung, dem noch größeren Wachstum des Per-Capita-Vermögens und andererseits dem geringeren Verhältnis von Schäden zu Volksvermögen.

Mit anderen Worten: wenn ein Hochwasser eine Region heimsucht, dann befinden sich dort heute mehr Menschen als früher, sie besitzen mehr als früher und verlieren daher auch mehr. Dies erklärt die steigende Kurve der Schäden pro Person. Woran liegt es aber, dass das Verhältnis der Schäden zum Sachvermögen leicht sinkt? Der Grund ist, dass aufgrund der Sicherungsmaßnahmen heute weniger Menschen in gefährdeten Gebieten leben als früher – man hat sich durch bauliche Maßnahmen angepasst. Es befindet sich heute ein geringerer Anteil des gesamten Sachvermögens der USA in gefährdeten Gebieten als vor 70 Jahren. Das dort befindliche Sachvermögen ist allerdings auch mit der Zeit gewachsen (Pielke u. Downton 2000, S. 3629). Dieses Beispiel soll demonstrieren, dass bei der

Analyse von Zeitreihen und der Wahl von Indikatoren Vorsicht geboten ist.

Selbst die gesicherte Kenntnis über Häufigkeit, Ort und Intensität von Starkniederschlägen würde es noch nicht ermöglichen, den zukünftigen Hochwasserschaden abzuschätzen. Die Bewertung des Risikopotenzials einer Region erweist sich als sehr aufwändig. Man bedenke nur den Aufwand, allein die Hochwassergefährdung der einzelnen Flächen zu eruieren und den Wert der darauf befindlichen Bauten zu schätzen.

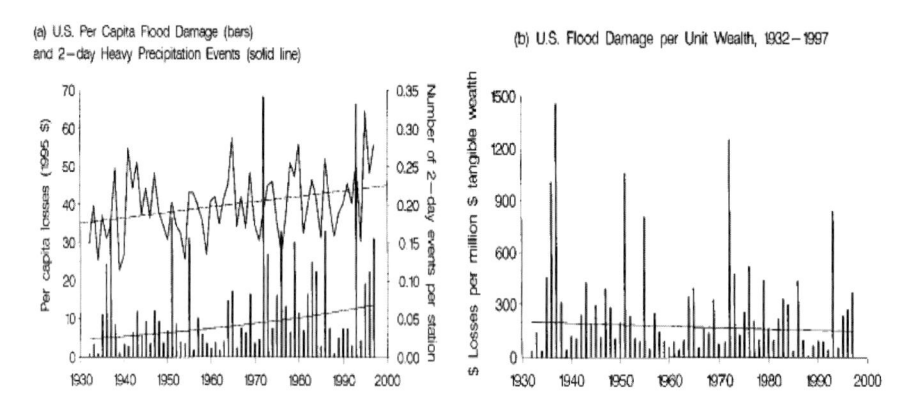

Abb. 15.1. Hochwasserschäden und ökonomische Indikatoren in den USA, Pielke u. Downton 2000, S. 3628 u. 3632

15.2.3 Einfluss langfristiger Auswirkungen des Klimawandels

Der Klimawandel kann durch seine langfristigen Auswirkungen die Vegetation, die Bodenverhältnisse und auch die Fauna einer Region ändern. Längere Trockenperioden etwa können die Aufnahmefähigkeit des Bodens für Starkniederschläge stark absenken und die Intensität von Überschwemmungen erhöhen. Ebenso kann ein wärmeres Klima die Vermehrung von Schädlingen fördern oder die Vegetation schwächen. Dies kann die Widerstandkraft der Vegetation gegen extreme Wetterereignisse herabsetzen und deren Auswirkungen verschlimmern. Es ist zur Abschätzung des Schadenspotenzials durch extreme Wetterereignisse folglich nicht ausreichend, nur die Änderung der Häufigkeit von Extremereignissen zu betrachten, man muss den gesamten Einfluss des Klimawandels auf das betroffene Gebiet berücksichtigen.

15.2.4 Von den Emissionen zur Naturkatastrophe

Ausgehend von einer unbekannten Entwicklung der Emissionen muss man die zukünftigen Konzentrationen der Treibhausgase errechnen. Dafür existieren bereits einige Modelle, welche zumindest die Konzentrationsentwicklung im letzten Jahrhundert relativ gut beschreiben, nur bleiben auch hier genügend Unsicherheiten, um potentiell signifikante Fehler der Modelle nicht sicher ausschließen zu können (Houghton et al. 1997, S. 20). Der Anstieg der Treibhausgaskonzentrationen wirkt weltweit, er bildet die Grundlage für die Erstellung globaler Klimawandelmodelle.

Globaler und regionaler Klimawandel

Schwieriger als die Konzentrationsberechnungen sind jene bezüglich der Strahlungsbilanz, weil hier noch sehr viele unbekannte Effekte (zusätzliche Verdunstung, Reflexion des Sonnenlichts durch Wolken) im Spiel sind. Diese erschweren es, die Intensität und die Auswirkungen des Klimawandels zu bestimmen. Zusätzlich gibt es noch einen der Erwärmung entgegengesetzten Effekt durch Schwefeldioxidemissionen welche speziell bei stark schwefelhältigen fossilen Brennstoffen wie Steinkohle zu beachten sind (Baede et al. 2001, S. 90), s. dazu auch Abb. 15.5. Die globale Durchschnittstemperatur ist im letzten Jahrhundert um $0{,}6 \pm 0{,}2°C$ angestiegen. Diese Erwärmung wird weitgehend auf menschliche Aktivitäten zurückgeführt. Kontinente haben sich dabei generell stärker erwärmt und die Weltmeere weniger stark. Die Erwärmung im letzten Jahrhundert betrug in der Schweiz etwa $1{,}5°C$. Für das 21. Jahrhundert sagen die IPCC-Klimamodelle einen beschleunigten Anstieg der mittleren globalen bodennahen Temperatur um 1,4 bis $5{,}8°C$ voraus. Werden fossile Brennstoffe wie bisher verwendet, wird die Temperaturerhöhung voraussichtlich im oberen Erwärmungsbereich liegen, bei konsequenter Substitution im unteren Bereich. Regionale Effekte des Klimawandels versucht man durch regionale Klimamodelle zu errechnen, welche in globale Modelle (GCM[1]) eingebettet sind. Man unterscheidet hier zwischen regionalen Modellen mit einem Raster größer als 100 km und lokalen mit einer feineren Unterteilung. Für diese Modelle ist detailliertes Wissen über lokale Kreislaufsysteme (Meeresströmungen, Winde) und ihre Interaktion mit überregionalen (z.B. El Niño) und globalen Klimaphänomenen notwendig. Die eingebetteten regionalen Klimamodelle (RCM[2]) befinden sich erst in einem Frühstadium ihrer Entwicklung. (Giorgi et al. 2001, S. 587f, s. auch Kap. 3)

---

[1] General Circulation Model
[2] Regional Circulation Model

Regionaler Klimawandel und extreme Wetterereignisse

Hätte man sicheres Wissen über die zukünftigen regionalen Veränderungen, so könnte man immer noch nicht auf die Häufigkeit von extremen Wetterereignissen schließen. Eine langfristige kontinuierliche Klimaänderung löst keine Einzelereignisse aus. Sie kann aber mit der Zeit die Häufigkeit und Stärke von Extremereignissen verändern. Temperaturen wie im Sommer 2003, die heute noch ein Extremereignis darstellen, werden mit dem Anstieg der mittleren Temperatur häufiger auftreten und könnten später einmal zum meteorologischen Normalfall werden. Nicht nur der Erwartungswert kann sich verschieben – auch die Varianz kann sich ändern oder beides (s. Abb. 3.1 im Kap. 3, Watson et al. 2001, S. 81 u. Schär et al. 2004, S. 332ff u. Beniston 2004, S. 2022ff).

Durch die Klimaveränderung können die aufgrund historischer Erfahrungen getroffenen Vorkehrungen ungenügend werden. Abb. 15.2 zeigt, wie durch eine Veränderung der Niederschlagshäufigkeit ein Damm für zukünftige Starkniederschlagsereignisse zu schwach werden kann.

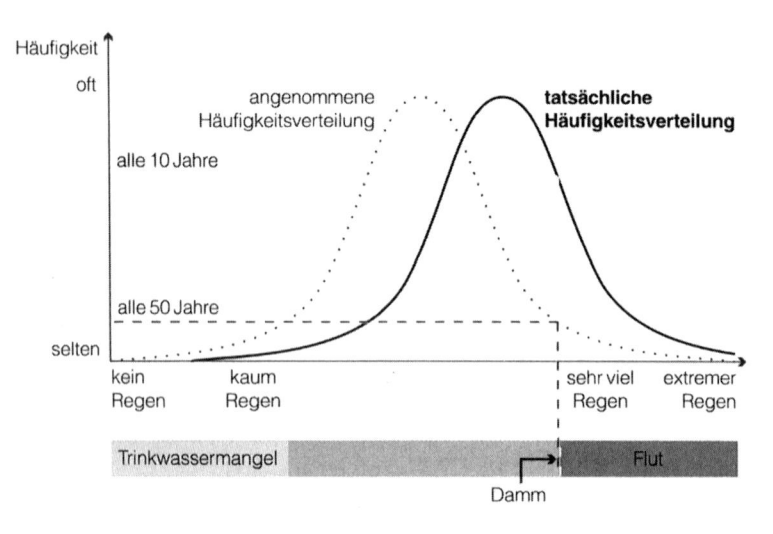

Abb. 15.2. Auswirkungen der Verschiebung der Häufigkeitsverteilung von Niederschlägen, SwissRe (1994), S. 10

Das Gefahrenpotenzial durch Extremwetterereignisse

Kennt man zu den einzelnen Extremwetterereignissen die regionalen Wahrscheinlichkeitskurven wie die in Abb. 15.2 abgebildete, so kann man davon immer noch nicht auf das Gefahrenpotenzial einer ganzen Region schließen.

Ein extremes Ereignis hat nicht zwingend eine Naturkatastrophe zur Folge, wie Abb. 15.3 schematisch am Beispiel von Hochwasser illustriert. Die Wirkungskette zwischen extremem Ereignis und Schaden ist meist komplex. Vermeidungsstrategien können an verschiedenen Punkten in der Wirkungskette angreifen. Je nach Lösung werden andere Gruppen (Wirtschaftszweige, Gesellschaft, Individuum) betroffen sein oder sogar profitieren können.

Ob aus dem extremen Wetterereignis auch eine sozioökonomische Naturkatastrophe wird, hängt von den oben angeführten Faktoren ab. Damit ist auch verständlich, dass man aus der Häufigkeit eines Wetterereignisses schwer auf die Häufigkeit und Höhe von Schäden schließen kann. Damit sind wir wieder bei den schon weiter oben besprochenen Bewertungsproblemen zur Wohlstandsmessung und dem Problem der Indikatorwahl.

Ein üblicher Indikator ist die Flowgröße BIP. Es gibt aber auch als Alternativen andere Maßstäbe wie den Index of Sustainable Economic Welfare. Dieser stellt eine Erweiterung zum BIP dar, weil er auch Haushaltsproduktion, Naturkapital, Gesundheitsschäden usw. mit einbezieht, und versucht diese anderen Bereiche zu monetarisieren. Je nachdem, welcher Index gewählt wird, bekommt man ein unterschiedliches Ergebnis. Werden die oben genannten Faktoren wie etwa Naturkapital oder Gesundheitsschäden in die Berechnung eines Extremwetterschadens einbezogen, so erhöht sich die Schadenssumme im Vergleich zu einer ausschließlich BIP-basierten. Man denke auch an die weiter oben erwähnte Starkregenstatistik für die USA und die gegenläufigen Trends abhängig vom Indikator.

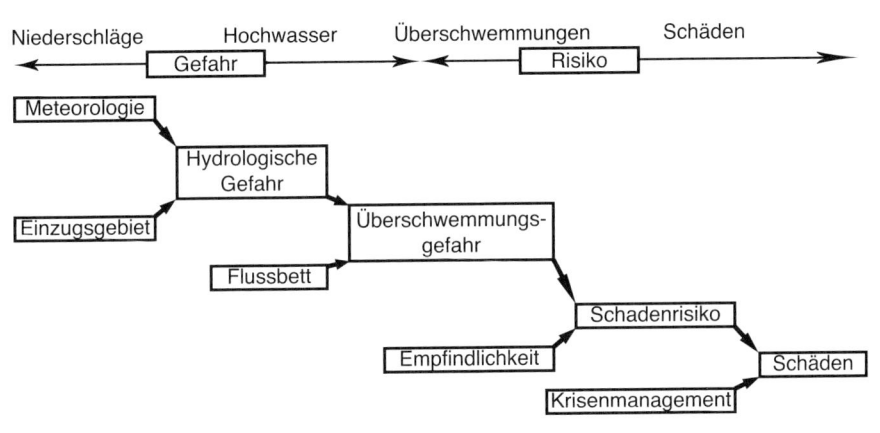

Abb. 15.3. Wirkungskette bei Hochwasserschäden, OcCC (2003), S. 35

Neben der Wahl des Indikators ist auch die Wahl des zu beobachtenden Zeitraumes nach einer Naturkatastrophe von Bedeutung. Betrachtet man wiederum das Beispiel der Überschwemmungskatastrophe, so ergibt sich die Frage, inwieweit man bei der Schadensbewertung mittelfristige und langfristige Wirkungen berücksichtigen kann. Immobilien können durch die Durchfeuchtung des Mauerwerkes anfällig für anhaltende Schimmelbildung werden. Die Zerstörung von Teilen des Kapitalstocks der Region ist für einzelne Unternehmen durch den temporären Produktionsausfall und den damit verbundenen Verlust wichtiger AbnehmerInnen existenzbedrohend, selbst wenn die Schäden ausreichend versichert waren. Zusätzlich kann sich die Traumatisierung von Teilen der Bevölkerung durch die Naturkatastrophe (besonders betroffen sind hier Kinder) störend auf die Arbeitsproduktivität auswirken. Die Investitionen in den Wiederaufbau dagegen haben unter Umständen mittelfristig einen belebenden Einfluss auf die Wirtschaft der Region (speziell für die Baubranche) und können die negativen Folgen des Extremwetterereignisses etwas mindern.

Wirkungskette und Wissenstand

Die Abb. 15.4 versucht die Wirkungskette von den Treibhausgasemissionen bis zu den ökonomischen Auswirkungen von extremen Wetterereignissen darzustellen.

Die Schattierung der Blöcke gibt den Wissensstand zu den einzelnen Themengebieten an. Jene der Pfeile zeigt, wie weit die Zusammenhänge zwischen diesen erforscht sind.

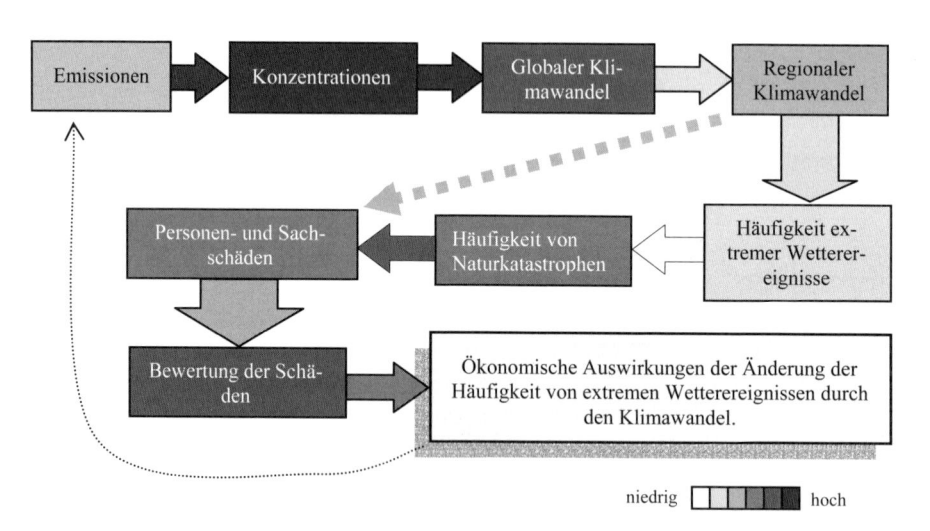

Abb. 15.4. Von den Emissionen zur Naturkatastrophe: Wissensstand

Die Einschätzung des Wissenstands zu den einzelnen Forschungsgebieten in Abb. 15.4 und somit die Wahl der Grauschattierungen beruhen teilweise auf einer subjektiven Einschätzung der Autoren. Der überwiegende Teil baut allerdings auf der Lektüre der „Scientific Basis" des „Third Assessment Report" der IPCC[3] (Houghton et al. 2001) auf. Hier wurde die Qualität und Zuverlässigkeit der Prognosen intensiv thematisiert, da man in der IPCC einen durchaus offenen Umgang mit dem eigenen „Nichtwissen" pflegt. Der Großteil der bisher in diesem Kapitel getätigten Aussagen bezüglich der Schwierigkeiten, die Wirkungskette zu verstehen und ihre Effekte zu quantifizieren wird in Abb. 15.4 graphisch dargestellt.

Man kann sehen, dass die Wissenschaft von einer zuverlässigen Aussage betreffend die ökonomischen Auswirkungen von einer klimawandelbedingten Zunahme von Naturkatastrophen weit entfernt ist. Die einzelnen Grauschattierungen mögen zwar diskussionswürdig sein, der vermittelte Gesamteindruck eines noch sehr hohen Forschungsbedarfes zum Verständnis der gesamten dargestellten Wirkungskette sollte jedoch außer Frage stehen.

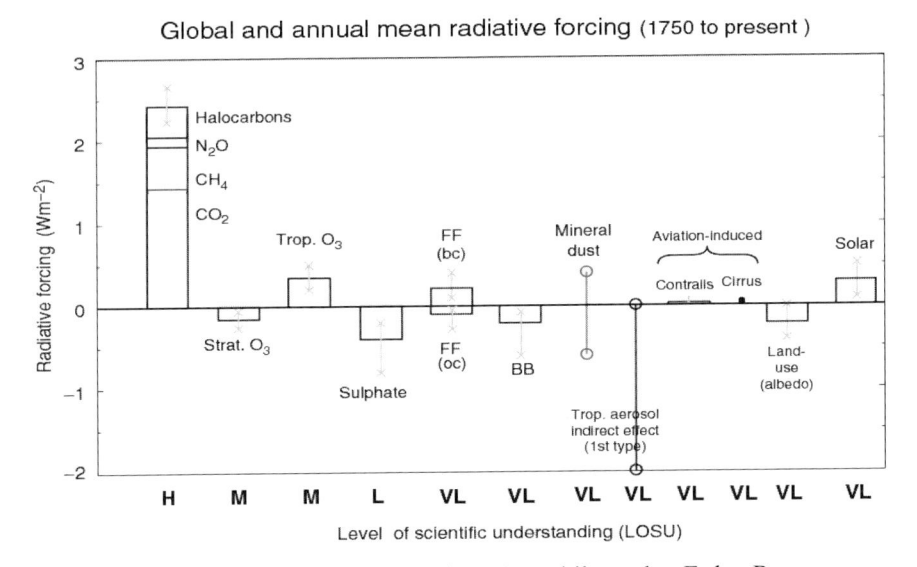

Abb. 15.5. Wissensstand hinsichtlich der Wärmebilanz der Erde, Ramaswamy (2001), S. 392

---

[3] Das Intergovernmental Panel on Climate Change (IPCC) wurde 1988 von der World Meteorological Organization (WMO) und dem United Nations Environment Programme (UNEP) gegründet.

Während Abb. 15.4 eine Schätzung des Wissenstandes der einzelnen Bereiche der beschriebenen Wirkungskette zwischen anthropogenen Emissionen hin zu den ökonomischen Auswirkungen von extremen Wetterereignisse liefert, bezieht sich Abb. 15.5 nur auf die Veränderung der Wärmebilanz der Erde. Dies stellt nur einen Teil des Blocks „Globaler Klimawandel" in Abb. 15.4 dar. Die Änderung der Strahlungsbilanz bildet die Basis für die Änderung des globalen Temperaturmittels und anderer meteorologischer Kennzahlen wie auch die Häufigkeit und Intensität von Niederschlägen.

Abb. 15.5 liefert einen Eindruck des Wissenstandes und des Forschungsbedarfes in der Klimaforschung. Sie zeigt unterschiedliche Wirkung der Treibhausgase sowie andere Effekte auf die Strahlenbilanz und damit den Wärmehaushalt der Erde. Die Berechnung der Wärmebilanz und ihrer zukünftigen Entwicklung stellen die Basis der Modellierung aller Klimawandeleffekte dar. Unsicherheiten in der Beantwortung dieser Fragestellung bedeuten auch Unsicherheiten in allen darauf aufbauenden Modellen und Aussagen, etwa bezüglich der Zunahme extremer Wetterereignisse im Alpenraum. Das Level of scientific understanding (LOSU) in Abb. 15.5 ist ein Maß für das wissenschaftliche Verständnis bzw. den Forschungsbedarf bezüglich der einzelnen Einflüsse auf die Strahlungsbilanz. H bedeutet einen hohen, M einen mittleren und L einen geringen Informationsstand. Bei jenen Einflüssen mit VL (very low) besteht der höchste Forschungsbedarf. Die Balken geben den Erwartungswert des Einflusses an, die vertikalen Linien mit „x" die Bandbreite der Schätzungen. Vertikale Linien mit „o" bedeuten, dass es noch nicht möglich ist, hier einen Erwartungswert zu bilden (Ramaswamy 2001, S. 392).

Klimamodelle

Bettet man ein regionales (RCM) in ein globales Klimamodell (GCM) ein, um die Veränderung der Häufigkeit von extremen Wetterereignissen zu studieren, so findet man oft eine gute Übereinstimmung der RCM mit den GCM-Ergebnissen, sofern man Temperatureffekte betrachtet. Bei den Niederschlagsdaten dagegen bestehen Widersprüche zwischen den Modellergebnissen.. Betrachtet man zum Beispiel RCM-Ergebnisse für Niederschläge über 30 mm/Tag in Europa, so stimmen diese relativ gut überein, aber weisen allesamt geringere Zuwächse bei diesen extremen Wetterereignissen auf als die GCM (Giorgi et al. 2001, S. 615).

Neben diesen Widersprüchen zu den GCM besteht eine weitere Problematik. Es gibt für manche Regionen zu wenig zuverlässige Daten, weil diese sehr abgelegen liegen oder auch über ein komplexes Relief verfügen, welches die Datenerfassung erschwert. Zusätzlich wurde noch zu wenig

Arbeit darin investiert, die vorhandenen Daten in Durchschnittswerte für die einzelnen Felder im Raster der RCMs umzurechnen. (Giorgi et al. 2001, S. 616)

Computersimulationen für den Klimawandel modellieren üblicherweise langfristige Trends wie die Veränderung der Niederschlagsmenge oder der Durchschnittstemperatur während einer Jahreszeit in großflächigen Regionen. Extreme Wetterereignisse dagegen sind räumlich eng begrenzte, kurzfristige Ereignisse von einigen Tagen und werden durch diese Modelle nicht dargestellt. Neue, viel versprechende Ansätze für die Prognose extremer Niederschlagsereignisse bieten hier multifraktale Niederschlagsmodelle (Moore et al. 2001, S. 774).

Das heutige Prozessverständnis

Die Wahrscheinlichkeit und die räumliche Verteilung von Extremereignissen werden sich mit der Klimaänderung graduell verschieben. Das Ausmaß und der Charakter der Veränderungen wird je nach Ort und Art der Extremereignisse verschieden sein. Eine quantitative Abschätzung dieser Entwicklung ist noch nicht möglich. Aus prinzipiellen Gründen ist es schwierig oder sogar unmöglich, einen Trend in der Häufigkeit von seltenen Extremereignissen statistisch gesichert nachzuweisen oder auszuschließen. Es gibt keine, für die umfassende meteorologische Auswertung ausreichenden gesicherte historische Aufzeichnungen über Klimaveränderungen und extreme Wetterereignisse. Abgesehen davon ist der für die Zukunft prognostizierte Klimawandel in seiner Geschwindigkeit und Intensität in der Geschichte der Menschheit einzigartig. Häufigkeitsveränderungen von Extremereignissen werden daher voraussichtlich erst dann nachweisbar werden, wenn sie bereits ein beträchtliches Ausmaß erreicht und große Schäden verursacht haben.

Das heutige Prozessverständnis führt zur Annahme, dass Häufigkeit und Stärke gewisser Extremereignisse (Hitzewellen, Starkniederschläge und Hochwasser im Winterhalbjahr, Trockenheit im Sommer auf der Alpensüdseite und in inneralpinen Tälern, Hangrutschungen) mit der Klimaänderung zunehmen werden. Diese Befürchtung wird auch durch Berechnungen mit Klimamodellen gestützt (s. Kap. 3). Andererseits soll die Häufigkeit von Frosttagen und Kältewellen abnehmen.

Zukünftige Veränderungen der Gefährdung durch Extremereignisse werden neben rein klimatischen Faktoren auch durch gesellschaftliche Veränderungen bestimmt. Die zunehmende Konzentration von Gebäuden und Infrastrukturanlagen auch in exponierten Gebieten hat sich in der Vergangenheit nachweislich auf die Schadenskosten ausgewirkt. Zukünftige

Veränderungen der Raumnutzung könnten die rein klimatischen Faktoren abschwächen oder verstärken.

15.3 Datenmangel

Neben den schon beschriebenen Unsicherheiten in der Wirkungskette, herrscht bezüglich Klimawandel, extremen Wetterereignissen und ökonomischen Auswirkungen akuter Datenmangel. Die Gründe dafür liegen einerseits darin, dass man sich erst seit kurzem des Problems bewusst ist, und andererseits am großen Kostenaufwand zur Beschaffung der Daten. Wenn auch in der Literatur keine Hinweise gefunden wurden[4], dass diese extremen Wetterereignisse für den jeweiligen Sektor von Bedeutung wären und aufgrund logischer Überlegungen nichts dagegen sprach, wurde dann in den Kapiteln dieses Buches die Annahme getroffen, es gäbe keine wirtschaftlich bedeutsamen Effekte (s. auch Kap. 14). Die Datensituation ist umso besser, umso stärker die Schäden eines bestimmten Wetterereignisses in einer bestimmten Wirtschaftsbranche bisher waren. Insofern ist es auch nicht verwunderlich, dass die Datensituation zu Fragestellungen wie der hier behandelten in den unwettergeplagten USA viel besser ist. Auch kommt hier bereits seit Beginn der Neunzigerjahre Unterstützung für die Klimaforschung von Seiten der Privatwirtschaft – speziell den Versicherungsunternehmen (Changnon et al. 1999, S. 51).

Teilweise ist es allerdings auch nicht möglich, genügend Daten zu bekommen, selbst wenn die Mittel vorhanden sind. Erst seit rund 150 Jahren existieren instrumentelle Messungen. Für eine gute Angabe der Eintreffenswahrscheinlichkeit von sehr seltenen Ereignissen ist die verfügbare Beobachtungsperiode jedoch zu gering.

Zusätzlich besteht das Problem, dass vorhandene Daten oft weder aufbereitet noch zwischen den Forschenden ausgetauscht werden oder zumindest ihre Existenz bekannt gegeben wird. Dies kam in den Diskussionen mit den AutorInnen dieses Buches sowie auf den Workshops immer wieder zur Sprache.

---

[4] Es wurden zu den jeweiligen Extremereignissen und zu den potentiell betroffenen Wirtschaftssektoren die Onlinedatenbanken aller internationalen meteorologischen und ökonomischen Fachzeitschriften systematisch nach entsprechenden Stichworten durchsucht. Zusätzlich erfolgten Abfragen mit der Google-Suchmaschine im Internet.

15.4 Resümee zum Forschungsbedarf

Die Erforschung des Klimawandels ist eine junge Disziplin und es mangelt noch an vielen Kenntnissen. Was extreme Wetterereignisse angeht, ist es für eine Politikempfehlung zur Optimierung der Umweltpolitik noch zu früh. Es können noch keine Schadensprognosen erstellt werden.

Umgekehrt ist es höchst unwahrscheinlich, dass der Klimawandel – wie auch immer er sich in welcher Region darstellen wird – ohne Folgen für die Häufigkeit von extremen Wetterereignissen bleiben wird. Gerade bei Extremniederschlägen und Stürmen muss aufgrund der Erhöhung des Energie- und Wassergehalts in der Atmosphäre durch die Erhöhung der Treibhausgaskonzentration, mit einer Zunahme der extremen Wetterereignisse gerechnet werden. Insofern sind Politikempfehlungen, beispielsweise bezüglich des Katastrophenschutzes oder der Versicherungswirtschaft, bereits sinnvoll.

Für zuverlässigere Schadensprognosen sind Klimamodelle notwendig, die neben den überregionalen, langfristigen Trends auch regionale und kurzfristige Aspekte wie eben Extremereignisse einbeziehen. Hierfür ist es einerseits notwendig, vorhandenes Datenmaterial besser aufzubereiten und neues zu erheben, andererseits die Modelle und Simulationen zu verbessern (Moore et al. 2001, S. 785). Aufbauend auf den Prognosen verbesserter Modelle wäre es dann möglich das Schadenspotenzial einer Region zu untersuchen.

Forschung kostet Geld, doch für Grundlagenforschung zum Klimawandel ist beispielsweise in Österreich momentan vergleichsweise wenig vorhanden. Aufgrund des Hochwassers 2002 in Österreich wurden kurzfristig 500.000 EURO für die achtmonatige Forschungsprojektreihe StartClim über extreme Wetterereignisse von öffentlicher Seite freigegeben. Dabei wurde jedoch die Finanzierung langfristiger Forschungsprojekte, die bei diesem komplexen Thema notwendig sind, offen gelassen. Die Politik ist auf kurzfristige Erfolge fixiert. Eine jahrelange Grundlagenforschung, mit oft schwer prognostizierbaren ungewissen Ergebnissen, liegt weniger in ihrem Interesse als Projekte mit absehbaren medienwirksamen Erfolgen.

Hier sind auch auf Seiten der Wissenschaft Versäumnisse festzustellen. Die Kommunikation mit den Entscheidungsträgern hält sich in Grenzen. In der Schweiz ist man diesbezüglich weiter: Für den Dialog mit der Wirtschaft hat das Schweizer Klimaforum ProClim- mit *Climate Talks* ein neues Produkt geschaffen (s. dazu auch Kap. 8). Das Konzept mit provokativen Thesen erwies sich als sehr guter gemeinsamer Fokus, da alle unabhängig von der Herkunft (Wirtschaft, Forschung, NGO oder Verwaltung) angesprochen sind. Hingegen ist die Vor- und Nachbearbeitung dieser Thesen sehr aufwändig, müssen doch die verschiedenen Meinungen adäquat berücksichtigt werden.

Eine Plattform wie ProClim- kann die Forschenden effizient unterstützen, indem es die nationale Forschungsgemeinschaft mit Veranstaltungen und Studien zusammenschweißt, die internationale Zusammenarbeit fördert und mit Wissensstandsberichten und Veranstaltungen den Dialog zwischen Forschung und Wirtschaft, Politik, Verwaltung und Öffentlichkeit stimuliert.

15.5 Handlungsbedarf

Der vorhergehende Abschnitt mag den Eindruck eines sehr geringen Wissenstandes erweckt haben. Es besteht allerdings schon heute ausreichend gesichertes Wissen, um den Handlungsbedarf abzuschätzen.

Statistische Aussagen über Trends „intensiver" Ereignisse sind durchaus möglich. Zum Beispiel kann gezeigt werden, dass kräftige Niederschlagsereignisse, die meist keine Schäden verursachen, seit Beginn des 20. Jahrhunderts deutlich zugenommen haben. Diese Resultate können zwar nicht direkt auf Extremereignisse übertragen werden, sie sind jedoch ein klares Indiz für die deutlichen Veränderungen des Wasserkreislaufes in den letzten hundert Jahren.

Das heutige Prozessverständnis führt zu der Annahme, dass Häufigkeit und Stärke gewisser Extremereignisse (Hitzewellen, Hangrutschungen, Starkniederschläge und Hochwasser im Winterhalbjahr, Trockenheit im Sommer auf der Alpensüdseite und in inneralpinen Tälern) mit der Klimaänderung zunehmen werden. Dies wird auch durch Rechnungen mit Klimamodellen gestützt (OcCC 2003, S. 8).

Handlungsbedarf zum Schutz vor Extremereignissen ist aufgrund der zunehmenden Sachwertekonzentration in gefährdeten Gebieten, der damit erhöhten Schadensempfindlichkeit und des ansteigenden Schutzbedürfnisses auch ohne Klimaänderung gegeben. Im Bewusstsein der Klimaänderung sollten die Gefährdungsbilder, Schutzziele und die in Kauf genommenen Restrisiken periodisch den sich ändernden Bedingungen angepasst und Lösungen mit möglichst großer Flexibilität angestrebt werden. Mittelfristig müssen neue Bemessungs- und Planungsmethoden entwickelt werden, welche in der Lage sind, die Gefährdung in einem sich ändernden Klima zu quantifizieren.

Verstärkter Zugzwang besteht beim Schutz vor Ereignissen, zu welchen schon heute qualitative Aussagen über zukünftige Entwicklungen möglich sind (OcCC 2003, S. 8f):

- Starkniederschläge, Hochwasser und Hangrutschungen:
  Aufgrund des Prozessverständnisses und der Modellrechnungen werden eine Zunahme der Intensität von Starkniederschlägen und eine beschleunigte Abflussbildung im Winterhalbjahr erwartet. Diese sollte in die Risikoabschätzung, der Planung von Schutzmaßnahmen (Aufforstungen, Schutzbauten, Rückhalteflächen) und bei der Raumplanung einfließen. Dabei müssen die möglichen Veränderungen während des Zeithorizonts der geplanten Maßnahme berücksichtigt werden. Das Gleiche gilt auch für die Beurteilung von Zonen, die durch Hangrutschungen gefährdet sind.

- Hitzeperioden:
  Als Folge der Klimaänderung dürften höhere Temperaturextreme auftreten. Es ist zu erwarten, dass das gehäufte Auftreten von extrem hohen Temperaturen mit zusätzlichen Todesfällen verbunden sein wird. Bauliche Maßnahmen (z.B. Sonnenschutz, Isolation, Bepflanzung) können den Komfort und die Energieeffizienz erhöhen. Für die Gewässer, die Vegetation und die Fauna bedeuten höhere Temperaturextreme einen zusätzlichen Stress.

Neben den Anpassungsmaßnahmen darf die Bekämpfung der Ursachen des Klimawandels nicht vergessen werden, da Anpassungen mit zunehmender Klimaveränderung immer teurer werden. Bezüglich Zusammenhang, Verlauf, Richtung und Ausmaß von Klimaänderung und Extremereignissen bestehen beträchtliche Unsicherheiten. Entscheidungen in solchen Fällen sollten sich auf die so genannte Minimax-Regel stützen. Sie besagt, dass die Strategie zu wählen ist, bei welcher der maximal mögliche Schaden am kleinsten ist (OcCC 2003, S. 9).

15.6 Resümee

Dieses Kapitel könnte zum Missverständnis führen, es gäbe keine ausreichenden Anhaltspunkte, keine „Beweise", dass es eine zukünftige, verstärkte Extremwettergefährdung durch den Klimawandel im alpinen Raum gäbe. Es kann auch nicht behauptet werden, dass diese mit Sicherheit eintreten würde, selbst die Angabe von diesbezüglichen Wahrscheinlichkeiten ist heute noch nicht möglich. Anhand dieser Unsicherheiten und der teilweise hohen Kosten von Anpassungsmaßnahmen erscheinen diese nicht wenigen als hinterfragenswert, wenn nicht als unsinnig. Gesicherte Erkenntnisse bestehen in der Tat nur insofern, dass die Konzentration von Treibhausgasen, also jenen Gasen in der Atmosphäre, welche die Wärmeabstrahlung der Erdoberfläche in den Weltraum blockieren, ansteigt. Somit bleibt mehr Wärmeenergie in der Erdatmosphäre und auf der Erdoberfläche zurück, und dies führt auf jeden Fall zu einem Klimawandel. Wie dieser genau aussieht, ist nach heutigem Stand der Forschung noch nicht abschätzbar. Insbesondere die Erforschung der regionalen Auswirkungen der Veränderung des globalen Klimasystems befindet sich erst am Anfang, da die dafür notwendigen Werkzeuge – sehr rechenintensive Computersimulationen – erst seit kurzem verfügbar sind. Statistische Methoden zum Abschätzen von Trends im Klimawandel sind aufgrund der kurzen verfügbaren Zeitreihen nur bedingt tauglich. Der heutige Stand der Forschung ist aber weit genug, um die Annahme zu belegen, dass das Risiko eines verstärkten Auftretens von Extremwetterereignissen besteht.

Um der Politik Empfehlungen abzugeben, welches Ausmaß an Investitionen in Sicherheitsmaßnahmen optimal wäre, gibt es derzeit noch zu wenig gesicherte Information, man sollte daher auf das in solchen Fällen empfehlenswerte Minimax-Prinzip zurückgreifen.

Das begründet sich nicht nur mit den Unsicherheiten von Seiten der Klimatologie, sondern auch solchen in den Fragen der ökonomischen Bewertung des Schadenspotenzials. Neben prinzipiellen Überlegungen, mit welchem Indikator man einen Unwetterschaden bewerten soll, ergeben sich auch Unsicherheiten aufgrund nicht vorhandenen Datenmaterials, welches sich aber mit entsprechender Finanzierung erheben ließe. Die Handlungsempfehlungen hingegen, die bereits heute auf ausreichend gesicherter Basis gegeben werden können, wurden im Kap. 14 herausgearbeitet. Die dort gegebenen Handlungspfade zeigen auch im Sinne des Minimax-Prinzips die dringend gebotene Vorgangsweise um zukünftige maximale Schadensausmaße gering zu halten.

Literatur

Baede APM, Ahlonsou E, Ding Y, Schimel D (2001) The Climate system: an overview. In: Houghton JT et al. (eds) Climate Change 2001: The scientific basis. Contribution of Working Group I the Third Assessment Report TAR of the IPCC, pp 87-98

Beniston M (2004) The 2003 heat wave in Europe. A shape of things to come? Geophysical Research Letters 31: 2022-2026.

Changnon SA, Fosse ER, Lecompte EL (1999) Interactions between the atmospheric sciences and insurers in the United States. In: Karl TR, Nicholls N, Ghazi A (eds) Weather an climate extremes: changes, variations and a perspective from the insurance industry. Climatic Change 42, pp 51-67

Giorgi F, Hewitson B, Christensen J, Hulme M, Von Storch H, Whetton P, Jones R, Mearns L, Fu C (2001) Regional climate information – evaluation and projections. In: Houghton JT et al. (eds) Climate Change 2001: The scientific basis. Contribution of Working Group I the TAR of the, pp 585-638

Houghton JT, Meira Filho LG, Griggs DJ, Maskell K, Harvey D, Gregory J, Hoffert M, Jain A, Lal M, Leemans R, Raper S, Wigley TMC, De Wolde J (1997) An introduction to simple climate models used in the IPCC Second Assessment Report. IPCC-Technical Paper II

Houghton JT, Ding Y, Griggs DJ, Noguer M, Van Der Linden PJ, Dai X, Maskell K, Johnson CA (eds) (2001) Climate Change 2001: The scientific basis. Contribution of the Working Group I to the TAR of the IPCC, Cambridge University Press, Cambridge New York

Moore B, Gates WL, Mata LJ, Underdal A, Stouffer RJ, Bolin B, Rojas AR (2001) Advancing our understanding. In Houghton et al. (eds) Climate change 2001: The scientific basis. Contribution of Working Group I the TAR of the IPCC, pp 771-785

OcCC Beratendes Organ für Fragen der Klimaänderung (2003) Extremereignisse und Klimaänderung. Bern

Pielke RA, Downton MW (2000) Precipitation and damaging floods: Trends in the US, 1932-97. Journal of Climate 13: 3625-3637

Ramaswamy V, Boucher O, Haigh J, Hauglustaine D, Haywood J, Myhre G, Nakajima T, Shi GY, Solomon S (2001) Radiative forcing of climate change. In: Houghton et al. (eds) Climate Change 2001: The scientific basis. Contribution of Working Group I to the TAR of the IPCC, pp 351-416

Schär C, Vidale PL, Lüthi D, Frei C, Häberli C, Liniger MA, Appenzeller C (2004) The role of increasing temperature variability in European summer heatwaves. Nature 427: 332-336

SwissRe Schweizerische Rückversicherungs-Gesellschaft (1994) Risiko Klima. Zürich

Watson RT et al. (2001) Climate change 2001: Synthesis report: Contribution of Working Groups I, II and III to the Third Assessment Report (TAR) of the IPCC. Cambridge University Press, Cambridge New York

Autorinnen und Autoren

Walter J. Ammann
Leiter des Eidg. Institutes für Schnee- und Lawinenforschung SLF, Davos und des Forschungsbereiches Naturgefahren der Eidg. Forschungsanstalt WSL, Birmensdorf. Er studierte Bauingenieurwesen und promovierte in Strukturdynamik an der ETH Zürich. Nach Post-Doc Studien im Erdbebeningenieurwesen und Forschung in der Bautechnologie, übernahm er 1992 die Leitung des SLF. Forschungsschwerpunkte: integrales Risikomanagement und die Maßnahmenplanung zur Reduktion der Risiken, Schneesport, sowie Prozessanalyse einzelner Naturgefahren.

Constanze Binder
Junior Fellow am Institut für Finanzwissenschaften und Öffentliche Wirtschaft der Universität Graz. Sie studierte Umweltsystemwissenschaften mit dem Fachschwerpunkt Volkswirtschaftslehre an der Universität Graz. Gastaufenthalte am Wuppertal Institut für Umwelt, Klima und Energie, der Universitè X – Nanterre Paris und der Beijing University. Forschungsschwerpunkte: Nachhaltige Entwicklung speziell im Verkehrsbereich sowie Social Choice

Ulrich Foelsche
Stellvertretender Leiter der Arbeitsgruppe "Atmosphärenfernerkundung und Klimasystem" und Lektor am Institut für Physik der Universität Graz. Er studierte Meteorologie und Geophysik an der Universität Graz. Forschungsschwerpunkt: Beobachtung des atmosphärischen Klimawandels mit Hilfe der satellitengestützten Radio-Okkultations-Methode.

Thomas Hlatky
Leiter Sachversicherung der Grazer Wechselseitigen Versicherung AG. Er studierte Rechtswissenschaften und absolvierte die Ausbildung zum Rechtsanwalt. Leitung der Arbeitsgruppe Naturkatastrophen im Österreichischen Versicherungsverband und Mitglied der CEA-Arbeitsgruppe Naturkatastrophen in Paris. Themenschwerpunkt: Erstellung eines Naturkatastrophenzonierungssystems in Österreich.

Walter Hyll
Wissenschaftlicher Mitarbeiter am Institut für Wirtschaftswissenschaften der Universität Klagenfurt. Projektmitarbeiter am Österreichischen Institut für Wirtschaftsforschung. Er studierte Volkswirtschaftslehre an der Universität Graz. Forschungsschwerpunkte: Emissionshandel, Modellierung, Risikotransfer in Hinblick auf extreme Wetterereignisse.

Peter Kaiser
Leiter der Abteilung Rettungsdienst und nationale Katastrophenhilfe im Generalsekretariat des Österreichischen Roten Kreuzes. Er studierte Kulturtechnik und Wasserwirtschaft an der Universität für Bodenkultur in Wien. Tätigkeitsschwerpunkte: psychosoziale Betreuung von Opfern nach Katastrophen sowie Vernetzung im Katastrophenmanagement auf nationaler, internationaler sowie interdisziplinärer Ebene.

Martin König
Leiter des österreichischen Büros für Klimawandel am Umweltbundesamt. Er studierte Geographie, Geologie, Bodenkunde und Politikwissenschaften an den Universitäten Marburg/Lahn und Gießen. Derzeitige Arbeitsschwerpunkte sind u. a. die Verstärkung der Zusammenarbeit nationaler Klimaforschungsprogramme in Europa (Koordinator des EU-Projektes CIRCLE) und die Leitung klimarelevanter Projekte am Umweltbundesamt.

Arno J. Mayer
Leiter der Abteilung Pflanzenbau der Landeskammer für Land- und Forstwirtschaft Steiermark, Österreich. Er studierte Landwirtschaft an der Universität für Bodenkultur in Wien, Forschungstätigkeit am Interuniversitären Forschungszentrum für Agrarbiotechnologie in Tulln. Arbeitsbereiche: Interessenvertretung, Beratung und Förderungsabwicklung für die Bereiche Bioenergie, Landtechnik, Pflanzenproduktion und Wasser.

Christian J. Nöthiger
Mittelschullehrer für Geographie an einer Zürcher Kantonsschule. Er studierte Geographie an der Universität Zürich und war danach am Eidgenössischen Institut für Schnee- und Lawinenforschung SLF in Davos bei den Untersuchungen zum Lawinenwinters 1999 und Orkan Lothar beschäftigt. Promotion zum Thema Naturgefahren und Tourismus in den Alpen.

Otto Pirker
Bereich Erzeugung/Technische Planung der Verbund Austrian Hydro Power AG. Er studierte Kulturtechnik und Wasserwirtschaft an der Universität für Bodenkultur in Wien und promovierte über Zuflussvorhersagemodelle für die Kraftwerkseinsatzplanung. Lehrbeauftragter an ebendieser Universität. Arbeitsschwerpunkte: hydrologische Vorhersagen, u.a. mit Satellitenfernerkundungsmethoden, wasser- und energiewirtschaftlichen Beurteilung von Wasserkraftprojekten, Umsetzung der EU-Wasserrahmenrichtlinie, Forschungskoordination und Vertretung der Elektrizitätswirtschaft in zahlreichen nationalen und internationalen Gremien und Verbänden.

Franz Prettenthaler
Leiter des Bereiches Umwelt- und Ressourcenökonomik am Institut für Technologie und Regionalpolitik von Joanneum Research, Graz. Lehrbeauftragter an der Universität Graz. Er studierte Volkswirtschaftslehre mit Umweltsystemwissenschaften, Philosophie und Finanzwissenschaft in Graz, St.Andrews und Paris. Forschungsschwerpunkte: Entscheidungstheorie unter Risiko, Regionalökonomik sowie Risiko- und Ressourcenmanagement angesichts von Klimawandel.

Christoph Ritz
Leiter des Forums der Schweizer Klimaforschung ProClim, Bern. Er studierte Plasmaphysik an der Universität Freiburg. Nach neunjähriger Post-Doc Forschung zu chaotischen Systemen und in der Fusion in den USA kehrte er in die Schweiz zurück und widmet sich seit 1993 dem Aufbau von ProClim- dem Schweizer Forum für Klima- und globale Umweltveränderungen. Forschungsschwerpunkt sind insbesondere Aspekte des Globalen Wandels in alpinen Regionen.

Erik Schaffer
Wissenschaftlicher Mitarbeiter am Institut für Straßen- und Verkehrswesen der Technischen Universität Graz. Er studierte Umweltsystemwissenschaften mit dem Fachschwerpunkt Volkswirtschaftslehre an der Universität Graz. Forschungsschwerpunkte: Klimawandel, nachhaltiger Verkehr, Energie aus Biobrennstoffen und die Computersimulation dynamischer Systeme.

Anja Schilling
tätig am Eidgenössischen Institute für Schnee- und Lawinenforschung SLF in Davos, seit 2002 als wissenschaftliche Assistentin der Institutsleitung. Sie studierte Geographie und Meteorologie in Basel. Ende 2004 schließt sie ihr berufsbegleitendes Studium zum Executive Master of Corporate Communication Management ab. Arbeitsschwerpunkte: Risikomanagement und Kommunikation.

Stefan P. Schleicher
Professor am Institut für Volkswirtschaftslehre der Universität Graz, Österreich. Konsulententätigkeit am Österreichischen Institut für Wirtschaftsforschung, Wien. Akademische Qualifikationen von der Technischen Universität in Graz und der Universität Wien. Lehr- und Forschungstätigkeit am Institut für Höhere Studien in Wien, an der Universität Bonn, an der University of Pennsylvania in Philadelphia und an der Stanford University. Aktuelle Forschungsschwerpunkte sind Nachhaltige Entwicklung im Kontext Energie, Klima und Umweltpolitik.

Karl W. Steininger
Professor am Institut für Volkswirtschaftslehre der Universität Graz, Österreich; Leiter des Austrian Human Dimensions Programme on Global Change. Er studierte Wirtschaftsinformatik und Volkswirtschaft in Wien und an der UC Berkeley. Konsulententätigkeiten an der Weltbank, OECD und EU-Kommission. Forschungsschwerpunkte: Internationaler Handel, Nachhaltige Entwicklung und Klimawandel.

Christian Steinreiber
Administrativer Leiter des Austrian Human Dimensions Programme on Global Change. Er studierte Umweltsystemwissenschaften mit dem Fachschwerpunkt Betriebswirtschaftslehre an der Universität Graz. Gastaufenthalte an der European Business School in Oestrich-Winkel und an der Technischen Universität Prag. Forschungsschwerpunkte: Klimawandel, Nachhaltige Energiesysteme und extreme Wetterereignisse.

Josef Stroblmair
Landesleiter für Wien bei der Österreichischen Hagelversicherung. Er studierte Landwirtschaft an der Universität für Bodenkultur in Wien und absolvierte einen zweijährigen Versicherungslehrgang an der Wirtschaftsuniversität Wien. Arbeitsschwerpunkt: Auswirkungen des Klimawandels auf die Versicherungswirtschaft und Landwirtschaft.

Eva-Maria Tusini
Projektmitarbeiterin an der FH Joanneum Graz. Sie studierte Umweltsystemwissenschaften mit Fachschwerpunkt Betriebswirtschaftslehre an der Universität Graz. Projektmitarbeit beim Human Dimension Programme Austria und Forschungsarbeiten zu den Auswirkungen von extremen Wetterereignissen auf den Versicherungssektor.

Nadja Vetters
Wissenschaftliche Mitarbeiterin am Institut für Volkswirtschaftslehre der Universität Graz. Sie studierte Umweltsystemwissenschaften mit dem Fachschwerpunkt Volkswirtschaftslehre an der Universität Graz mit Gastaufenthalten an der Universidad de Alicante und der Macquarie University Sydney. Forschungsschwerpunkte: Umwelt- und Ressourcenökonomik sowie Risikotransfer in Hinblick auf extreme Wetterereignisse.

Evelyne E. Wiesinger
Projektmitarbeiterin beim Human Dimension Programme Austria und Diplomandin am Institut für Volkswirtschaftslehre der Universität Graz. Sie studiert Umweltsystemwissenschaften mit Fachschwerpunkt Volkswirtschaftslehre an der Universität Graz. Forschungsschwerpunkt: Auswirkungen von extremen Wetterereignissen auf den Infrastruktursektor.

Sachverzeichnis

Abfluss
   -bildung 219
   -blockade 14
   -geschehen 185
   -menge 47
   -vorhersage 184
Absetzbarkeit von Spenden 149
Absiedelung 48
Abwanderung 160
Abwasser
   -anlage 185, 194
   -entsorgung 139, 179
   -kanal 180
Adaption *siehe auch Anpassung*
   -smaßnahme 170, 183
   -sstrategie 19
Agrarpolitik 159
akzeptables Schadensprofil 49-50
akzeptierbare Schadenshöhe 49
Alarmierung 132
Alpen 12, 37, 128
   -raum 19-20, 30, 43, 125, 130, 194-195, 214
   -region 127
Annahmezwang 99
Anpassung 2, 7, 191, 193-194, *siehe auch Adaption*
   Schwierigkeit 4
   zukünftige Strategie 196
   -sfähigkeit 19
   -smaßnahme 8, 197, 219
   -sstrategie 7, 11, 19, 119, 153
Anreiz 74, 94, 98, 104, 108, 110, 112
   -theorie 92
Antiselektion 92, 107, 112
   -sgefahr 94, 111
   -sproblem 101, 111
asymmetrische Information 77, 80
Atmosphäre 48, 219
   Energie- und Wassergehalt 217
Aufforstung 219

Aufräumarbeit 128
Auswirkung 1
   ökonomisch 212-214, 216
   physisch 139
   sozioökonomisch 19

Bangladesh 168
Bau
   -bewilligung 186
   -branche 212
   -denkmal 49
   -maßnahme 186 *siehe auch Maßnahme*
   -ordnung 52
Bauten 52
Bau
   -verbotszone 172
   -vorschrift 173
   -zonenplan 105
Bebauungsdichte 47
Behörde 65, 98, 143, 201, 203
Beobachtungsperiode 216
Bepflanzung 219
Bergbahn 126-129
Bergsturz 43
Berichterstattung 133, 143
Beschattung 195
Besiedelung 42, 57
   -sdichte 206
Bestandsveränderung 53
Betrieb
   -sausfallversicherung 103
   -seinrichtung 98
   -sinventar 99
   -spersonal 186
   -sunterbrechung 181-182
   -sunterbrechungsversicherung 95, 133, 199
Betroffenheit 8, 191, 194
Bevölkerung
   Schutz 58
   Wachstum 207

-sdichte 206
-sdruck 131
Bewässerung 195
  -sanlage 203
  -seinrichtung 162
Bewertung
  individuell 49
  individuell oder kollektiv 47
  monetär 49
  ökonomisch 220
  -sfrage 8
  -sproblem 49, 207, 211
Bewirtschaftungsmethode 194
Boden
  -bedeckung 14
  -beschaffenheit 14
  -druck 153
  -erosion 36, 160
  -fruchtbarkeit 153, 161, 196
  -leitung 180
  -nährstoffgehalt 151
  -verhältnisse 208
Borkenkäfer 156
Brennstoff
  fossil 209
  Substitution 209
Brunnenschutzgebiet 184, 194
Bruttoinlandsprodukt/BIP 6, 45, 53, 54-55, 207, 211
Bruttosozialprodukt 51
Bund 94
Bündelfunksystem 147, 200
Bundes
  -behörde 173
  -heer 143, 147

Cat Bonds 173
Cat.Nat. 95-96
CO_2-Konzentration 2 *siehe auch* Treibhausgas
Computersimulation 215, 220

Damm 178
  Zustandserfassunge 186
  -bruch 14
  -bauten 47

-befestigung 153
Daten
  Inkompatibilität 8
  Kompatibilität 192
  Mangel 8
  Verfügbarkeit 91, 144, 192
  Vergleichbarkeit 192, 200
  -analyse 5
  -erfassung 214
  -erhebung gesamtwirtschaftlich 55
  -informationssystem 6, 25, 41-43
  -integration 40
  -mangel 216
  -material 147, 205, 217, 220
  -plattform 174
  -Provider 42
  -qualität 42
  -reihe 32
  -sicherung 41
  -weitergabe 144
Dauer-Sicherungseffekt 5
Deckung
  -sbedingung 93
  -serweiterung 96, 99
  -serweiterungspflicht 95
  -sgrad 73
  -shöhe 96, 109
  -sverpflichtung 92
Detailhandel 126, 127, 129
Deutschland 1, 11, 16, 18, 42-43, 58, 87-88, 91-93, 128, 166, 168-169, 177, 179, 201
Dezentralisierungsmöglichkeit 6, 45
Dialog 6, 115-117, 119
Disziplin 119
Donau 194
Drainagensystem 160, 194
Düngemittel 153
Dürre 19, 20, 46, 62, 95, 141, 151, 170, 186, 191, 194 *siehe auch* Hitze und Trockenheit
  Risiko 36
  -periode 27, 151, 182
  -schaden 156, 171
  -sommer 2003 1

EDV-Anlage 182
Effizienz 69
 ökonomisch 80
 versicherungstechnisch 92
Eigenheimversicherung 74
Eigentumsrecht 52
Eigenverantwortung 159
Eigenvorsorge 87, 91, 164, 198, 203
Einheitsprämie 100
Einkommen 50, 51, 55
 -sumverteilung 51
Einsatz
 -kräfte 145-147, 193, 203-204
 -leitung 143
 -organisation 143
 -planung 185
Eintrittswahrscheinlichkeit 19, 33, 47-49, 71
Einzelindividuum 70
Einzelperson 118
Einzelversicherung 76
El Niño 209
Elementar
 -ereignis 99
 -gefahr 93, 99
 -gefahrenversicherung 102
Elementarschaden 92, 94, 98-101, 164, 167
 -pflichtversicherung 95
 -Pool 100, 101
 -prävention 101
 -sdeckung 92
 -sversicherung 65, 92, 94, 99, 130
Elementarsparte 170
Emission 209, 212
 anthropogen 214
 -sreduktion 3
 -sszenario 35
Energie 192
 -effizienz 219
 -infrastruktur 179, 185, 197
 -leitung 178, 180
 -mangel 182

 -sektor 180
 -versorgung 8, 177
 -wirtschaft 178, 182, 194, 197
Entkoppelung 115, 119
Entschädigung 91
 -sprozess 96, 102
Entscheidung 50, 118
 individuell 69
 kollektiv 83
 -sdezentralisierung 50
 -sproblem 6, 45, 49, 81-82
 -sträger 115, 116
Erdatmosphäre 2
Erdbeben 92
 -schaden 105
 -versicherung 105, 107
Erdrutsch 14, 15, 92, 95, 99, 159
 -schaden 36
Erdsenkung 92
Ernteergebnis 156
Ernteversicherung 169
 -sprämie 159
 -system 166
Erosion 153
 -schutz 64
 -sschutzstreifen 160, 194
Erstversicherung 97
Ertragsausfall 156
Erwartungsnutzen 71, 81, 83
 Maximierung 83
 -theorie 70
Erwartungswert 51, 214
EU-Strukturfonds 94
EU-Wasserrahmenrichtlinie 186, 202
Evakuierung 63-64, 131, 138
Eventualverpflichtung 100
ex ante 82
ex ante-/ex post-Kohärenz 83
ex ante-/ex post-Konsistenz 84-85
ex ante-Präferenz 81
ex post 82
Externalitäten 52
Extremereignis 5, 31, 40-41, 43, 45, 47-48, 52, 55, 118, 170, 215, 216-218

Defintion 25
meteorologisch 41, 43
naturbedingt 6
Sprachproblematik 5
-datenbank 43
extremes Ereignis 12, 51, *siehe auch Wetterextrem*
Charakteristik 19
extremes Niederschlagsereignis 30
extremes Wetterereignis 1-2, 4-5, 11-12, 19, 21, 25, 41, 45-46, 53-54, 207, 212, 214-217
Analyse 38
Änderung 30
Auswirkung 6
Charakterisierung 11
Defintion 11, 26, 42
Gefährdung 215
Häufigkeit 59, 205-206, 210-211, 214-215, 217
Häufigkeitswahrscheinlichkeit 8
interdisziplinäre Betrachtung 21
Jährlichkeit 33
katastrophal 21, 137
Kategorisierung 12
Klassifizierung 12
ökonomische Analyse 6, 205
Seltenheit 12
Stärke 210
Unsicherheit 41
Veränderung 214
Extrem
-temperatur
2003 11
-wert 21, 27
-wertänderung 29

Fahrzeugversicherungspolice 95
Felssturz 99
Fernerkundung 146
Feuer
-schaden 92, 98
-versicherung 57, 95, 99, 101, 102, 106
-wehr 147
Finanzhilfe 91

Finanzierung 91
Flächen
-nutzungsplan 96
-widmungsplan 174
Flow 51, 53-54
Effekt 51
Größe 50, 55
Fluss
-bauten 47
-bett 46
-management 46, 52
-netz 174
-verbauung 63
Flut
-schaden 94
-welle 95
Föhnsturm 155
Folge
-kosten 4, 180
-schaden 57, 132, 182, 196
-wirkung 50
Forschung 6, 8, 115-118
und Entwicklung 185, 197
-sbedarf 8, 205, 213-214, 217
-sergebnis 1, 8
-skooperation 145
Forstwirtschaft 7, 51, 151-153, 157, 191-192, 198
Franchise 173
Frankreich 1, 33, 43, 88, 95, 112, 128, 147, 166, 168, 177, 182
Free Rider Problem 52
Front-Decision-Support Tools 132
Frost 118, 151, 163, 171
-tag 35, 215
Fruchtart 172
Frühwarnsystem 145, 147, 200
Frühwarnung 64, 132, 199
Funksystem 200
kompatibel 146

Gastronomie 128
Gebäude 16, 52, 54, 57, 86, 98-100, 105-109, 111, 128, 138, 153-154, 170, 178, 196, 215
-schaden 102

-technik 185, 194
-versicherung 65, 74, 98-100, 106
-versicherungssumme 78
Gefährdung 191
-sklasse 79, 93
-spotenzial 56, 191-192
Gefahren
-abwehr 58, 130
-gemeinschaft 160, 163, 171
-karte 130, 193
-kataster 64
-klasse 99, 100
-potenzial 172, 206, 210
-schutzplanung 184
-Warnung 132, 199
Gefahrenzone 58, 93, 99, 106, 123
-nausweisung 174
-nplan 131, 144, 172-173
Gefahrenzonierung 110, 173
-smodell 79
-Splan 7
Gegenstrategie 204
General Circulation Model 209
Geobasisdaten 173
Geophysik 46
Georeferenzierung 41
geowissenschaftliche Methode 167
Geschiebeanlandung 178
Gesellschaft 211
gesellschaftliches Umdenken 6
Gesprächskultur 119
Gesundheit 115, 137
-sgefährdung 139
-sschaden 142, 211
-ssektor 141
-sversorgung 7, 137, 191-192, 200
Gewässer 13, 219
-betreuung 186, 202
-ökologisch 186
-regulierung 194
-retentionsraum 194, 202 *siehe auch Retentionsraum*
Gewerbeversicherung 92
Gewinnausfall 95

globales Denken 115, 119
Großbritannien 79, 87, 168
Großrisiko 101
Großschadensrückstellung 172
Grundbedürfnis 2, 5, 115
Grundlagenforschung 217
Grundwasser 59
-spiegel 142, 168

Haftpflichtversicherung 95
Hagel 20, 35, 42, 96, 99, 118, 128, 141, 151, 154, 160, 167, 169, 171, 174, 180, 191, 193-194
Definition 16
-abwehr 160, 195
-gefahr 17
-korn 180, 195
-saison 154, 169
-schutznetz 160, 195
-versicherung 151, 155, 159, 169, 194, 198
Handlung
-sbedarf 7, 8, 186, 197, 218
-sempfehlung 1, 220
-smodell 69
-smöglichkeit 6, 45
-smöglichkeiten der Politik 201
Hangrutschung 43, 215, 218-219
Hausbrunnen 183, 186
Haushalt 4, 51, 53, 55, 71, 174
öffentlich 69, 80
-spolice 94
-sproduktion 211
-sversicherung 170
Hausrat 98-99
-versicherung 92
-versicherungspolice 95
Heizung 182
Herz-Kreislaufzusammenbruch 141
Hilf
-sorganisation 142-143
-seinheit 145
-sgüter 138
-skraft 142
-sorganisation 148, 203

Hitze *siehe auch Trockenheit und Dürre*
 -periode 19, 141-142, 145, 148, 170, 185, 219
 -sommer 2003 20, 33 *siehe auch Dürresommer*
 -stress 35
 -welle 4, 20, 33-35, 170, 215, 218
 -periode 197
Hitzschlag 141
Hochspannungsleitung 182
Hochwasser 4, 13, 14, 19, 46-48, 51, 59, 62, 71-72, 74-76, 78, 84, 91-92, 94-95, 99, 118, 123, 125, 130, 137-138, 152, 159-160, 167, 170, 174, 178, 183, 185, 191, 193-194, 207, 211, 215, 218-219 *siehe auch Überschwemmung*
 Defintion 13
 Einzugsgebiet 14
 Schaden 211
 Schutz 194
 Zonierung 79
 -abflussfläche 174
 -anschlagslinie 173
 -ereignis 75, 78, 81, 85, 93
 -gefahr 93
 -gefährdung 49
 -katastrophe 86
 -Quotient HQ 173
 -risiko 83
 -Risikomanagement 109
 -schaden 74-75, 78, 86
 -schadensbilanz 179
 -schutz 130, 186
 -schutzanlage 86
 -schutzeinrichtung 91
 -schutzverbauung 170
 -sicherheit 185
 -versicherung 87
 -wahrscheinlichkeit 93
Hochwasser 2002 1, 3, 4, 11, 14, 21, 37-38, 45, 54-55, 79, 85, 91, 94, 138-139, 143-144, 146, 152, 168, 179, 184-185, 193-194, 203, 217
Höhenmodell 174
Hurrikan 35
Hydrologie 46
hygienische Bedingung 177

Index of Sustainable Economic Welfare 211
Indikator 6, 220
 Wahl 211
individuelle Risikobeurteilung 172
individuelle Zahlungsbereitschaft 50
individuelles Freiheitsrecht 80-81, 87
Individuum 6, 50, 65, 69, 71, 74, 75, 80-81, 85, 112, 211
 Präferenz 80, 82
 Präferenzstruktur 81
 risikoavers 70, 72
Industriegesellschaft 5
Information
 -sasymmetrie 76, 80, 111
 -skampagne 145, 193, 202
Infrastruktur 8, 42, 51, 86, 153, 168, 170, 196, 202, 215
 öffentlich 55
 -anlage 57
 -investition 8
Insolvenzrisiko 173
Integrales Risikomanagement 59, 62
 Definition 61
integrale Risikostrategie 195
integrale Schutzstrategie 130
Integriertes Hochwassermanagement 52
Intensivobstanlage 195
Internalisierung externer Kosten 187, 202
Intervention 59, 63
 -smaßnahme 64
Investition 51, 54, 203, 212, 220
 -saufwand 129
 -sförderung 164

-sprojekt 4
-stätigkeit 53
IPCC 213
Italien 43, 166

Jahres
  -holzernte 155
  -mitteltemperatur 26
Jahresniederschlag 27, 30
  -smenge 12
  -ssumme 156
Jahrhundert
  -ereignis 1, 11, 32
  -hochwasser 12, 32

kalorisches Kraftwerk 182
Kältewelle 35, 215
Kanada 42
Kanal
  -anlage 185
  -isation 178
  -rohr 179
  -rückstau 167
Kantonale Gebäudeversicherung 98-100
Kapital
  natürlich 51
  versichert 101
  -bestand 51, 54
  -gut 52
  -markt 105, 173
  -stock 51, 212
Kaskoversicherung 169
Katastrophen 91
  -Versicherungs-Pool 105
  -anleihe 173
  -berichterstattung 134 siehe auch Medienberichterstattung
  -bewältigung 7, 145
  -einsatzplan 146
  -ereignis 57, 79
  -fall 78
  -fonds 4, 6, 52, 75, 83, 86-87, 91, 148, 159
  -gebiet 102
  -hilfe 36, 108, 203

  -hilfsdienstgesetz 143, 148, 203
  -karenz 149, 204
  -management 7, 137, 141-142, 193, 200
  -managerIn 7, 147, 149, 200, 203
  -risikokataster 79
  -schaden 86, 97, 102-103
  -schulung 147, 185, 197
  -schutz 143, 217
  -schutzpaket 74, 78
  -trend 167
  -versicherung 75
Keynesianische Theorie 53
Kfz-Kaskoversicherung 102
Kläranlage 179, 185
Klima 11, 27, 29-30, 32, 115, 192
  Defintion 26
  zukünftig 38
  -(ver)änderung 28, 30, 43, 41, 57, 66, 118, 167, 196, 210, 215, 218-219 *siehe auch Klimawandel*
  -bedingung 193
  -ereignis 11, 12, 26
  -erwärmung 163, 201 *siehe auch Klimawandel*
  -extrem 26
  -folge 43
  -folgenforschung 6
  -forschung 1, 5, 6, 214, 216
  -Klassifikation 26
Klimamodell 19, 25, 35-36, 214, 215, 217-218
  Downscaling 37
  Ergebnis 38
  global 209, 214
  räumliche Auflösung 36
  regional 37, 210, 214
  Simulation 36
Klima
  -schutz 2
  -system 220
  -szenarien 185, 194
klimatische
  Schwankung 2
  Verschiebung 119
Klimatologie 220

Klima
  -veränderung
  -verhältnis 35
Klimawandel 1, 3, 5, 25, 32, 36, 41-43, 45-46, 50, 146, 151, 157, 205, 208, 214-217, 219-220 *siehe auch Klimaerwärmung und Klima(ver)änderung*
  anthropogen 19
  Effekt 214
  extremes Wetterereignis 25
  Geschwindigkeit 5, 215
  global 209
  IPCC-Modelle 209
  kontinuierlich 210
  Modell 209
  regional 209
  Unsicherheit 205
  -forschung 205
Klimazone 42
Kohärenzproblem 83
Kollektiventscheidung unter Risiko 81
Kommunikation 57, 64, 132, 134, 143, 148, 185, 195-196, 199, 203
  -sfluss 144, 148
  -skanal 117
  -spolitik 147
  -strategie 7, 133, 199
  -sstelle 134
Kompetenz
  -bereich 144
  -bereinigung 174, 202
  -verteilung 148
  -zuteilung 203
Komplexität 119
Konsum 51
Kontrahierungszwang 111
Koordination 7, 143, 186
  der Einsatzkräfte 140, 143
  -sbedarf 185, 197
Kraftwerk 177, 181, 185
  -skette 184
Krankheitsüberträger 36
Kreislaufkollaps 141
Krisen
  -bewältigung 6, 146
  -intervention 138-139, 145, 203
  -management 63-65, 132, 146
  -situation 199
Kühlanlage 182
Kultur 115
Kulturartenwahl 162, 198
Kumul
  -berechnung 172
  -risiko 101
Kyoto-Protokoll 3, 163-164, 201

Landesbehörde 173
Landschaftsschutz 64
Landwirtschaft 7, 18-19, 27, 51, 151, 156, 159, 164, 169, 191-194, 196, 198, 203
  biologisch 151
  Hochwasserschaden 152
Längsdamm 186, 197
Laufkraftwerk 182
Lawine 13, 19-20, 43, 46, 59, 74, 92, 95, 99, 118, 123, 127, 130, 137, 140, 144, 154-155, 159, 169, 171, 174, 179-180, 191, 193, 195
  Defintion 15
  Galtür 1999 140 *siehe auch Lawinenwinter 1999*
  Gefahrenpotenzial 15
  -naktivität 15
  -nanbruchgebiet 152
  -nbulletin 131
  -neinzugsgebiet 154
  -ngalerie 131
  -ngefahr 15, 180, 195, 197
  -ngefahrenskala 16, 132, 199
  -nkegel 169
  -nrisiko 7
  -nschaden 36
  -nverbauung 63, 169, 184
  -nvorhersagemodell 184
  -nwarnung 131
  -nwinter 1999 1, 11, 15, 124, 128, 131, 180
Lebensraum 118

Lebensraumfunktion des Bodens 153
Leckage 179, 186
Leitung
 -sschaden 180
 -sunterbrechung 180
Letztversicherung 98
Level of scientific understanding 214
Leximin
 -Prinzip 81, 83
 -Wohlfahrtsfunktion 83
Logistik 138
lokales Handeln 115, 119
Lothar 1999 1, 11, 65, 128, 181-182
Lotterie 70-72
Luft
 -feuchtigkeit 26
 -temperatur 34

Markt
 -lösung 52
 -schaden 168, 170
 -versagen 80, 87
Maschine 52, 54
Massenbewegung 118
Maßnahme 47-49, 52, 59, 66, 219
 agrartechnisch 7, 198
 baulich 14, 161, 197, 207, 219
 biologisch 64, 131, 195
 defensiv 46
 fiskalisch 202
 offensiv 46
 ordnungspolitisch 202
 organisatorisch 63-64, 131-132, 195
 pflanzenbaulich 194
 raumplanerisch 63-64, 130-131, 193, 195
 Reparatur 51
 staatlich 158
 technisch 64, 130-132, 162, 195
 versicherungstechnisch 7
 -nplanung 61
Materialschaden 95
Maximaltemperatur 35

Medien 116, 133
 -berichterstattung 124 *siehe auch Katastrophenberichterstattung*
Meeresströmung 209
Mehrgefahrenversicherung 159, 163, 171, 193, 195, 198
Meinungsbildung 115
Meldekette 144
Messreihe 11, 12, 25, 192
Meteorologie 5, 17, 46
 Auswertung 215
 Kennzahlen 214
 Parameter 206
Mindereinnahme 123, 134
 indirekt 7
Mineraldünger 152
Minimal-
 -Bodenbearbeitung 161
 -temperatur 35
Minimax-Prinzip 219-220
Mitteleuropa 177, 183, 193
Mobilität 5, 57, 66
Modell 70, 118
 global 38
 -rahmen 45
 -rechnung 30, 219
 -struktur 46
monetäre Bewertung 170
Monetarisierung 178, 211
Monitoring 156
Monopol 99
Moral Hazard 50, 52, 74, 80, 98, 101, 104, 110-111
Mure 13, 43, 123, 126, 138, 152, 160, 167, 170, 174, 178, 193-194
 Defintion 15
 Schaden 36

Nachfrage 50-51, 55
nachhaltiger Ressourcen-Einsatz 159
Nachhaltigkeit 58, 63, 66, 196
Nahrung 2, 5, 115
 -smangel 142
 -smittel 117, 183, 203
 -smittelverknappung 141

-sproduktion 5
Nassschneelawine 15
Naturelement 95
Naturereignis 97, 123, 128, 159
   Häufigkeit 132
Naturgefahr 7, 42, 57, 59-61, 79, 94-96, 123, 130-132, 134, 192-193, 196, 204
   Bündelung 104
   Minderung 66
   Risiko 62
   Risikomanagement 58
   Schutz 65
   Sicherheit 62
   Strategie 58, 66
   Umgang 59, 64
   -enpolitik 196
Naturkapital 53, 54, 211
Naturkatastrophe 7-8, 11, 19, 21, 57, 67, 95-96, 102, 123, 133, 170, 172, 193, 198, 202, 206, 209, 211-213
   Analyse 19
   Defintion 18, 95
   klimabedingt 3
   weltweit 20
   Zonierungssystem 172, 198
   -ndeckung 97
   -nmanagement 7
   -nschutz 174, 202
   -nzustand 96, 97
Nettoinlandsprodukt 53
Netto-Investition 54
Niederschlag 17, 26, 47, 184, 214, 218
   Abfluss Modell 184
   Häufigkeit 210, 214
   Intensität 214
   konvektiv 13
   Menge 215
   multifraktales Modell 215
   zyklonal 13
   -sdaten 207
   -sereignis 4, 29, 34, 36
   -smenge 11, 14, 32
   -sverteilung 156

Normalperiode 26
Notfall
   -einsatz 204
   -planung 63
Notstromaggregat 180
Notunterkunft 138
Notversorgung 138
Nutzen 51, 65
   Indifferenzkurve 73, 77
   -funktion 70-71, 82
   -niveau 73
   -wert 70
Nutzfläche landwirtschaftlich 171

öffentliche Hand 6
öffentliches Gut 52
Öffentlichkeit 116, 119
Offsite-Schaden 153
Ökologie 40
Ökonomie 40
Onsite-Schaden 153
Operationalisierung 51
Opportunitätskosten 51-52
Orkan 18, 128, 181
Österreich 1, 3, 6, 11-12, 15-18, 25, 27, 30-33, 36-38, 41-43, 54, 58, 69, 74-75, 78-79, 85, 87-88, 91, 139, 141-142, 151, 154, 156, 159-160, 168-171, 177, 179, 183, 186, 194-195, 201-203, 217

Pareto
   ex ante 84- 85
   ex post 84- 85
   -bedingung 83
   -effizienz 82
   -kriterium 83-84
Parlament 116-117
Personalschulung 185
Personen
   -schaden 138, 140
   -versicherung 102
Perzentil 12, 26
Pflanzenschutzmittel 153

Pflichtversicherung 83, 87, 102, 104-105
Pharmazie 117
Pistendienst 195
Planungsmethode 218
Politik 6, 8, 115, 117-119
  -anforderung 7
  -empfehlung 217, 220
  -forderungen 191
  -option 91
politische Rahmenbedingung 7
Polizei 147
posttraumatische Belastungsstörung 140
Prämie 71, 72, 75, 77, 88, 96, 100-101, 106, 109, 112, 133
  Berechnung 109
  fair 73
  marktkonform 80
  risikogerecht 102
  -nerhöhung 95
  -ngestaltung 92-93, 96, 98, 100, 103, 105-106, 109, 111
  -nhöhe 73, 97, 109, 111, 160, 171
  -nniveau 170
  -nrate 107
  -nsatz 103
  -nsubvention 164
  -nunterstützung 159
  -nzahlung 72, 103
  -nzuschlag 172
Prävention 59, 63, 65, 86, 88, 101, 105, 163
  -smaßnahme 21, 98, 101, 144
präventive Arbeit 143
präventive Schutzmaßnahme 147
Prinzip des Leximin 81
Private-Public Partnership 88, 158-159, 166
Privat
  -versicherung 99, 101, 103
  -wirtschaft 174
Problem
  -bewusstsein 202
  -lösungsstrategie 191
Produktanpassung 172

Produktion 50, 55
  -sausfall 4, 51, 54, 55, 212
  -sbedarf 51
  -sfläche landwirtschaftlich 171, 195
  -skreislauf 151
  -swert nicht-marktlich 53
Professionalisierung der Öffentlichkeitsarbeit 133
Prognose 184, 213, 215, 217
  Qualität 146
  Verfügbarkeit 146
Prozessverständnis 215, 218, 219
psychologische Langzeitfolgen 7, 141
psychosoziale Betreuung 138, 193
Pufferkapazität 172, 173

Rahmenbedingung 8
Rauhreif 155
Raum
  -nutzung 216
  -ordnung 52, 174, 202
  -planung 21, 40, 55, 101, 118, 202, 219
  -struktur 2
Rechnungsperiode 46
Reformbedarf 92
Regional Circulation Model 209
regionaler Unterschied 119
Reparaturprozess 55
Ressource 115
  natürlich 48, 52
Retention
  -sfläche 46, 47
  -spotenzial 51
  -sraum 186 *siehe auch* Gewässerretentionsraum
Rettung
  -sdienst 137, 138
  -seinsatz 141
Risiko 6, 52, 58, 65, 71, 100, 106, 168
  Beurteilung 198
  Eigenverantwortung 63
  Forschung 193

Handhabung 61
ökologisch 62
Schätzung 193
technisch 62
Trägerschaft 52
Versicherbarkeit 60
-abschätzung 219
risikoadäquate Prämie 172, 198
Risiko
  -akzeptanz 199
  -analyse 60, 62
  -anhäufung 57, 196
  -ausgleich 111, 174
  -aversion 48, 52, 59, 62, 70
  -basis 94
  -begrenzung 92, 94, 97, 100, 104, 107, 110
  -beurteilung 173, 201
  -bewältigung 164
  -bewertung 61, 62
  -bewusstsein 7, 110, 147, 200
  -exposition 94
  -faktor 191
  -gebiet 21
risikogerecht
  Prämiengestaltung 107, 110
  Mitteleinsatz 58
  Verhalten 102, 104
Risiko
  -kataster 80, 111
  -klasse 93
  -kollektiv 97
  -kreislauf 59, 61-64
  -kultur 58, 196
  -management 7, 21, 91, 108-110, 147, 159, 173, 192, 196
  -minderung 65, 102
  -modell 146
  -niveau 59
  -potenzial 196, 208
  -präferenz 49
  -prämie 74
  -präventionsplan 96, 97, 98
  -prüfung 74, 78-79, 92-93, 96, 99, 103, 106, 109, 171, 193
  -selektion 94, 172, 198

-situation 72
-streuung 170, 174, 195
-transfer 64, 105
Risikotransfermechanismus 6, 69, 80, 82, 87, 91-92, 173
Design 80
-system 6, 92, 105, 112
Risiko
  -übernahme 50
  -überwälzung 63, 65
  -verlauf 66
  -vermeidung 63, 105, 112
  -verminderung 63-64, 163
  -verteilung 50, 69, 96, 97, 103, 111, 191
  -vorsorge 94, 98
  -wahrnehmung 59
  -zone 109
  -zonenplan 110
  -zonierung 96
Risk Map 146
Risk Sharing 50
Riskmanagement 164
Rückhalte
  -becken 46, 193
  -fläche 219
  -vermögen 184
Rückstau 14
Rückversicherung 1, 94, 97, 101, 105-107, 110
  -skapazität 100
  -smarkt 100, 104
  -svertrag 97
Rückwirkungsschaden 133
Rutschung 118, 123, 155

Saatgutproduktion 51, 195
Sachkapital 53
  -bestand 53-54
  -investition 53
Sach
  -schaden 7, 104, 133, 154, 207
  -vermögen 207
  -versicherung 102
  -versicherungsbestand 171, 193
  -wert 57, 59, 123, 194

-wertekonzentration 218
Sanitätseinsatz 139
Schaden 1, 4, 35, 41, 46, 49, 51, 54, 57, 71, 85, 96, 103, 167, 168, 170, 191, 193, 194, 211, 215-216, 218, 220 *siehe auch Katastrophenschaden*
  akzeptabel 50
  Ausgleich 101
  baulich 48
  Beseitigung 50
  Empfindlichkeit 218
  indirekt 123
  Kosten 215
  monetär 53
  physisch 46
  Prävention 50
  Prognose 217
  Risiko 36
  Summe 211
  versichert 95
  Verteilung 49
  volkswirtschaftlich 20, 207
  wertmäßig 47, 48
  wirtschaftlich 61
  -sereignis 123
  -regulierung 111
  -srisiko 100
  -sabdeckung 4
  -sabwehr 47-48
  -sanfälligkeit 172-173
  -sausmaß 8, 17, 19, 21, 64, 220
  -sbeseitigung 50
  -sbewertung 48, 52, 212
  -sdimension 19, 21
  -sereignis 55, 57
  -sergebnis 171, 193
  -serhebung 156
  -sfall 74
  -shöhe 49
Schadensindikator
  physisch 46-49
  wertmäßig 46-47
Schaden
  -skategorie 55
  -skompensation 52, 86

  -skosten 48-49, 124
  -slast 101
  -smeldung 169
  -sminderung 46
  -spotenzial 21-22, 78, 167, 170, 183, 192, 204, 208, 217, 220
  -sprävention 50, 55
  -sprofil 46-48
  -squantifizierung 45, 54
  -sreduktion 50-52
  -sregulierung 106-107, 109
schadensresistentere Struktur 46
Schaden
  -resistenz 48
  -srisiko 35
  -ssachverständiger 106
  -summe 107
  -strend 167
  -sverhütung 64
  -svermeidung 74
  -sverteilung 51
  -svorsorge 167
  -swahrscheinlichkeit 49
  -swirkung 126
  -szahl 168
  -versicherung 103
  -zahlung 99
Schadholz 156
Schadlawine 15
Schädling 36, 208
Schlamm
  -ablagerung 125
  -lawine 15, 180
Schnee 96, 155
  -decke 16
  -deckenlast 158
  -druck 92, 99
  -fall 12, 27
  -menge 15
  -räumung 180
  -schmelze 13, 21
  -sicher 129
Schulung 143, 147
Schutz 196
  -bauten 5, 52, 55, 64, 66, 183, 193, 219

-damm 46
-defizit 61-62
-höhe 52
-maßnahme 59-60, 66, 193, 219
-wald 64, 131, 153, 207
-ziel 60-63, 218
Schwefeldioxidemission 209
Schweiz 1, 6, 11, 38, 42-43, 57-58, 88, 98, 112, 115-116, 118, 125, 127-131, 177, 179, 181, 196, 201, 209, 217
Selbstbehalt 52, 93, 95, 97-98, 100-102, 104, 106, 110, 173
selten 8, 11, 32, 193, 215
Seltenheit 12, 192 *siehe auch extremes Wetterereignis*
Sensibilität 8, 191, 192
Sensitivität 118
Sicherheit 58-59, 66, 185, 194-197
  -säquivalent 72
  -smaßnahme 180, 220
  -situation 72
Sicherung 177
Siedlung 57, 123, 130
  -sbau 174, 202
  -sfläche 14, 66
  -sgebiet 46
  -swasserwirtschaft 179, 184, 194
Simulationsmodell 184
Skigebiet 127, 195
Soforthilfe 94
Solidarität
  -sprinzip 97
  -ssystem 101
Sommer
  2003 27, 33, 36
  -niederschlag 38
  -trockenheit 4, 18, 36, 156-157
  siehe auch Dürre und Trockenheit
Sonnenschutz 219
Sortenwahl 162, 198
sozial
  Ausgewogenheit 69, 92
  Gerechtigkeit 80, 87
  Verträglichkeit 6, 97, 101, 104, 107, 111-112

Soziologie 40
sozioökonomischer Prozess 21
Spanien 88, 98, 102, 166
Speicherkraftwerk 183, 185
Staat 50
staatlich
  Regulierung 174
  Eingriff 112
  Monopol 103
Staat
  -sgarantie 97, 104
  -shaushalt 94
Stabilisierungsniveau 3
Stabsfunktion 193
standardisierte Hilfseinheit 193
Starkniederschlag 13, 32, 118, 123, 174, 194, 206, 208, 210, 215, 218-219
  Definition 153
  Häufigkeit 208
  Intensität 208
Starkregen 93
  -statistik 211
statistisch
  Wiederkehrperiode 21
  Normalbereich 12
Steinkohle 209
Steinschlag 99
Sterbefall 35
Sterberate 35, 141
Steuersystem 75
Stock 51, 54
  Größe 50, 51
Störfallanalyse 185, 194
Störungsmeldung 180
Strahlungsbilanz 209, 214
stranded investments 4
Straße 86
Strategie zur Sicherheit vor Naturgefahren 196
Strom
  -angebot 177, 183
  -ausfall 4, 182
  -erzeugung 178, 181
  -marktliberalisierung 187, 202
  -preis 187

Strömungswiderstand 178
Strom
  -unterbrechung 186
  -verkauf 180
  -versorgung 180-181, 185, 197
  -verteilung 179-182
Strukturmaßnahme 48
Sturm 13, 18, 20, 46, 71, 99, 128,
  131, 141, 151, 155, 161, 167, 169,
  171, 181, 186, 191, 193, 195, 217
  Definition 17, 169
  Frühwarnung 195
  Versicherbarkeit 195
  Versicherungsdefintion 17
Sturmschaden 18, 92, 168, 195
  -versicherung 169
  -warnung 131
Sturzflut 14
Subvention 111
Subventionierung 159
System
  natürlich und menschlich 193
  sozial und ökonomisch 193

Tag
  -esdaten 30
  -esgast 128
  -eshöchsttemperatur 11
  -estiefsttemperatur 11
  -estourismus 124, 129
Tankwagen 183
Temperatur 18, 26, 28, 30, 210
  Anstieg 209
  Durchschnitt 209, 215
  Effekt 214
  Erhöhung 209
  Erwartungswert 210
  Mittel 214
  Varianz 210
  -anomalie 33
  -erhöhung 141
  -extrem 118, 219
  -maximum 28
  -wert 28
Tiefdruckgebiet 17
Todesfall 170, 219

Todesopfer 20, 61, 124-125, 138,
  141
Tornado 35, 42
Tourismus 51, 123, 191-192, 199
  -sektor 7
  -wirtschaft 5
Tradition 115
Transformator 179, 181
Traumatisierung 207, 212
Treibhausgas 209, 214
  Konzentration 209, 217
  Modell 209
  -emission 35, 38, 46, 201, 212
  -emissionsrate 5
  -reduktion 52
Trend 25, 34, 79, 207, 215, 217,
  220
  -analyse 43
Trinkwasser 138-139, 177, 183, 197
  -abgabe 149
  -aggregat 149
  -anlage 138
  -bedarf 142
  -leitung 179
  -notversorgung 185, 194
  -qualität 179
  -versorgung 183
  -versorgungsanlage 139
Trockengebiet 14
Trockenheit 13, 34, 118, 129, 141,
  156, 161, 170-171, 174, 182, 215,
  218 *siehe auch Dürre und
  Trockenheit*
  Definition 17
Trockenperiode 18, 30, 186, 208
Tropentag 28, 29, 31
tropischer Zyklon 34
Tschechien 1, 11, 91, 168
Türkei 92, 105, 106

Überflutung 34, 48, 125, 178 *siehe
  auch Überschwemmung*
  -sdynamik 146
  -sfläche 51
  -sgebiet 108
Übergangseffekt 4, 5

Überlebens-Sicherungssystem 2
Übernachtung 126-127, 129
  -sgast 124
  -stourismus 129
  -szahl 127
Überschwemmung 13, 38, 46, 47,
  74, 78, 92-93, 95, 99, 102-103,
  108, 123, 130, 167-168, 171, 208,
  212 *siehe auch Hochwasser und
  Überflutung*
  lokal 14
  -sfläche 14
  -sgebiet 207
  -sgefahrenzone 109
  -sgefahrenzonenplan 96
  -skatastrophe 91
  -schaden 20, 36, 78 108, 111,
  194
  -sversicherung 92, 109
Umsiedelung 4-5
Umwelt
  -kapital 54
  -politik 217
  -veränderung 115-116, 119
Unfallversicherung 102
Unsicherheit 57, 81, 98, 196, 216,
  219-220
  Zukunft 66
Unternehmen 51, 55, 69, 86
USA 112
Utilitarismus 85

Vegetation 208
  -speriode 34
  -styp 14
Verbaumaßnahme 130
Verbesserungsoption 6
Verbindungsoffizier 143-144, 148,
  193, 203
Verdunstung 18, 209
Verhinderungsstrategie 119
Verkehr 57, 123
  individual 118
  öffentlich 118
  -shaushalt 94
  -sweg 16, 130

-swesen 174, 202
Verklausung 14
Vermeidungsstrategie 211
Vermögen 71
  -sbestand 55
  -sschaden 4, 54
  -sverlust 51, 71
  -swert 70
Vermurung 4, 46, 74, 168
Verpflegung 126-127, 129
Versicherbarkeit 92, 172
Versicherung 6, 7, 50, 52, 62, 64,
  65, 69, 71-74, 76, 79-81, 88, 91,
  93-94, 96-97, 99, 100-101, 106,
  117, 133, 159-162, 167, 169, 172-
  174, 191-193, 198-199, 201, 216-
  217
  Deckung 79
  Deckungsgrad 73, 77
  Zonierungsmodell 79
  -sangebotspalette 7
  -sgewohnheit 170
  -sindustrie 3
  -sleistung 4, 75
  -smarkt 80, 83, 94
  -sobligatorium 101-102, 104
  -soption 92, 95, 98, 102, 105
  -sort 167, 169
  -spflicht 50, 52, 95, 97, 107
  -spolice 93, 103
  -sprämie 5, 73, 75, 79, 97, 103,
  106
  -srisiko 173
  -sschutz 74-75, 78, 94-95, 99,
  102-103, 108, 110-111
  -ssumme 74, 93
  -ssystem 36, 63
  -svertrag 95
  -swert 96, 103, 106
  -swirtschaft 50
Versorgung 203
  -sleitung 181
  -snetz 197
  -ssicherheit 186, 203
Verteilsystem 177
Verteilung

regional 51
-sproblem 50, 174
VerursacherInnen 119
Verursacherprinzip 187, 202
Verwaltung 116
-svorschrift 96
Volksvermögen 207
Volkswirtschaftlich
    Gesamtrechnung 53
Vollversicherung 72
Voraussage 146
Vorbefeuchtungsgrad 184
Vorbeugung 6-7, 62
Vorhersage 186, 200
-modell 186
Vorkehrung 210
Vorsorgemaßnahme 193
Vulnerabilität 62, 92, 192
Vulnerability 43

Wahrnehmung 115
Wahrscheinlichkeit 219
    -sdichtefunktion 47
    -skurve 210
    -sverteilung 70, 193
Wald 128
    -brand 118, 129
    -brandrisiko 18, 36, 142
    -fläche 154
Ware 98
Wärme
    -abstrahlung 220
    -bilanz 213, 214
    -energie 220
    -gewitter 13, 16
    -haushalt 214
Warndienst 130, 193
Warnung 63, 132
Wasser 192
    Entsorgung 177
    Reserven 183
    -haltevermögen 160, 194
    -haushalt 182
    -infrastruktur 139
    -knappheit 142
    -kraft 117, 177

-kraftanlage 178
-kraftwerk 178, 182
-leitung 178, 183, 186
-leitungsprojekt 183
-mangel 142, 182
-reserve 142
-ressource 36, 186
-verbrauch 183
-versorgung 8, 86, 139, 177, 179, 183, 186, 203
-wirtschaft 178, 186, 194, 197
Weltbank 92
Weltpolitik 118
Wertehaltung 115
Wertverlust 52
Wettbewerb 50
Wetterabhängigkeit 7
Wetterereignis 191
    extrem 11
    Jährlichkeit 26
    Seltenheit 26
Wetterextrem 26, 40, 42-43 *siehe auch extremes Wetterereignis*
    Änderung 5, 28, 34-36
    beobachtet 27
    Prognose 40
Wiederaufbau 212
    -hilfe 138
Wiederherstellungskosten 47
Wiederinstandstellung 6, 59, 63
Wiederkehrperiode 12, 22
Wildbach 144
    -verbau 169, 206
Wind 209
    -erosion 161, 196
    -geschwindigkeit 11, 17
    -schutzgürtel 161
    -skala 18
    -stärkeeinheit 17
    -sturm 96
Winter
    -begrünung 160, 194
    -feuchtigkeit 157
    -regen 153
    -sportanlage 123
    -sturm 118

-tourismus 127
-trockenheit 18, 156-158, 183
Wirbelsturm 102
  tropisch 35
Wirkungskette 211-214, 216
Wirtschaft 2-3, 6, 116-119
wirtschaftlich
  Analyse 45
  Quantifizierung 3
Wirtschaft
  -sbranche 1, 22, 191, 197, 216
  -sforschung 1
  -sleistung 4
  -sektor 7, 8, 191-192, 204, 216
  -sstrategie 117
  -sstruktur 3
  -ssystem 4
  -sunternehmen 4
  -swachstum 4
  -szweig 211
Wissen 119
  Kohärenz 119
  -schaft 116-117, 119, 146
  -sstand 8, 115, 118, 212-214, 218
Witterung
  -sereignis 12

-sextrem 26
-sniederschlag 167
Wohlfahrtsbeurteilung 54
Wohlfahrtsfunktion 82, 84
  ex post 83
  sozial 83
  utilitaristisch 83
Wohlstand 72, 211
Wohlstand
  -sbeurteilung 53
  -sindikator 51
  -sumverteilung 51
Wohngebäudeversicherung 92

Zeitraum 211
Zeitreihe 3, 26, 31
Zonierung
  -skarte 83, 174
  -smodell 93-94
Zufahrtsweg 186
Zuflussvorhersagemodell 184-185, 194, 197
Zusatzgefahrenversicherung 166
Zusatzprämie 92
Zweizustandsdiagramm 72